TEUBNERS TECHNISCHE LEITFÄDEN

In Bänden zu 8–10 Bogen. gr. 8.

Die Leitfäden wollen zunächst dem Studierenden, dann aber auch dem Praktiker in knapper, wissenschaftlich einwandfreier und zugleich übersichtlicher Form das Wesentliche des Tatsachenmaterials an die Hand geben, das die Grundlage seiner theoretischen Ausbildung und praktischen Tätigkeit bildet. Sie wollen ihm diese erleichtern und ihm die Anschaffung umfänglicher und kostspieliger Handbücher ersparen. Auf klare Gliederung des Stoffes auch in der äußeren Form der Anordnung wie auf seine Veranschaulichung durch einwandfrei ausgeführte Zeichnungen wird besonderer Wert gelegt. — Die einzelnen Bände der Sammlung, für die vom Verlag die ersten Vertreter der verschiedenen Fachgebiete gewonnen werden konnten, erscheinen in rascher Folge.

Bisher sind erschienen bzw. unter der Presse:

Analytische Geometrie. Von Geh. Hofrat Dr. R. Fricke, Prof. a. d. Techn. Hochschule zu Braunschweig. 2. Aufl. Mit 96 Figuren. [VI u. 135 S.] M. 34.—. (Bd. 1.)

Darstellende Geometrie. Von Dr. M. Großmann, Professor an der Eidgenössischen Technischen Hochschule zu Zürich. Band I. 2., durchges. Aufl. [U. d. Pr. 1922.] (Bd. 2.). Band II. 2., umg. Aufl. Mit 144 Figuren. [VI u. 154 S.] 1921. Kart. M. 38.—. (Bd. 3.)

Differential- und Integralrechnung. Von Dr. L. Bieberbach, Professor an der Universität Berlin. I. Differentialrechnung. 2., verb. Aufl. [IV u. 131 S.] Mit 34 Figuren. Steif geh. M. 34.—. II. Integralrechnung. Mit 25 Figuren. [VI u. 142 S.] 1918. Steif geh. M. 38.—. (Bd. 4/5.)

Funktionentheorie. Von Dr. L. Bieberbach, Professor a. d. Universität Berlin. Mit 34 Fig. [118 S.] 1922. Kart. M. 32.—. (Bd. 14.)

Einführung in die Vektoranalysis mit Anwendung auf die mathematische Physik. Von Prof. Dr. R. Gans, Direktor des physikalischen Instituts in La Plata. 5. Aufl. (Bd. 16.)

Praktische Astronomie. Geograph. Orts- u. Zeitbestimmung. Von V. Theimer, Adjunkt a. d. Montanistischen Hochschule zu Leoben. Mit 62 Fig. [IV u. 127 S.] 1921. Kart. M. 34.—. (Bd. 13.)

Feldbuch für geodätische Praktika. Nebst Zusammenstellung der wichtigsten Methoden und Regeln sowie ausgeführten Musterbeispielen. Von Dr.-Ing. O. Israel, Prof. an der Techn. Hochschule in Dresden. Mit 46 Fig. [IV u. 160 S.] 1920. Kart. M. 40.—. (Bd. 11.)

Erdbau, Stollen- und Tunnelbau. Von Dipl.-Ing. A. Birk, Prof. a. d. Techn. Hochschule zu Prag. Mit 110 Abb. [V u. 117 S.] 1920. Kart. M. 32.—. (Bd. 7.)

Landstraßenbau einschließlich Trassieren. Von Oberbaurat W. Euting, Stuttgart. Mit 54 Abb. i. Text u. a. 2 Taf. [IV u. 100 S.] 1920. Kart. M. 28.—. (Bd. 9.)

Springer Fachmedien Wiesbaden GmbH

Preisänderung vorbehalten

TEUBNERS TECHNISCHE LEITFÄDEN
BAND 15

LEITFADEN DER BAUSTOFFKUNDE

VON

DR. ING. E. h. M. FOERSTER
GEHEIMER HOFRAT
ORD. PROFESSOR FÜR BAUINGENIEUR-WISSENSCHAFTEN AN DER TECHNISCHEN HOCHSCHULE DRESDEN

MIT 57 ABBILDUNGEN IM TEXT

Springer Fachmedien Wiesbaden GmbH 1922

ISBN 978-3-663-19334-0 ISBN 978-3-663-19472-9 (eBook)
DOI 10.1007/978-3-663-19472-9

Vorwort.

Der Leitfaden der „Baustoffkunde“ ist den Bedürfnissen des Architekten und Bauingenieurs angepaßt. Er soll einmal und zwar auf wissenschaftlicher, vorwiegend chemischer Grundlage in das vielgestaltige Gebiet der Baustofflehre als kurz gefaßtes Lehrbuch einführen und zum anderen für den auf diesem Gebiete bereits Bewanderten der Wiederholung und Wissensergänzung dienen. In diesem Sinne soll die vorliegende Bearbeitung zur wissenschaftlich-technischen Vertiefung in dem genannten Fache beitragen und mittelbar dazu helfen, daß das Gebiet der Baustoffkunde, namentlich von vielen Studierenden der Technischen Hochschulen, nicht als ein Nebengebiet angesehen werde, dessen Kenntnis und Beherrschung vorwiegend zur Sache des baugewerkschulmäßig gebildeten Hoch- und Tiefbautechnikers gehört. Gerade für den akademisch gebildeten Architekten und Bauingenieur bildet eine genaue Kenntnis der Baustofflehre ein unentbehrliches Fundament, das er bei seiner praktischen Arbeit braucht, und namentlich die genauere Kenntnis von der chemischen Zusammensetzung der Baustoffe, ihrem Werdegang, ihrer Beeinflussung durch Verhältnisse von außen, ihrer Einwirkung auf andere Materialien usw., alles das sind Fragen, deren Beherrschung einmal den Bauausführenden vor schwerwiegenden Fehlgriffen zu bewahren in der Lage ist, zum anderen aber ihn auch erst zur Auswahl des rechten Stoffes am rechten Platze und damit auch zum wirtschaftlichen Bauen führen kann. Nur eine genaue Kenntnis der Baustoffe mit all ihren Eigenschaften entspricht dem hohen Verantwortlichkeitsgefühle, mit dem der schaffende Künstler und Ingenieur einen Bau auszuführen hat. Möge in diesem Sinne der vorliegende Leitfaden bildend, erziehend und unterrichtend namentlich in den heranwachsenden akademischen Baukreisen wirken.

Dem Verlage B. G. Teubner spreche ich für die entgegenkommende Unterstützung, die er der Herausgabe des Leitfadens in der jetzigen schweren Zeit hat angedeihen lassen, sowie für die anerkennenswerte Ausstattung in Schrift und Bild meinen besonderen Dank aus.

Ein Teil der Abbildungen ist meinem Lehrbuch der Baumaterialienkunde (Verlag Wilhelm Engelmann-Leipzig) entnommen.

Dresden, im April 1922.

Dr. M. Foerster.

Inhaltsverzeichnis.

Seite

I. Hauptbaustoffe . . . . 1—157

1. Die natürlichen Gesteine . . . . 1—39

Gesteinsbildende Mineralien . . . . 1—3

Einteilung der Gesteine und deren wichtigste allgemeine Eigenschaften . . . . 3—8

Die wichtigsten baulich verwendeten Naturgesteine . . 8—25

Eruptivgesteine . . . . 8—14

(Granit, Syenit, Porphyr, Diorit, Diabas, Gabbro, Melaphyr, Olivingesteine, Trachyt und Andesit, Pechstein, Bimsstein, Phonolith, Basalt und Dolerit, Lava, Granulit, Serpentin, Hornblendefels, Eklogit.)

Sedimentgesteine und lose Erden . . . . 14—24

(Konglomerate und Breccien, Sandstein, Grauwacke, Gips, Kalkstein und Marmor, Dolomit, Quarzgesteine, Eisengesteine, Tuffe, Tonschiefer, Mergel, lose Erden.)

Kristallinische Schiefer . . . . 24—25

(Gneis, Glimmerschiefer, Urtonschiefer, Chlorit- und Talkschiefer.)

Gewinnung, Bearbeitung, Prüfung und Verwendung der Naturgesteine . . . . 25—39

2. Künstliche Steine . . . . 39—89

Einteilung, Herstellung und Prüfung . . . . 39—43

Kunststeine, chemisch erhärtend . . . . 43—62

(Hydrosand- und Kalksteine, Kalksandziegel, Zementkunststeine, Gipskunststeine, Rheinische Schwemmsteine, Kunsttuffsteine, Schlackenziegel, Magnesitkunststeine, Korksteine, Asbestkunststeine, Torfsteine, Lehmpatzen.)

Kunststeine, durch Brennen oder Zusammenschmelzen erhärtend . . . . 62—89

(Tonziegel und verwandte Kunststeinerzeugnisse, Schlackensteine, Pflatersteine keramischer Erzeugung.)

3. Holz . . . . 90—113

Anatomischer Aufbau, Wachstum, Form- und Stoffbestandteile . . . . 90—94

Wichtigste technische Eigenschaften . . . . 94—98

Zerstörung des Holzes und Schutzmittel . . . . . . 98—105

Bautechnisch wichtigste Hölzer . . . . 105—109

(Nadelhölzer: Kiefer, Fichte, Tanne, Lärche; Laubhölzer: Eiche, Rotbuche, Erle, Ulme, Weißbuche, Esche, Pappel, Linde, Ahorn, Birke, Weide, Akazie, Kastanie, Obstbäume; ausländische Hölzer.)

Seite
Holzbearbeitung, Holz als Handelsware . . . . . . 109—112
Holzprüfung . . . . 112—113
4. Metalle . . . . 114—157
Eisen . . . . 114—154
Eisenerze und Zuschläge . . . . 114—115
Eisenarten und Herstellung . . . . 115—127
Formgebung des Eisens und Handelsfabrikate . . . 127—143
Wichtigste Eigenschaften der Eisenarten . . . . . 143—146
Rost- und Feuerschutz . . . . 146—149
Besondere Löt- und Schweißprozesse . . . . . . 149—150
Prüfung des Eisens . . . . 150—154
Blei . . . . 154—155
Zink . . . . 155—156
Kupfer . . . . 156—157
Metallegierungen 157

II. Verbindungsbaustoffe . . . . 158—204
Mörtel . . . . 158—203
Luftmörtel . . . . 159—166
(Lehm-, Gips-, Kalkmörtel.)
Wassermörtel . . . . 166—183
(Hydraulische Kalke, Romanzement, Portlandzement, Eisenportlandzement, Hochofenzement, Schlackenzement.)
Hydraulische Zuschläge, Traßmörtel . . . . 183—188
Grobmörtel (Beton) . . . . 188—203
Kitte . . . . 203—204

III. Nebenbaustoffe . . . . . 204—220
Asphalt . . . . 204—207
Teer, Dachpappe usw. . . . . 207—208
Ruberoid . . . . 208—209
Holzzement 210
Asbest . . . . 210—211
Wasserdichte Leinenstoffe, Filz, Gewebebauplatten, Rohr und Stroh . . . . 211—212
Bauglas . . . . 212—217
Wasserglas 217
Anstriche . . . . 217—219
Tapeten und Linoleum . . . . 219—220

Einteilung der Baustoffe.

Die im Bauwesen verwendeten Baustoffe können eingeteilt werden in

I. Hauptbaustoffe, die vorwiegend zu den tragenden und stützenden Konstruktionen Verwendung finden. Hierher gehören: 1. die natürlichen, 2. die künstlichen Bausteine, 3. das Holz, 4. die Metalle, namentlich das Eisen.

II. Verbindungsstoffe, im besonderen die Mörtel, Asphalte, Kitte.

III. Hilfsbaustoffe, vorwiegend verwendet im inneren Ausbau: Glas, Anstrich und Dichtungsmittel, Isolierungsmittel, Bekleidungsstoffe usw.

I. Hauptbaustoffe.

1. Die natürlichen Gesteine.

A. Gesteinsbildende Mineralien.

Alle Gesteine setzen sich aus *Mineralien*, viele zudem aus diese vereinigenden Bindemitteln zusammen. Die Mineralien können — wenn sie die Haupteigenschaften der Gesteine maßgebend bestimmen oder beeinflussen — Hauptmineralien sein oder als Nebenmineralien — *akzessorisch* — auftreten. Ein Gestein kann einheitlich aus einem Mineral oder aus einer Anzahl solcher zusammengesetzt sein — *einfache* und *gemengte* Gesteine.

Von der großen Summe der Mineralien ist es eine verhältnismäßig kleine Anzahl, die bei den baulich verwandten Gesteinen eine Rolle spielen, und deren Kenntnis demgemäß notwendig ist. Es sind dies:

a) Der **Quarz**, wasserfreie Kieselsäure, $s = 2{,}0 - 2{,}8$[1]), meist farblos, daneben hellgrau, gelblich, rötlich gefärbt; verwittert nicht, von Säuren nicht angegriffen, außer von Flußsäure. Bruch muschelig; glas- bis fettglänzend.

---

1) Es bedeutet in allen folgenden Darlegungen s = spezifisches, r = Raumgewicht. Es sei daran erinnert, daß s am porenfreien Material bestimmt wird, r aber die Porenmasse berücksichtigt; benennt man mit d die Dichtigkeit $= \frac{r}{s}$, so ist $d < 1$ und wird nur bei einem vollkommen porenfreien Stoffe den Wert 1 erreichen können. Die Undichtigkeit ist $u = d - 1$ und gibt den Porenraum unmittelbar an. Ist z. B. $s = 2{,}521$, $r = 1{,}893$, so wird $d = \frac{1{,}893}{2{,}521} = 0{,}751$; $u = 1{,}0 - 0{,}751 = 0{,}249$, d. h. das Gestein hat rund 25 % Poren.

b) **Feldspat.** Er kristallisiert monoklin und triklin. Seine Unterarten sind aus der nachstehenden Zusammenstellung zu entnehmen.

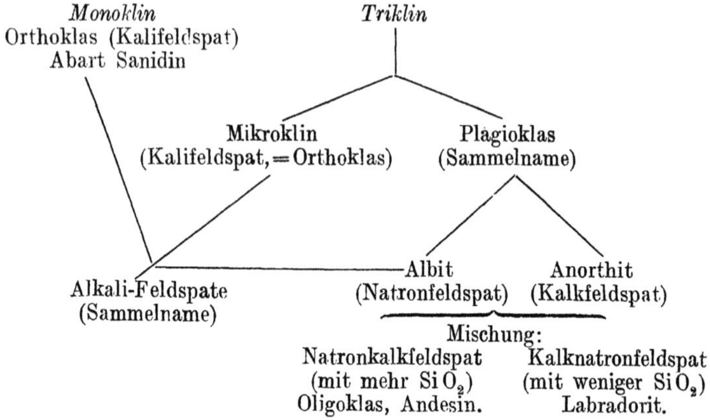

Die Feldspatmineralien — Tonerde-Silikate — zeigen auf der Bruchfläche Perlmutterglanz, sind meist grau oder weiß, öfters auch fleischrot und gelblich, zuweilen grün, meist durch deutliche Spaltungsflächen ausgezeichnet. Hervorragenden Farbenschiller zeigen vielfach die namentlich in norwegischen Urgesteinen (Diabasen, Porphyren, Gneisen usw.) eingesprengten großen Labradoritkristalle. $s = 2{,}56$.

Bei Verwitterung gehen die Feldspate in Ton oder Kaolin über. Sie sind vielfach nicht besonders beständige Mineralien und bedingen Gesteinsverwitterungen.

c) **Feldspatähnliche Mineralien.** Zu nennen sind hier als wichtiger: Leuzit und Nephelin, weißlich graue, undeutlich spaltbare, mit muscheligem Bruche ausgestattete Kristalle.

d) **Hornblende (Amphibol) und Augit (Pyroxen).** Neutrale Silikate mit $s = 2{,}9$—$3{,}5$. Farbe hellgrün bis schwarzgrün und braun; chemisch gleichartig; bei beiden Mineralien gibt es hellere, tonerdefreie und dunklere, tonerdehaltige Mineralien. Abarten von Augit sind: der grasgrüne Omphazit, der schwärzliche, metallschimmernde Hypersthen, oft ins Kirschrote spielend, der schmutzig grüne, bräunliche Diallag. Als Umwandelung sind faserige Bildungen im Serpentin und Asbest zu nennen. Augit verwittert leichter als Hornblende.

e) **Glimmer.** Ton — Kali oder Natronsilikate mit Magnesium, Eisen usw. Weiche Mineralien, in Plättchenform abgeschieden, leicht spaltbar, perlmutterartig bis metallisch glänzend. $s = 2{,}7$—$3{,}2$. Hauptarten:

α) der dunkle Magnesiaglimmer — Biolit, braun und grünfarbig;

β) der farblose oder hellfarbige Kaliglimmer — Muskovit, oft weißlich, gelblich, grünlich oder rötlichweiß.

Für bauliche Verwendung oft nicht angenehm, wegen Rostbildung.

leichter Abspaltung, auch eine Erschwernis wegen seiner Weichheit beim Polieren der Steine.

f) **Olivin.** $s = 3{,}3$, muscheliger Bruch, glasglänzend, grün bis braun gefärbt. Umbildung in Serpentin.

g) **Chlorit und Talk,** wasserhaltige, Magnesia, Ton, Eisen usw. enthaltende Silikate. Weiche, leichtere Mineralien ($s = 2{,}7$—$3{,}0$), in dünnen Blättchen auftretend. Eine dichte Abart von Talk ist Speckstein. Hierher gehört der Glaukonit, hellgrüne Körner, namentlich in Grünsandsteinen, bildend.

h) **Kalkspat** ($CaCO_3$), in verdünnten Säuren unter Aufbrausen leicht löslich; verwittert leicht; $s = 2{,}6$—$2{,}8$; farblos oder hell gefärbt. Glas- bis Perlmutterglanz.

i) **Dolomitspat** ($CaCO_3 + MgCO_3$), ähnlich dem Kalkspat, aber beständiger. $s = 2{,}9$. Hellfarbig, meist trübe, weißliche Kristalle, die seltener bunt gefärbt sind.

k) **Gipsspat** ($CaSO_4$ + Wasser), sehr verschiedenartig auftretend, kristallinisch, blätterig, faserig; durchsichtig, hellfarben oder farblos. $s = 2{,}3$, sehr weich, mit dem Fingernagel ritzbar, spaltbar, gut biegsam. Abarten: Marienglas, kristallisiert, technisch ohne Bedeutung, Alabaster, kristallinisch, und Rohgips, amorph.

l) **Eisenkies** (Pyrit, Schwefelkies, FeS_2), schwer ($s = 4{,}9$—$5{,}2$), stark goldig metallglänzend, bei beginnender Verwitterung bräunlich; leicht verwitternd und ein sehr schädlicher Bestandteil der Naturgesteine infolge seiner Umsetzung in Brauneisenstein, Eisenvitriol usw.

Die übrigen *Eisenerze* werden erst beim Eisen und seiner Gewinnung aus ihnen kurz behandelt.

B. Die Einteilung der Gesteine und deren wichtigste allgemeine Eigenschaften.

Die Naturgesteine sollen an der Hand der Einteilung in: a) *Eruptivgesteine*, b) *Sedimentgesteine*, c) *kristallinische Schiefer* nachfolgend besprochen werden.

a) **Eruptivgesteine** besitzen niemals eine echte Schichtung; sie sind massig und durchdringen andere Gesteine. Unter der Unterart: *Tiefengesteine* oder *plutonische Gesteine* werden solche verstanden, die bei ihrer Entstehung nicht bis an die Oberfläche gelangten, sondern erst durch spätere Umänderungen der Erdoberfläche nach außen kamen; man nimmt an, daß sie sich in glutflüssigem Zustande in vorhandene Hohlräume ergossen haben oder durch Ausschmelzen in solche gelangt sind. Tiefengesteine, ursprünglich von anderen älteren Gesteinen umgeben, sind langsam erkaltet und demgemäß in der Regel körnig. Im Gegensatze zu ihnen stehen die Oberflächen- oder vulkanischen Gesteine, die die Erdoberfläche nach oder bei deren Zerspringen in der Gestalt von Lava erreichten und sich über sie hinweg ausbreiteten, und zwar in Form von Strömen, als Decke, als Kuppe.

b) **Sedimentgesteine.** Das Material zu ihrer Bildung ist den Eruptivgesteinen entsprungen, die auf mechanischem Wege oder durch chemische Einflüsse zerkleinert, umgeändert, gelöst usw. wurden und entweder an ihrer Entstehungsstelle oder nach Fortführung von ihr an anderer Stelle wieder gefestigt wurden oder sich zu lockeren Erden zusammenballten. Die Verfestigung selbst kann durch Druck oder durch besondere Bindemittel (klastische Gesteine) erfolgt sein. Nach der Art der Entstehung trennt man: 1. *Mechanische Sedimente*, bestehend aus fortgeführtem und wieder angehäuftem Material. 2. *Ausscheidungssedimente*, deren Masse in Wasser gelöst war und sich unter der Einwirkung verschiedenartiger Einflüsse aus ihm ausschied (zu hohe Konzentration der Lösung, Druckverminderung, Entweichen von Bestandteilen, Hinzutritt von Fällungsmitteln usw.). 3. *Organogene Sedimente*, ganz aus organischen Stoffen bestehend (Kohle) oder unter wesentlicher Mitwirkung von Organismen zur Ausscheidung gelangt (Kalksteine).

c) **Kristallinische Schiefer**. Sie sind ausgezeichnet durch schiefrige Struktur, können, wie manche Gneise, trotz dessen nach ihrer Entstehung zu den echten Eruptivgesteinen gehören oder aus Sedimentformationen durch Umwandlung — namentlich Kontraktwirkungen gegenüber anderen älteren Gesteinen — oder Druckbelastung infolge überlagernder jüngerer Gesteinsschichten entstanden sein.

Es gehören und sollen nachstehend besprochen werden zu Gruppe:

a) Granit, Syenit, Porphyr, Porphyrit, Diabas, Diorit, Gabbro, Melaphyr, Olivin- und Pyroxengesteine, Basalt, Phonolyth, Granulit, Trachyt, Serpentin, Eklogit, Lava;

b) Konglomerate und Breccien, Sandstein, Grauwacke, Tonschiefer, Gips, Kalkstein, Dolomit, Quarzgesteine, Eisengesteine, Tuffe, Mergel, Lose Erden;

c) der Gneis, der Glimmerschiefer, der Urtonschiefer (Phyllit), Chlorit- und Talkschiefer.

An **allgemeinen Eigenschaften** der Naturgesteine seien behandelt:

a) **Gewichtsverhältnisse.** Das Raumgewicht der meisten, baulich verwendeten Gesteine liegt zwischen 2 und 3, nur wenige poröse Gesteine liegen unter dieser Grenze, nicht viele, namentlich Gesteine mit Olivin, Hornblende, Augit sind schwerer. Im allgemeinen sind die quarzhaltigen Gesteine leichter, die Alkalien, alkalische Erden, Metallverbindungen führenden schwerer.

b) **Strukturverhältnisse.** Grundsätzlich ist hierbei zu unterscheiden, ob das Gestein kristallinisch oder klastisch, d. h. durch ein Bindemittel verkittet ist. Eine kristallinische Felsart kann makro-, mikro- und krypto-kristallinisch sein, je nachdem die einzelnen Kristalle mehr als 1 mm Durchmesser aufweisen, sich noch gerade erkennen lassen oder nur durch das Mikroskop festgestellt werden können. Strukturarten sind hier:

α) *körnig* — gleichmäßig oder ungleichmäßig, je nachdem die einzelnen Kristallkörner gleich stark oder verschieden groß entwickelt sind;

β) *dicht* — es entsteht eine gleichartige Gesteinsmasse;

γ) *richtungslos*;

δ) *schiefrig*, infolge Parallellagerung der Mineralien; man spricht hier auch von: Fluidal- und Flußstruktur. Hiermit wird angedeutet, daß die flüssige Gesteinsmasse sich noch fortbewegte, ehe sie erstarrte. Da an den Rändern solcher Gesteinsmassen sich häufig zugleich Druckwirkungen geäußert haben, so sind solche Gesteine hier häufiger gefältelt, d. h. durch im Zickzack verlaufende Mineralbänder begrenzt, die meist sehr dekorativ sind. Abart: schuppig-schiefrig;

ε) *schlierig*. Kleinere oder größere Teile des Gesteins sind örtlich angehäuft und geben dem Steine ein unregelmäßiges Aussehen mit oft verschwommenen Konturen;

ζ) *porphyrisch*. Aus der dichten Gesteinsmasse heben sich einzelne *größere* Kristalle oder Einsprengungen deutlich heraus;

η) *oolithisch*. Die vorwiegend auf Kalksteine und Eisenerze beschränkte Struktur beruht auf der Bildung von kleineren oder größeren miteinander verwachsenen Mineralkugeln;

ϑ) *Mandelsteinartige* Struktur. Längliche oder kreisförmige Hohlräume im Gestein werden ganz oder teilweise mit fremdem Mineral gefüllt.

Bei den *klastischen* oder *Trümmergesteinen* unterscheidet man:

α) Breccienstruktur. Die kleinen oder großen und zum Teil sehr großen Gesteinsteile sind geradflächig aneinandergefügt;

β) Konglomeratische Struktur. Die durch das Bindemittel verbundenen Gesteinstrümmer und Körner sind abgerundet. Bezeichnend für diese Strukturart ist: Nagelfluh;

γ) Sandsteinstruktur;

δ) Schlammstruktur.

Das Gestein kann ferner kompakt oder porös sein, in letzterem Falle zellig (bei größeren, eckigen Hohlräumen), blasig mit runden Aussparungen (Lava z. B.), schaumig bei sehr dünnen Wänden zwischen den Hohlräumen (Bimsstein z. B.). Solche porösen Steine sind bei ausreichender Druckfestigkeit und Dauerhaftigkeit recht brauchbare Hochbausteine wegen ihrer mangelhaften Wärmeleitung und ihres geringen Gewichtes.

c) Die **Wärmeleitung** der Naturgesteine ist abhängig von der Porosität des Steins und nimmt mit ihrer Vergrößerung ab. Bei den kristallinischen und eng verkitteten Gesteinen ist die Wärmeleitungsfähigkeit nicht sehr verschieden, vermindert sich aber bei Schiefergesteinen und noch mehr bei den losen Erden erheblich. Im allgemeinen haben durch die normalen Witterungsverhältnisse bedingte Temperaturschwankungen auf die Festigkeit der Steine einen unerheblichen Einfluß. Immerhin aber kann sich ein Gestein an der Nordseite eines Gebäudes besser halten als an der Südseite, an der es namentlich im Winter sehr starken Temperaturunterschieden ausgesetzt ist.

d) Die **Porosität** der Naturgesteine ist vom hygienischen Standpunkte erwünscht, da durch sie die Luftdurchlässigkeit vergrößert, also der für die Gesundheit der Bewohner notwendige Luftwechsel begünstigt wird. Stark durchlässige Steine sind zugleich schlechte Wärmeleiter und führen zu warmen und trocknen Mauern, während bei kompakten Steinen das Gegenteil zu erwarten steht. Zudem ziehen aber starkporige Steine unter Umständen Wasser, namentlich auch aus dem Untergrunde an und bedürfen deshalb einer guten Isolierung diesen Einflüssen gegenüber.

e) **Bruchfeuchtigkeit.** Naturgesteine sind nur in lufttrockenem Zustande zu verwenden; aus ihnen muß also jegliche Bruch- oder Lagefeuchtigkeit entschwunden sein. Für die *Steinbearbeitung* hat die Bruchfeuchtigkeit den Vorteil, daß in vielen Fällen sich das Gestein in bruchfeuchtem Zustande weit leichter bearbeiten läßt als ausgetrocknet. Dies gilt in sehr erheblichem Maße für Kalk- und Sandsteine, für Serpentin, aber auch für viele Granite, Syenite, Grünsteine, Basalte usw. Auch spaltet das Gestein bruchfeucht viel leichter nach ebenen Flächen, deren Lage äußerlich nicht bestimmbar, in der Regel aber parallel den Lagerungs- oder Absonderungsflächen gerichtet ist.

f) Die **Verwitterung der Gesteine.** Hierunter wird die Umänderung an den Gesteinen, veranlaßt durch die Einwirkung der Atmosphärilien, also durch Wasser, Eis, Regen, Schnee, Hitze, Frost, Kohlensäure und die Zerstörung durch pflanzliche Organismen verstanden. Die Verwitterung kann physikalischer Natur sein, Einwirkung von Hitze, Kälte, Feuchtigkeit, Sprengwirkung des Eises, oder durch chemische Einflüsse bedingt werden: Einwirkung des Niederschlagwassers, das geringe Mengen Sauerstoff und Kohlensäure, daneben auch Spuren von Säuren enthält, bzw. solche, wie schweflige Säure aus der Atmosphäre der Großstädte und Fabrikorte, in nicht geringem Maße entnimmt. Sauerstoff bedingt, namentlich bei den Gesteinen mit Metallverbindungen, Oxydationen, die Abblätterungen, Absprengungen, Ausblühungen und unmittelbare Zerstörung zur Folge haben. Hand in Hand mit diesen Zerstörungserscheinungen geht in der Regel eine Verfärbung der Gesteinsoberfläche, wie das bei manchen Graniten durch gelbliche oder hellbraune Oberflächenfärbung erkennbar ist. Gleich verderblich kann die Einwirkung von Wasser und Kohlensäure auf Kalksteine, Dolomite, Sandsteine mit kalkhaltigem Bindemittel und auf Gips sein; es findet eine Auflösung des Kalkes statt. Einer gleichartigen Verwitterung unterliegen feldspatreiche Gesteine, namentlich solche mit Kalkfeldspaten. Pflanzliche Organismen wirken einmal durch Eindringen ihrer Wurzeln in die Gesteinsoberfläche mechanisch zerstörend ein, mittelbar auch durch die hierdurch bedingte Eröffnung von Wegen für Wasser und Eis, dann aber auch chemisch durch die zerstörende Wirkung der Humussäuren.

g) Beeinflußt werden die Haupteigenschaften der Gesteine auch durch ihre **geologischen Lagenverhältnisse,** durch Abbiegung, Faltung, Verwerfung und Ablösung der Schichten, durch Horst- und Grabenbildung, durch Schieferung, Trennungs- und Zerreißflächen, durch Versteinerung bzw. durch diese veranlaßte Hohlräume, endlich durch Kontaktwirkungen. Hier sind einmal Tuffbildungen an der Berührungsstelle von kristallinischen und klastischen Gesteinen, oder Umwandlung dichter Gesteine in kristallinische Form zu nennen; so kann z. B. Kreide in Berührung mit Basalt in Marmor umgewandelt werden. Zudem ist oft eine deutliche Grenze zwischen den verschiedenen Gesteinen nicht erkennbar, da sowohl bei Massen- als auch bei den Trümmergesteinen eine sehr große Summe der verschiedenartigsten Übergänge sich zeigt; hier können neue Bestandteile hinzutreten, wichtige, bestimmende können ausfallen, Korngröße und Struktur können Veränderungen erfahren usw. Hieraus folgt die Notwendigkeit, in vielen Fällen sich bei der Bestimmung einer Gesteinsart und der Bewertung seiner Eigenschaften der Hilfe des Fachmannes zu versichern.

h) Die **Farbe** des Gesteins ist entweder durch die ursprüngliche Färbung seiner Mineralien oder durch besondere Farbzusätze akzessorischer Art bedingt. In Frage kommt hier in erster Linie Eisen (rot, braun, gelb, schwarz färbend), Mangan (ein violetter bis roter Farbspender), Chrom (grün, gelb, rot einwirkend), Nickel, Kobalt, Kupfer, Graphit, Kohle u. a. m. Die Gesteinsfärbung verändert sich nicht selten unter der Einwirkung der Atmosphärilien. Organische Farbstoffe verbleichen, manche Farben, namentlich die durch Eisen bedingten, werden im Laufe der Zeit kräftiger und dunkler (Buntsandsteine, eisenhaltige Marmore, wie z. B. der pentelische usw.). Für den Bestand des Steins braucht eine solche Verfärbung durchaus kein Anzeichen einer beginnenden Verwitterung oder schädlichen Veränderung zu sein. Durch *Politur* des Gesteins wird die Farbe besonders hervorgehoben, zudem auch seine Beständigkeit günstig beeinflußt; am besten polierbar sind die Gesteine, die sich aus harten, gleiche Abnutzung zeigenden Mineralien zusammensetzen. Gut polierbar sind Quarz, Feldspat, Kalk- und Dolomitspat, schwieriger Hornblende und Augit. Größere Glimmerkristalle erschweren wegen ihrer großen Weichheit die Polierbarkeit der Steinfläche. Nicht oder zum mindesten recht schlecht politurfähig sind rauhe Steine, wie Sandstein, Trachyt, Lava, Tuffbildungen.

Oft leidet die Farbe eines Gesteins durch auf seiner Oberfläche sich bildende **Ausblühungen,** in der Regel Ausscheidungen pulverförmiger oder schlieriger Art von Glaubersalz, schwefelsaurer Magnesia, Kali und Kalksalpeter, Gips u. a. m., hervorgerufen durch das Eindringen säurehaltigen Wassers in die Steinporen und Auswitterung der von diesem im Steininnern gelösten Salze. In gleicher Weise kann auch die in das Grund- oder Sockelmauerwerk eindringende Erdfeuchtigkeit hier gleiche Verfärbungen hervorrufen. Da dieser Vorgang ein sich dauernd wiederholender ist, wird durch ihn der Bestand zum mindesten der Steinoberfläche gefährdet.

C. Die Zusammensetzung, die Eigenschaften, die Verwendung und die Fundorte der baulich verwendeten Naturgesteine.

1. Eruptivgesteine.

a) Der **Granit** ist ein fein- bis grobkörniges, kristallinisches, gemengtes Gestein, aus Feldspat, Quarz und Glimmer bestehend. Nach der Art des Glimmers werden unterschieden:

α) Biotitgranit, β) Muskovitgranit, γ) Zweiglimmergranit. Tritt an Stelle des Glimmers Hornblende, so entsteht δ) Hornblendegranit (Amphibol- oder Syenitgranit). Abarten (bei Hinzutreten von Glimmer zu δ): Hornblendeglimmergranit; Halbgranit (Aplit, Granitell), fast nur Quarz und Feldspat; Greisen, ein feldspatfreier Granit, Protogingranit (Alpengranit), durch den Hinzutritt eines chloritischen, grünen Minerals bezeichnet und durch Parallelstruktur der Glimmerplättchen schiefrig.

Besonders gut ist ein mittelkörniger, glimmerarmer Granit. r[1]) = 2,5 — 3,0. Farbe: weiß und schwarz, grau, rot, seltener gelb, braun und grün, bedingt vorwiegend durch die Feldspatfarbe. Festigkeiten: k_d = 1600 kg/qcm; k = 30 kg/qcm; k_b = 140 kg/qcm; k_s = 80 kg/qcm.[2]) Falsche Bezeichnungen: Schwarzer, schwedischer Granit, in Wirklichkeit ein Diabas oder Diorit aus Südschweden; belgischer Granit — ein schwarzer Marmor mit weißen Flecken, grüner, schwedischer Granit — ein Pyroxengneis.

Seltenere, für den Hochbau als Dekorationsgesteine wertvolle Granitarten sind: Turmalingranit, durch schwarze, oft strahlenförmig angeordnete harte Turmalinkristalle[3]) ausgezeichnet, in poliertem Zustande ein Gestein sehr eigener Art, Pegmatitgranit, ein grobkörniger Granit mit oft sehr großen Kristallen.

Verwendung: Allgemein zu allen Hoch- und Ingenieurbauten, soweit nicht der hohe Preis und die nicht leichte Bearbeitungsmöglichkeit hindern; von der Bearbeitung schwieriger Profile empfiehlt es sich abzusehen; gut und dauerhaft polierbar. Im Straßenbau gut bewährt und durch geringe Abnutzung ausgezeichnet, wenn — wie meist — hier glimmerarme Steine Verwendung finden. Vorzüglich polierbar. Der Granit springt zwar bei Temperaturen von mehreren 100°, kann aber

1) r = Raumgewicht.

2) k_d = Druckfestigkeit, k_z = Zugfestigkeit, k_b = Biegungsfestigkeit, k_s = Schubfestigkeit. Angegeben sind überall *Mittelwerte*.

3) Turmalin ist ein Aluminiumsilikat von bedeutender Härte, das baulich nur für Granite bedeutungsvoll ist.

trotz dessen als vollkommen feuersicher, d. h. als so lange seinen Bestand bewahrend angesehen werden, als ein Betreten der Brandstätte überhaupt noch möglich ist. Die schwedischen und norwegischen Granite sind zum Teil farbenschöner als deutsche, in ihren Festigkeitseigenschaften und ihrer Beständigkeit letzteren aber nicht überlegen.

Fundorte sind: Schlesien (Striegau, Strehlen, Fischbach), Sachsen (Lausitz, Meißen, Erzgebirge), das Fichtelgebirge, der Odenwald (u. a. Felsberggranit), der Schwarzwald (Kappel, Oberkirch-Trieberg, Gernsbach, Waldshut), der Harz und Thüringen, der Bayerische Wald (Nabburg, Wiesau, Cham, Passau), Schweden und Norwegen, die Schweiz (Protogingranit, z. B. vom St. Gotthard), Oberägypten (Syena, fälschlich seinerzeit Syenit genannt) und Eratische Blöcke nordischer Granite in der norddeutschen Tiefebene.

b) Der **Syenit** wird aus Feldspat und Hornblende gebildet. Tritt an Stelle der Hornblende Biotit bzw. Augit, so entsteht Biotit-(Glimmer-) Syenit und Augitsyenit. Treten aus der gleichmäßigen syenitischen Masse größere Feldspatkristalle heraus, spricht man von Porphyrsyenit.

Farbe des normalen Syenits dunkelgrün, grau, schwärzlich, graurot. Der Stein ist etwas weicher, aber zäher als Granit und sehr gut wetterbeständig; $r = 2{,}5$—$3{,}0$; $k_d = 1300$—1400 kg/qcm im Mittel.

Unrichtige Bezeichnungen: Schwedischer Syenit — ein grün- und weißgesprenkelter Diabas; Odenwaldsyenit — ein Diorit; Lausitzer Syenit — ein Diabas aus der Gegend Neusalza-Spremberg. Der Syenit aus Ägypten aus der Gegend von Syene (nach dem der Gesteinsname gebildet), ein Hornblendebiotitgranit (vgl. oben).

Verwendung allgemein, aber durch das nicht sehr häufige Vorkommen eingeschränkt; gut polierbar. Fundorte: Plauenscher Grund bei Dresden, Meißen a. E., Fichtelgebirge, Bergstraße, Odenwald, Passau, nördlich von Kristiania, südöstliches Norwegen (fleischrote, wertvolle Dekorationsgesteine).

c) Der **Porphyr.** Porphyre sind kristallinisch gemengte Gesteine, bei denen aus einer dichten, gleichartigen Grundmasse einzelne größere Mineralkörner zutage treten. Die wichtigeren Arten sind:

α) *Quarzporphyr*, auch nur Porphyr oder Felsitporphyr genannt, mit granitischer Grundmasse und Ausscheidungen von Quarz und Orthoklas. Farbe rötlich, mit Abstufungen nach Weiß und Braun, seltener nach Grau und Grün. Unterarten: ohne Quarzausscheidung = roter Porphyr, mit solchen = eigentlicher Quarzporphyr. Bei weiterem Hinzutritt besonderer Ausscheidungen spricht man von *Pyroxen*quarzporphyr, *Glimmer*quarzporphyr usw. $r = 2{,}4$—$2{,}8$. $k_d = 1800$ kg/qcm im Mittel. Falsche Bezeichnung: Schwarzer Porphyr — ein Melaphyr. Vorkommen: Sachsen, Odenwald, Thüringen, westlicher Schwarzwald, Harz, Glatzer Gebirge, Südtirol (Bozen), Schweden, Süd-Norwegen, Niltal.

Da das Gestein oft in Würfelform springt, ist es wertvoll für den Straßenbau; daneben ein Bau- und Dekorationsstein allgemeiner Anwendung.

β) *Granitporphyr*. Grundmasse dichter wie der Granit, grobkörniger wie bei α) und aus Quarz und Feldspat gebildet; ausgeschieden vorwiegend Feldspat, daneben die anderen Granitbildner. Die Farbe des wenig verbreiteten Gesteins ist der des Granits entsprechend, desgleichen seine Eigenschaften. Wenig verbreitet, vorwiegend in Sachsen. Verwendung wie Granit.

γ) *Syenitporphyr*. Grundmasse vorwiegend feldspathaltig; Ausscheidung: Feldspat vereint mit Hornblende oder Augit oder Biotit; demgemäß werden unterschieden: Hornblende-, Augit-, Biotit-Syenitporphyr. Farbe und Eigenschaften wie bei b). Nur örtlich bedeutungsvoll. Vorkommen: Schwarzwald, Vogesen.

Den Porphyren sehr nahe stehen die nur durch die Feldspatart von ihnen unterschiedenen *Porphyrite*. Grundmasse: Feldspat und Hornblende; Ausscheidung: Hornblende bzw. Augit bzw. dunkler Glimmer.

Die feine Grundmasse von brauner, roter, auch grauer Färbung bestimmt die Gesteinsfarbe. Das weit verbreitete Gestein besitzt allgemeine Verwendung, namentlich im Straßenbau. Hierher gehören die kunstgeschichtlich wertvollen Steine: Porfido verdo antico, ein olivgrüner Augitporphyrit von Sparta und Porfido rosso antico, ein braunroter Hornblendeporphyrit von der Westküste des Roten Meeres.

Normal-Porphyrit findet sich an wenigen Stellen Sachsens, im Harz und in Thüringen.

d) **Diorit** (*Hornblendegrünstein*). Das Gestein besteht aus grüner, in Form von Nadeln oder Körnern auftretender Hornblende und hellem Feldspat; Farbe dunkel (durch die vorwiegende Hornblende), nicht selten FeS_2 enthaltend; $r = 2{,}8$—$3{,}0$; $k_d = 2000$ kg/qcm i. M.; $k_z = 50$ kg/qcm; $k_s = 90$ kg/qcm.

Verwendung in erster Linie als Schotter und zu Pflastersteinen (namentlich in den grobkörnigen oder porphyrischen Arten), daneben auch im Hochbau, sowie als Dekorationsstein (wegen guter Aufnahme der Politur).

Fundstellen: Eratische Blöcke im Fichtelgebirge, Lausitz, Roßtrappe, Wernigerode, Kyffhäuser, Thüringen, Ausläufer des Odenwaldes, Spessart, Süd-Schwarzwald, Oberhessen.

e) **Diabas** (*Augitgrünstein*). Dem Diorit ähnlich, aber heller in der Farbe, etwas schwerer und infolge seines Gehaltes an Kalkfeldspat bei Begießen des Gesteins mit Säure leicht aufbrausend.

Hauptgemengteil: Augit und Feldspat. Farbe graugrün und dunkler grün. Struktur: dicht, körnig, auch porphyrisch, hart; $r = 3{,}0$; $k_d = 1900$ kg/qcm; $k_z = 50$ kg/qcm; $k_s = 90$ kg/qcm.

Wetterbeständigkeit und Politurfähigkeit wie bei Diorit. Das aus engen Gängen gewonnene Material ist oft stark zerrissen und nur für Schotter geeignet, sonst ist das Gestein zu jeder Verwendung passend.

Da das Gestein nicht selten grün und weiß gefleckt ist, so findet es auch als Dekorationsstein Anwendung.

Fundorte: Lausitz (Kamenz, Senftenberg, Bautzen), Harz, Fichtelgebirge, Lahntal, Thüringen, Süd-Norwegen.

f) **Gabbro.** Zusammensetzung: Feldspat und Diallag (oder dessen Abart Smaragdit) und eine Anzahl akzessorischer Mineralien. Das oft grobkörnige, harte Gestein ist weiß und grüngefleckt, gut polierbar und bei geringem Feldspatgehalt gut wetterbeständig; $r = 2{,}7$—$3{,}0$; $k_d =$ 2000 kg/qcm i. M., aber bis 700 kg/qcm herabgehend.

Verwendung: Poliert als Dekorationsstein (namentlich die italienischen Gabbroarten, Granitone, Verde di Corsica usw.), sowie als Baustein und Straßenbaumaterial, wenn auch in letzterer Beziehung den Gesteinen unter d) und e) nachstehend. Eine allgemeinere Benutzung ist auch dadurch erschwert, daß die Zerteilung des zähen Gesteins erhebliche Kosten macht.

Fundstellen: Zobten, Eulen- und Glatzer Gebirge, Harz, Lahntal, Eifel, Odenwald, Schweiz (Monte Rosa u. a.), Südwest-Norwegen, Italien (Florenz, Genua), Corsica.

g) **Melaphyr,** besteht aus einer glasigen Grundmasse von Natronkalkfeldspat, Augit und Olivin, aus der die gleichen Mineralien ausgeschieden sind; daneben finden sich Quarz, Glimmer, Hornblende, auch Schwefelkies. Das dem Basalt ähnliche Gestein unterscheidet sich von diesem durch sein geringeres Raumgewicht und das Aufbrausen beim Übergießen mit Säuren. Farbe des feinkörnigen bis dichten Gesteins dunkelgrau, schwarz, grün, selten bläulich. Wetterbeständigkeit mäßig; Verwitterungskruste gelb bis braun. $k_d = 1200$ kg/qcm i. M., aber in weiten Grenzen schwankend.

Als Schotterstein gut, als Pflasterstein weniger anzuraten, auch als Mauerstein benutzt.

Fundstellen: Schlesien, Sachsen, die meisten deutschen Mittelgebirge.

h) **Olivingesteine.** Sie bestehen vorwiegend aus Olivin, enthalten wenig oder keinen Feldspat, meist aber Hornblende, Augit und Biotit. Wertvoll: der schwarzgrüne, zähe *Pikrit*, ein Straßenbau- und Schottermaterial, das sich in Sachsen, Nassau und im Fichtelgebirge findet und örtlich viel benutzt wird.

i) **Trachyt und Andesit.** Trachyt ist ein quarzfreies Gestein, aus Kalifeldspat und Hornblende oder Glimmer bzw. Augit gebildet; demgemäß unterscheidet man: Hornblende-, Glimmer-, Augittrachyt. Tritt an Stelle des Kalifeldspats Natronfeldspat, so wird das Gestein als Andesit bezeichnet, ist aber dem Trachyt in Eigenschaften und Verwendung fast gleichartig. Grundmasse porös, rauh, hellfarben, mit Gesteinskörnern der genannten Mineralien durchsetzt, $k_d = 700$ kg/qcm i. M.; $k_b = 100$ kg/qcm; $k_s = 20$—30 kg/qcm; $r = 2{,}2$—$2{,}7$.

Wetterbeständig ist nur das feldspatarme Gestein, namentlich die feinkörnigen Arten.

Mit Mörtel gut verbindbar, eignet sich das beständige Gestein zu fast jeder hochbaulichen Verwendung, auch dauernd rauh bleibend, für steile Straßen mit nicht allzu starkem und schwerem Verkehr.

Fundstellen: das Siebengebirge (Andesit von Stenzelberg, die Eifel, der Westerwald).

Dem Trachyt nahe steht der **Pechstein,** ein als quarzführender Trachyt anzusprechendes Gestein — Farbe grün bis dunkelbraun, stark verglast —, mit seiner Abart: *Felsitpechstein*, einem dunkel olivgrünen bis braunroten, dichten, seltener porphyrischen Gestein, das in Sachsen ansteht.

Hierher gehört auch der außerordentlich leichte **Bimsstein,** ein seidenglänzendes, glasiges, sehr poröses, schaumiges Gebilde, mit oft langgestreckten und nur durch dünne Wände geschiedenen Poren. Farbe meist hellgrau bis weißlich. Schlechter Wärmeleiter, daher wertvoller, gesunder Baustein, sehr leicht (Kuppel der Agia Sophia in Konstantinopel). Fundort in Deutschland Neuwieder Becken unweit von Koblenz. Hier steht Bimskies nahe der Erdoberfläche in großen Lagern an und wird vielgestaltig verwendet zur Herstellung leichter Kunststeine und -platten aller Art, zu Bimssteinbeton usw. $r = 0{,}4$—$0{,}9$. Bimsstein dient auch als Schleifpulver und Wärmeschutzmittel.

k) **Phonolith.** Dem Basalt ähnlich, dicht, mit Mörtel gut verbindbar, sehr wetterfest, oft plattenförmig brechend und demgemäß ein lagerhafter Baustein. Verwendung gleich der des Basaltes, aber nicht so glatt werdend wie dieser; Festigkeitsverhältnisse wie bei i).

Verwitterungskruste gelb, im Gegensatze zu der bläulichen bei Basalt. Farbe graugrün. Bruch splitterig. Fundstellen: Hochwald bei Zittau, Spitzberg in der Lausitz, böhmisches Mittelgebirge, Röhn, Vogelsberg, Kaiserstuhl, Siebengebirge, Westerwald, Eifel, Hohentwiel usw.

l) **Basalt und Dolerit.** Zusammensetzung des sehr dichten Gemenges beim normalen Basalt vorwiegend: Feldspat (Plagioklas), Augit, Olivin, sowie Eisenmineralien. Farbe grauschwarz bis blau; $r = 2{,}8$ bis $3{,}3$; Härte groß. Die Sprödigkeit des Gesteins verhindert dessen Verwendung zu feineren Gliederungen; Wärmeleitung groß, nicht feuerbeständig; Wasseraufnahme mittelmäßig; mit gewöhnlichem Kalkmörtel schlecht verbindbar; $k_d = 2000$ kg/qcm; $k_b = 200$ kg/qcm.

Wird der im Normalbasalt auftretende Plagioklas ersetzt durch Nephelin oder Leuzit, so spricht man von Nephelin- und Leuzitbasalt. Wird in gleicher Art Olivin durch diese Mineralien ersetzt, bezeichnet man wissenschaftlich das Gestein mit Nephelin- bzw. Leuzittephrit, und tritt noch Olivin hinzu mit Nephelin- oder Leuzitbasanit. In der baulichen Praxis ist es eingeführt, alle diese Abarten als „Basalt“ zu benennen. Ebenso hat die „Praxis“ die Unterscheidung eines über 46% Kieselsäure enthaltenden *sauren Basalts* als *Trapp*basalt, gegenüber basischen Basalten sich nicht zu eigen gemacht. Bei starkem Gehalt an Feldspat kann stärkere Verwitterung eintreten und ein Trümmergestein — Basaltwacke — entstehen. das unter Umständen in basaltischen Ton übergehen kann.

Eine namentlich bei der Verwendung des Basalts im Straßenbau bei manchen Steinen gefürchtete Erscheinung ist der *Sonnenbrand*. Hierunter wird ein schnelles Zerfallen von Basaltsteinen unter dem Einflusse der Atmosphärilien in Körner oder kugelige Gebilde verstanden. Wahrscheinlich ist das nephelinhaltige Glas in der Grundmasse besonders leicht angreifbar und die Ursache der Erscheinung. Beobachtet ist, daß saure Basalte keine Sonnenbrenner sind, daß aber auch die körnig ausgebildeten Glieder der basischen Reihe die Erscheinung nur sehr selten zeigen. Jedenfalls ist der Sonnenbrand am meisten bei dichten, basischen Basalten beobachtet worden. Wenn es auch keine sichere Methode gibt, die Eigenschaft eines Sonnenbrenners am bearbeiteten Stein bei oberflächlicher Besichtigung zu bestimmen, so kann man doch an der Felswand bei Auftreten rauher, unregelmäßiger, hakiger Bruchflächen (anstatt der sonst normal muscheligen), an dem Auftreten typischer, regellos verteilter grauer bis gelber Flecken ein Urteil sich bilden. Auch lassen sich solche verräterischen Flecken an dünnen Gesteinsplättchen durch Kochen in Salzsäure, Natronlauge, auch durch lange anhaltendes Kochen in destilliertem Wasser künstlich hervorrufen und somit zur Bewertung des Gesteins heranziehen. Auch deutet das Auftreten feiner, oft strahlenförmig verlaufender Haarrisse bei stark erhitzten dünnen und dann plötzlich abgekühlten Plättchen von Basalt auf eine Gefährdung des Steines durch Sonnenbrand hin.

Verwendung als Fundamentstein, für Ingenieurbauten aller Art, namentlich zu Schotter und Pflastersteinen; letztere sind in der Fahrbahnrichtung kurz zu halten, weil der Stein bei feuchtem Wetter glatt wird. Sechseckige Basaltsäulen als Prellsteine, für Böschungsbefestigungen, zu Regulierungswerken des See- und Flußbaus, sowie zu Zyklopenmauerwerk geeignet, im Hochbau für Treppenstufen, Grundmauern (allerdings nur bei guter Isolierung und hydraulischem Mörtel).

Zeigt Basalt eine körnige Struktur, so nennt man ihn *Dolerit*. $k_d =$ 800 kg/qcm; mit gewöhnlichem Kalkmörtel gut verbindbar. Verwendung wie bei Basalt.

Basalt findet sich, meist in Kuppenform, in fast allen deutschen Gebirgen; seltener ist Dolerit (u. a. Löbauer Berg).

m) **Lava** ist ein jüngeres Erzeugnis erloschener oder noch tätiger Vulkane. Sonderarten sind:

α) *Basaltlava*, blaugrau gefärbt, hoch wetterbeständig, gut bearbeitbar; k_d bei gutem Material 600—700 kg/qcm. Verwendung für Ingenieurbauten, im besonderen an wichtigen Stellen als Fundamentsteine, Auflagerquader, Abdeckplatten usw. (namentlich das Material von Niedermendig in der Eifel), sowie im Hochbau allgemein, auch für feiner profilierte Bauglieder. Farbe blaugrau, Oberfläche sandsteinartig.

2*

β) *Trachytlava* von trachytischer Natur, hochwertvolles Hochbau- (auch Monumental-)Material von allerdings mehr örtlicher Bedeutung (Rheinland).

n) **Granulit** besteht aus Feldspat, Quarz, kleinen rotbraunen Granatkörnern und dunklem Glimmer; schiefrig, dünnplattig, mittel- bis feinkörnig, hellfarben. $r = 2{,}6$; mittelhart. Verwendung als Plattenstein und zu Schotter, vorwiegend örtlich. Fundstellen: sächsisches Granulitgebirge südlich von Chemnitz, Böhmen, Mähren, Ostbayern.

o) **Serpentin** ist ein wasserhaltiges Magnesiasilikat von meist grüner, aber auch roter und grüngrauer Färbung mit schlangenförmiger Aderung. Frisch gebrochen sehr weich und leicht bearbeitbar, später härter; $r = 2{,}7$ i. M.; $k_d = 750$ kg/qcm. Feuersicher, aber nicht wetterfest, und daher nur im Inneren zu verwenden; hier ist das Gestein wegen seiner Farbenschöne und Politurfähigkeit ein sehr geschätzter Schmuckstein, der namentlich im inneren Ausbau von Monumentalgebäuden eine hochbedeutsame Rolle spielt, sich aber nicht als Denkmalstein empfiehlt.

Fundstellen: Zöblitz und Waldheim in Sachsen, Todtmos im Schwarzwalde, Zobten, Eulengebirge, Einsiedel bei Marienbad, St. Gotthard, Oberitalien (Verde di Prato, Pegli, Susa usw.), Corsica. Serpentin mit Marmor durchwachsen gibt einen der schönsten, kunstgeschichtlich berühmten Dekorationssteine: Verde antico.

p) **Hornblendefels.** Bestandteil vorwiegend Hornblende, daneben Feldspat, Chlorit, Biotit, Quarz. $r = 3{,}0$; $k_d = 750$ kg/qcm. Wetter-, aber nicht feuerbeständig. Verwendung — meist nur örtlich — zu Pflastersteinen, Schotter, Trottoirplatten, Treppenstufen, als lagerhafter Bruchstein. Mit Kalkspat durchwachsen, ein wertvolles Dekorationsgestein.

Fundorte: Granulitgebirge in Sachsen, Fichtelgebirge, Thüringer Wald u. a. O.

q) **Eklogit (Omphazitfels).** Das zum Teil sehr schön gefärbte Gestein setzt sich zusammen aus der Abart des Augit, dem hellgrünen Omphazit und dem roten Mineral Granat. Fein- bis grobkörnig; zäh, schwer bearbeitbar, sehr farbenprächtig in poliertem Zustande. Der bayerische Eklogit dient wegen seiner Härte als Schleifmaterialgestein und Ersatz für Schmirgel. Bildhauerstein für feine Kunstarbeiten.

Fundstellen (wenige) im Erzgebirge, in der Gegend von Hof, in der bayerischen Oberpfalz.

2. Sedimentgesteine und lose Erden.

a) **Konglomerate und Breccien** unterscheiden sich — wie schon bei den Strukturverhältnissen auf S. 5 hervorgehoben wurde — voneinander dadurch, daß bei den ersteren die vom Bindemittel vereinigten Bruchstücke abgerollt, d. h. rundlich sind, während sie bei der Breccie gradlinig, d. i. mit mehr oder weniger scharfen Kanten aneinander gefügt erscheinen. Das Bindemittel ist sehr verschieden: Ton,

Eisen, Kieselsäure, Kalk usw., kann auch von mehreren Materialien zugleich gebildet werden. Sonderbenennung nach der vorwiegenden Gesteinsart: Granitbreccie, Basaltkonglomerat usw. Eine besondere Art ist *Nagelfluh*, aus eigroßen Rollstücken von Kalk und Sandstein sowie den Eruptivgesteinen gebildet, die durch ein sandsteinartiges, eisenschüssiges Bindemittel vereinigt sind. $r = 2{,}2$; $k_d = 400$; das vorwiegend örtlich bedeutungsvolle Alpengestein ist sehr wetterbeständig und von meist heller, rötlicher Farbe.

b) **Sandstein.** Durch ein Bindemittel, das sehr verschieden in seiner Art und Menge auftritt, werden vorwiegend farblose oder weißliche, meist scharfeckige Sandkörnchen zum Gestein vereinigt. r sehr verschieden, je nach der Zusammensetzung, $= 1{,}9$—$2{,}7$. Nach der Art des Bindemittels werden unterschieden:

α) *Kieselige* oder *Quarzsandsteine*, sehr wetterbeständig, dauerhaft, hart, im Hoch- und Ingenieurbau verwendet, auch als Plattenstein benutzt. Farbe meist weiß und grau.

β) *Kalkige Sandsteine*, erkennbar als solche am Aufbrausen des Steins beim Übergießen mit Säuren; nicht sehr hart, nicht feuerfest, in Industriestädten leicht verwitternd. Farbe gelblich oder grünlichgrau, selten weiß und rötlich.

γ) *Tonige Sandsteine*, vielfach bunte, auch wechselnd gefärbte Gesteine, durch Tongeruch erkennbar, in den festen Arten auch wetterbeständig und alsdann ein geschätztes Material zu fast jeder Verwendung.

δ) *Mergelige Sandsteine* mit Ton und Kalk als Bindemittel, oft auch eisenschüssig, in der Regel hellfarben, vielfach weich und nicht besonders wetterbeständig.

ε) *Eisenhaltige Sandsteine*, mit einem neben Ton oder Kieselsäure durch Eisenoxydul oder -oxyd gebildeten Bindemittel, Farbe meist gelb, rot, braun, rotbraun, vielfach wetterbeständig und fest und alsdann ein Baustein ersten Ranges.

ζ) *Glaukonitische Sandsteine* (Grünsandsteine), ausgezeichnet durch einen Gehalt an dem chloritähnlichen Mineral Glaukonit, das fein verteilt, als Bindemittel auftritt oder Körnchen bildet; in letzterem Falle ist das Bindemittel Ton oder Kalk; farbenprächtig, sehr geschätzt, aber wenig verbreitet.

Unter *Quadersandsteinen*, wie sie u. a. die Sächsische Schweiz liefert, werden Steine verstanden, die in mehreren Ebenen zerteilt sind, sich also als große, vom Gebirgsmassiv unabhängige Quaderfelsen darstellen. Sandsteine, die Eisenkies enthalten, sind wegen ihrer leichten Zersetzbarkeit baulich wenig geeignet. Besonders wertvoll ist die gleiche Korngröße bei Sandsteinen, da Steine mit wechselndem Korn in den einzelnen Schichten auch verschiedene Festigkeiten aufweisen werden.

Über die wichtigsten deutschen Vorkommnisse von Sandsteinen, ihre Eigenschaften, sowie die Verwendung gibt die nachfolgende Tabelle Auskunft.

Tabelle.

(Es bedeutet: H. Hochbau, Br. Brückenbau, Wa. Wasserbau, Sr. Straßenbau, T. Tiefbau, Pl. Plattenstein, S. Sandstein, F. Formation.)

Fundort	Farbe	Raumgewicht r	Mittlere Druckfestigkeit kg/qcm	Wetterbeständigkeit	Verwendungsgebiet
Miltenberg i. Baden	rot, braun	2,2	800	gut	H., Br.
Kehlheim i. Bayern	gelb, grünlich	—	800	„	H., Br., Wa.
Sonthofen i. Bayern (Burgberger S.)	graublau	2,6	600	sehr gut	H., Pl.
Wertheim a. M.	dunkelrot	2,0—2,5	820	„ „	H., Br., T.
Miltenberg a. M.	dunkelrot	2,0	780—940	„ „	H., Br., T.
Burgpreppach i. Bayern	gelblich, ocker, weiß	2,1	750	„ „	H., Wa.
Höxter	rotweiß	2,46	630	„ „	Wa., Sr., H.
Lutter a. Barenberge	fleischfarben	2,0	420	„ „	H., Br.
Holzminden	rot	2,5	550	„ „	Pl., Sr.
Stadtoldendorf	rotbraun	2,4—2,8	550—850	„ „	H., Pl., Wa.
Velpke	blaugrau (weiß)	2,4	600—1200	„ „	H., Br., Wa.
Warthau b. Bunzlau	weiß, hell-dunkelgelb	2,0	270—650	„ „	H., Wa.
Cudowa i. Schles.	weißgelb	2,3	1400	„ „	H., Br., Wa.
Friedersdorf b. Reinerz	weißgelb	2,35	1100	gut	H., Wa.
Gommern, Plötzky, Pretzin i. d. Prov. Sa.	graublau	2,3	1600—2700	sehr gut	H., Wa., Br.
Nebra a. d. Unstrut	hellrot, weißgelb	—	—	„ „	H., Wa.
Mehle (Prov. Hannover)	blaugrau	—	600	gut	H., Wa.
Nesselberg b. Springe	hellgrau u. hellgelb	—	600	„	H., Wa.
Osterwald b. Nordstemmen	gelblichweiß	—	1000	„	H., Wa.
Porta b. Minden	braun	2,0—2,10	200	sehr gut	H., Br., Wa.
Oberkirchen	gelblichweiß	2,22	690	„ „	H., Br.
Carlshafen (Weser- und Diemeltal)	weiß, grau, rot	2,55	950	„ „	Pl., Sr.
Gelnhausen	hell-dunkelrot	—	600	gut	H., Wa.
Udelfangen b. Trier	grün, bläulich, weiß	2,5	550—600	sehr gut	H., Br.
Piesberg b. Osnabrück	blau	2,58	700—1000	gut	Sr., H.
Wetter a. d. Ruhr	weißgrau	2,5—2,58	1800—2000	sehr gut	H., Sr.
Sächsischer Quadersandstein (Cotta, Posta, Postelwitz, Schöna, Rottwerndorf, Herrenleithe, Welschhufe, Königstein)	gelb, weiß, grau	2,1—2,5	200—700	im allgemeinen sehr gut	H., Br., T., Wa.

c) **Grauwacke.** Das sandsteinähnliche Gestein setzt sich zusammen aus Quarzkörnern und Bruchstücken anderer Gesteine und Mineralien, vereinigt bald durch ein kieseliges Bindemittel, das alsdann zu sehr festen Gesteinen führt, bald verbunden durch Eisen, Kalk, Ton; Farbe grau; $r = 2{,}5$—$2{,}8$; Härte sehr groß; $k_d = 1000$ kg/qcm (bis 3000 kg/qcm), sehr wetter- und meist auch feuerbeständig. Verwendung im Hochbau als Quader- und Bruchstein, desgleichen im Ingenieurbauwesen, besonders beliebt als Chaussierungs- und Gleisbettungsmaterial.

Fundstellen: Das Siegtal, Koblenz, Wetzlar, Dillenburg, das Rheinisch-Westfälische Schiefergebirge, Harz, Fichtel- und Erzgebirge, nördliche Lausitz und andere Orte mehr.

d) **Gips** ist chemisch schwefelsaurer Kalk mit 21% Kristallwasser; Farbe hell, rötlich, grau. $r = 2{,}6$ i. M.; $k_d = 50$—70 kg/qcm.

Wenig wetterbeständig, weich und meist nur in gebranntem Zustande baulich verwendet, vgl. die Abschnitte: Künstliche Steine und Mörtel. Abarten:

α) *Alabaster*, kristallinisch körnig, mit meist schöner Färbung, ein Dekorations- und Luxusstein; wegen guter Politurfähigkeit im inneren Ausbau angewendet.

β) *Anhydrit*, wasserfreier Gips, $h = 3$—$3{,}5$; Verwendung wie bei α).

γ) *Marienglas*, bautechnisch ohne Bedeutung, in großen, flachen Kristallen von Wasserklarheit auftretend.

Fundstellen: Der südliche Harz (Osterode, Ilfeld, Walkenried), Mansfeld, Staßfurt, der Nord- und Südrand des Thüringer Waldes, Jena, Lüneburg, Holstein, Berchtesgaden, Hallein, Aussee und andere Orte mehr.

e) **Kalkstein,** chemisch kohlensaurer Kalk, meist mit Eisenverbindungen, wird in der Regel durch Sand u. dgl. verunreinigt; Struktur dicht, grobkörnig, kristallinisch, auch erdig; in Härte, Raumgewicht und Festigkeitsverhältnissen sehr schwankend, desgleichen in der Farbe. Hierher gehören die meisten Marmorarten, das sind Kalksteine von Farbenschönheit, dichte sowohl wie körnige, welche sich gut polieren lassen, vielfach durchaus, oft aber auch weniger wetterbeständig sind und sich alsdann nur für eine Verwendung im Inneren eignen.

Unterarten sind:

α) *Grauwackenkalkstein*, hervorragender Hochbaustein.

β) *Kohlenkalkstein.* $k_d = 600$—1000 kg/qcm; verwendet im Hochbau, sowie als Chaussee- und Pflasterstein.

γ) *Zechstein*, ein dichter, allerdings schwer bearbeitbarer, aber sehr wetterbeständiger Baustein von grauer Farbe.

δ) *Muschelkalk*, aus Schaltierversteinerungen gebildet, durch große Schwere und Härte ausgezeichnet, meist dicht, einfarbig grau, gelblich, rötlich. $k_d = 700$ kg/qcm; zu Luft- und, wenn tonhaltig, auch zu Wasserkalk verwendbar, ferner allgemein im Hochbau, auch im Straßenbau benutzt; hierher gehört auch der Liaskalk.

ε) *Rogenstein (oolithischer Kalk)*, bestehend aus kleinen, runden, in dichtem Kalk eingewachsenen Kalkkörnern, hell- und dunkelfarben, oft durch Eisen rotbraun gefärbt. Verwendung in der gleichmäßigsten Art zu Bildhauerarbeiten, sonst zu Quadern, Bruch- und Pflastersteinen, auch zur Mörtelerzeugung.

ζ) *Jurakalkstein*, sehr widerstandsfähig, meist hell und bunt gefärbt, vorwiegend ein Hochbaustein.

η) *Alpenkalkstein*, rot bis dunkelgrau gefärbt, allgemein im Hochbau verwandt und nach seinem örtlichen Vorkommen mit Sondernamen bezeichnet.

ϑ) *Kreide*, gebraucht zur Zementherstellung, für Kalkfarbe, als Schleif- und Poliermittel. Hierher gehört auch der *Plänerkalk*, ein feinerdiger, dichter, Ton oder Sand haltender Kalkstein, der, viel verbreitet, bei ausreichender Festigkeit und Beständigkeit einen durchaus wertvollen Baustein bildet.

ι) *Grobkalk*, aus feinsten Schnecken- und Muscheltrümmern gebildet, grobkörnig, rauh, als Bildhauer- und Monumentalstein besonders wertvoll und zu den feinsten Gliederungen zu verarbeiten (Sonthofen in Bayern, Traunstein, Leitha-Kalke, Mainzer Kalkstein, Steine aus Lothringen und der Normandie).

ϰ) *Kieselkalkstein* (Granitmarmor), aus Kalkspat und dunklen Kieselkörnern bestehend, gut wetterbeständig, ein Monumentalstein Bayerns (Bayerische Voralpen, Neubeuern, Rosenheim usw.).

λ) *Kalktuffe*, jüngere und jüngste Kalkbildungen, Niederschläge aus kohlensäurereichen, kalkhaltigen Quellen, für leichtes, gleichmäßig trockenes Mauerwerk geeignet. Hierher gehört der bekannte Baustoff des alten Rom, der Travertin.

Bei *Verwendung von Kalksteinen* zu Mauerwerk ist darauf zu achten, daß eine Hinterfüllung mit vegetabilischer Erde oder Fäulnis bedingenden Stoffen vermieden wird, da sich hier Chlorkalzium bzw. Kalksalpeter bilden können, welche zur Zerstörung des Mauerwerks führen — *Mauerfraß!* Als bester Schutz ist die Verwendung trockener, sandiger oder lehmiger Hinterfüllungserde zu nennen.

Oberflächlich angegriffenes Mauerwerk ist äußerlich von der bereits zerstörten Schicht zu befreien und auf ihm nach Auskratzen der Fugen ein fetter Zementverputz oder ein Asphaltüberzug aufzubringen. Bereits erheblich zerstörtes Mauerwerk ist vollständig zu beseitigen und zweckmäßig in Ziegeln und Zementmörtel neu aufzuführen.

Unter **Marmor** versteht man allgemein *Kalksteine* — daneben aber auch *Dolomite* —, die dicht oder körnig, durch Farbenschönheit, Kristallglanz, gute Politurfähigkeit und ausreichende Wetterbeständigkeit sich auszeichnen und zu den wertvollsten Dekorationssteinen im Inneren und Äußeren gehören. Besondere Abarten nach der Zeichnung der Steinfläche sind Breccien-Marmore, wenn die Einsprengungen nur klein sind: Brokatell-Marmore benannt, ferner mit Muschelversteinerung: Lumachell-Marmore, mit baumartiger Aderung: Dentrische Marmore. $r = 2{,}6$—$2{,}8$; Härte mittel; $k_d = 300$ kg/qcm in weiten Grenzen schwankend. Nach der Verwendung trennt man: Statuen- und Architektur-Marmor. Für ersteren ist Farbenreinheit, Lichtdurchlässigkeit, Kristallglanz in besonders hohem Maße und leichte Bearbeitungsfähigkeit gefordert; für letztere kommt es vor allem auf Farbenschönheit, oft auch Wetterbeständigkeit, ausreichende Festigkeit und das Vorkommen in größeren Abmessungen an. Kräftig bunt gefärbte und farbensatte, namentlich blaue und schwarze Marmore „verblühen" nicht selten im Freien und werden stumpf.

Wichtigste Fundstellen für Marmor sind:

1. *Deutschland.* Berchtesgaden, Tegernsee, Kehlheim, Rosenheim (bayer. Granit-Marmor), Rübeland in Braunschweig, das Lahntal (sehr buntfarbige erstklassige Architektur-Marmore), Schlesien (Prieborn, Seitenberg, Wolmsdorf u. a. m.), Thüringen (grüner Saalburger Marmor, auch meliert, geflammt usw.), Rheinland (Eifel-Marmor), Westfalen (Brilon, Mecklinghausen; dicht, braun, schwärzlich).

2. *Österreich.* Untersberg (fleischfarben mit feinen, weißen Flecken und dunklen, kleinen Einsprengungen, erstklassig), Adnether Marmor, Vintschgau-Marmor, dem karrarischen ebenbürtig, erstklassiger weißer Bildhauermarmor, namentlich aus Laas (Jennwand) und dem Göflauer- und Mortelltale, Marmor von Sterzing, Saubsdorf usw.

3. *Italien* besitzt viele farbenprächtige Marmore in Oberitalien, namentlich in der Gegend von Verona, Siena, Specia und Genua; Carrara (Statuario, berühmter Bildhauer-Marmor, rein weiß, sehr durchsichtig; daneben hier auch wertvolle bunte Architektur-Marmore).

4. *Griechenland.* Der parische Marmor (Insel Paros, berühmtester antiker, milchweißer Bildhauer-Marmor, Lager ausgebeutet), der pentelische Marmor (Prachtbauten Athens, durch Entstehen einer braunroten, goldigen Patina ausgezeichnet), hymettischer Marmor (Marmo imezio), Rosso antico vom Kap Matapan (rot und schwarz), Giallo antico (rötlich gelb), Cipolino (kräftig, oft faltenartig geadert, grün, weiß, schwarz, in der Neuzeit oft verwendet).

5. Prachtvolle, namentlich bunte Marmorarten weisen die Pyrenäen auf; ferner Belgien (Petit antique, Saint Anne, Granite Belge, meist schwarze oder schwärzliche Marmore mit hellen Zeichnungen, weißen Einsprengungen usw.).

f) Der **Dolomit**, chemisch eine Doppelverbindung aus kohlensaurer Magnesia und kohlensaurem Kalk, oft letzteren aber zudem in freiem Zustande enthaltend, ist bei körniger Struktur ein guter Baustein, der manche schöne Marmorarten liefert, von guter Wetterbeständigkeit, aber angreifbar in säurehaltiger Atmosphäre. $r = 2{,}9$; Härte mittel, gut bearbeitbar; $k_d = 400$—1300 kg/qcm; $k_z = 10$—30 kg/qcm; $k_b = 60$—180, $k_s = 70$ kg/qcm.

Das dem Kalkstein durchaus nahe stehende Gestein zeigt meist helle

Färbung, ist zwar nicht so stark der Verwitterung wie Kalkstein ausgesetzt, hält sich aber auch wenig gut in der Atmosphäre von Großstädten und an der See.

Hierher gehören auch einige bekannte *Marmorarten* (Kunzendorf in Schlesien, ein feinkörniges, schneeweißes, für Bildhauerarbeiten sehr geschätztes Material, Rothenzechau bei Landshut i. Schl., hellfarben mit grüner und rötlicher Aderung).

Verwendung als Bildhauer-, Monumental- und einfacher Baustein (auch bei Ingenieurbauten, bei Brücken, im Wasserbau usw.), zur Herstellung von Portlandzement, bei der Erzeugung basischen Flußeisens usf. Fundstellen: die Gegend von Eisenach, Saalfeld in Thüringen, Lippstadt i. W., Vorwohle, Donautal in Bayern, Dolomitgebirge Südtirols.

g) **Quarzgesteine.** Hierher gehören: *Quarzit*, *Quarzschiefer*, *Kieselgesteine*, vorwiegend aus Quarz bestehend, meist hellfarbig, körnig bis dicht, grobsplitterig im Bruche; $r = 2{,}7$, hart, sehr wetterbeständig, wenig Abnutzung zeigend, aber schlecht mit Kalkmörtel zu verbinden: ein geschätztes Pflaster- und Schottermaterial, daneben für besonders widerstandsfähigen Beton (Gerinnesohlen usw.) bestens geeignet.

Zu den Quarzgesteinen gehört auch *Kieselgur* (Kieselmehl, Infusorienerde), eine gelblichweiß gefärbte Erde von mehlartigem Zusammenhange bis kreideähnlicher Beschaffenheit, aus Kieselpanzern bestehend. Verwendung infolge des sehr geringen Wärmeleitungsvermögens, des großen Widerstandes gegen Feuer und des sehr geringen Raumgewichtes als Isolier-, Wärme- und Feuerschutzmittel, zur Herstellung von Kunststeinen und -platten (zum Teil in Verbindung mit Asbest, Kork usw.), ferner zu Glasuren und als Poliermittel.

Fundstellen von Kieselgur: Südrand der Lüneburger Heide, Laacher See, Franzensbad i. B., Vogelsberg, vor allem aber Nordamerika.

h) **Eisengesteine.** Vgl. die entsprechenden Ausführungen im Abschnitte: *Das Eisen.*

i) **Tuffe** sind aus losem, vulkanisch ausgeworfenem Material, durch Zusammenschlämmung oder als Sedimente gebildet, meist feinkörnig bis dicht, hellfarben, wetterbeständig, hart und gleichmäßig fest. Verwendung allgemein, namentlich im Hochbau. Unterarten:

α) *Porphyrtuff*, aus feinverteiltem Quarzporphyr gebildet; $r \cong 2{,}0$; $k_d = 200$—400 kg/qcm; bekannt ist hier der rötliche, ein hervorragendes Monumental-, dabei aber auch Bildhauermaterial darstellende Tuff aus Rochlitz an der Mulde, aus der Chemnitzer Gegend und aus Nesselhof in Hessen-Nassau.

β) *Diabastuff* (Grünsteintuff), grüngrau, oft mit kohlensaurem Kalk innig vermengt; $r = 2{,}3$; $k_d = 1500$ kg/qcm; sehr wetterbeständig (Harz, Vogtland, Oberfranken).

γ) *Trachyttuff*, ein Hochbaustein, vornehmlich von örtlicher Bedeutung; sandstein- bis kreideartig; hellfarben mit warmer Tönung. Fundstellen in den Trachytgebirgen. Eine Unterart des trachytischen Tuffes ist:

γ_1) der *Traß* oder *Duckstein*, ein vulkanisches, rauhes Gestein, welches einen sehr wertvollen hydraulischen Zuschlag abgibt und in der Regel unter Wasserhaltung (Wasser schadet also dem Stein nichts!) gewonnen wird; nach seiner Tiefenlage unterscheidet man ein gelbliches, graues und blaues Gestein; das letzte ist das wertvollste, am tiefsten liegende. Für deutsche Verhältnisse ist das Vorkommen im Nettetal in der Eifel, nahe den Dörfern Kruft und Plaidt, besonders bemerkenswert. Das naheliegende Brohltal ist fast vollkommen ausgebeutet, der von dort kommende Traß vielfach weniger gut; $r = 1{,}25$. Es empfiehlt sich die Anlieferung in gemahlenem Zustande. Der Begriff „Traß" ist zurzeit viel umstritten und unter seinem Namen werden — an und für sich nicht unbrauchbare — hydraulische Zuschläge ähnlicher, aber auch sehr verschiedenartiger Zusammensetzung in den Handel gebracht. Diesen Stoffen gegenüber sei betont, daß Traß stets *frei von Leuzit* ist und sich durch eine hochgradige Übersättigung mit Kieselsäure in bezug auf die Alkalien auszeichnet, und daß gerade hierin seine unübertroffene Güte als hydraulischer Zuschlag begründet ist (vgl. Genaueres über diese Unterschiede und auch die Entstehung des Trasses im Gegensatz zu anderen Tuffen im Bauingenieur, Jahrg. II, Heft 8, S. 227 u. Jahrgang III, Heft 8).

γ_2) Der *Bimssteintuff*, ein kreideähnliches bis dichtes, erdiges Material aus Bimsstein-, Trachyt-, Glimmer- usw. Teilchen, mit Ton, Mergel u. dgl. vermischt, von sehr geringem Gewichte (in Sandform $r = 0{,}7$ i. M.), schlechter Wärmeleitung, guter Beständigkeit; Verwendung zu leichten Bausteinen (rheinische Schwemmsteine), zu leichtem Bimsbeton, als Schleifmittel usw.

δ) *Leuzittuff*, nach seinem Fundorte in der Eifel auch als Weiberner, Riedner, Ettringer Tuffstein benannt, ein wertvoller Hochbaustein („Backofenstein"), in neuerer Zeit auch gemahlen als hydraulischer Zuschlag im Handel.

ε) *Basalttuff*, aus Basalt und verwandten Gesteinen entstanden, im Hoch- und Straßenbau benutzt.

ζ) *Posilipptuff*, *Puzzolanerde*, *Santorinerde*, hydraulische Zuschläge aus Italien bzw. der griechischen Insel Santorin und dem Traß verwandt.

k) **Tonschiefer** werden gebildet aus zusammengeschlämmten, feinsten Teilen von verwittertem Feldspat, kieselsaurer Tonerde, Glimmerschüppchen und Quarz. $r = 2{,}7$—$3{,}5$; Härte mittel; $k_d = 600$—900 kg/qcm; $k_z = 170$—200 kg/qcm; $k_b = 300$—400 kg/qcm. Fast stets wetterbeständig, vielfach feuersicher, meist bläulich bis schwärzlich, seltener grünlich, rötlich oder violett gefärbt.

Ein guter *Dachschiefer* soll gleichartig, dicht, vollkommen und ebenschiefrig, frei von Sand, Kohle und Eisenkies, für Wasser undurchlässig sein, keine Haarrisse besitzen und hell klingen. Englische Schiefer sind den deutschen wegen ihrer geringeren Plattenstärke (2,5—4,0 gegenüber 5—6 mm) und der oft größeren Plattenabmessungen überlegen, wohingegen belgische und französische Schiefer zwar an Farbe den deutschen nicht selten voranstehen, sie aber an Härte und Wetterbeständigkeit vielfach nicht erreichen, baulich also minderwertig sind

Als schädliche Beimengungen eines Dachschiefers sind zu nennen: Schwefelkies, erkennbar an der gelben Färbung und dem Auftreten stechend riechender schwefliger Säure beim Glühen des Gesteins; kohlensaurer Kalk, durch sein Aufbrausen beim Übergießen mit Säure nachweisbar; Mangan und Eisen, kohlige Bestandteile zu erkennen durch Gewichtsverminderung beim Glühen. Größere Sicherheit gewährt fraglos eine genauere chemische Untersuchung.

Deutsche Fundorte guten Dachschiefers sind: Rheintal (Caub, Rüdesheim, Andernach), Moseltal, Harz (Goslar), Hunsrück, Thüringen (Lehesten, Sonneberg, Gräfental, Wurzbach u. a. m.), Lahntal (Dietz, Limburg), Westfalen (Nuhtlar, Fredeburg, Raumland), Sudeten, Taunus (Weilenmünster, Steinmünster) usf.

Eine besondere Art ist *Tafelschiefer*, durch Kohle schwarz gefärbt, oft auch mit kohlensaurem Kalk verbunden. Verwendung zu Schreibtafeln, Tischplatten, Fußbodenbelägen, Wandverkleidungen, Fensterbrettern, kleinen Scheidewänden. Fundorte: St. Goarshausen, Rüdesheim, Moseltal, Goslar und Lauenthal im Harz, Thüringen.

Durch Auftreten sekundärer Schieferung entsteht der Griffelschiefer in Stempel- und Stiftform (Steinach bei Sonneberg i. Th.), durch Aufnahme von viel Kohle der Zeichenschiefer — „schwarze Kreide" (Thüringen, Bayreuth), durch starken Quarzgehalt der Wetzschiefer — ein meist hellfarbenes, hartes Gestein, das sich u. a. im Fichtelgebirge und in Thüringen findet und als Schleifstein verwendet wird.

l) **Mergel.** Unter Mergel werden sehr verschiedene Gesteinsarten verstanden, die, aus Ton und Kalk zusammengesetzt, je nach deren Gehalt, auch sehr verschiedene Eigenschaften haben; oft entströmt den Gesteinen starker Tongeruch. Die Struktur kann dicht bis erdig sein und ist nicht selten bei demselben Steine recht verschieden. Unterarten sind:

α) *Kalk-(Pläner-)Mergel*, mit einem Kalkgehalt bis zu 75% und einem Tongehalt von 25%. Schmutzig gelbgrau, geschichtet, als Beimengung zum Ziegelton und in der Zementfabrikation verwendet.

β) *Dolomitmergel*, ähnlich dem unter α), aber meist härter und fester.

γ) *Tonmergel*, mit bis 80% Ton, für die Zementfabrikation wertvoll, auch als Ziegelton benutzt.

Die bauliche Verwendung ist nur gering und beschränkt sich fast ausschließlich auf die festeren und härteren Kalk- und Dolomitmergel, die zu untergeordnetem Bruchsteinmauerwerk Anwendung finden.

m) **Lose Erden.** α) *Ton* und *Lehm. Ton*, hervorgegangen aus einer Zersetzung von Feldspat und zusammengeschlämmt mit anderen Mineralien, Gesteinstrümmern u. dgl., trocken—zerreiblich, feucht—geschmeidig und plastisch; $r = 2{,}2$ i. M.; Farbe, vielfach unter Einwirkung von Eisen, grau, rötlich, braun, auch grünlich und bläulich; je nach der geringeren oder größeren Formbarkeit infolge des Tongehaltes unterscheidet man mageren oder fetten Ton. Sehr reiner, meist nur mit Quarzsand vermengter Ton führt den Namen Kaolin. Wird der Sand durch Schlämmen abgesondert, so verbleibt eine sehr feine, zerreibliche Masse heller Färbung, die das Ausgangsmaterial für Porzellan bildet, im Feuer nicht schmilzt und beim Brennen eine dichte, weiße, harte, hellklingende Masse liefert. Kaolin findet sich an nur wenigen Stellen, u. a.: Morl und Trotha bei Halle, Wegscheid in Niederbayern, Seilitz bei Meißen.

Pfeifenton, ein wenig fremde Bestandteile enthaltender Ton, wird vorwiegend benutzt zur Herstellung von Steingut, besten Verblendsteinen, Tonwaren usw. Beim Brennen bleibt dieser Ton weiß. Töpferton mit viel SiO_2 aber kaum $CaCo_3$ enthaltend, wird beim Brennen rot und dient für Erzeugnisse der Töpferei. Feuerbeständiger oder Chamotteton schmilzt nicht im Feuer des Porzellanofens und findet Verwendung zur Erzeugung von Schmelztiegeln, feuerfesten Steinen usw. Fundorte: Großalmerode in Hessen, Waldenburg, Passau, Koblenz, Duisburg, Schweden, Bornholm.

Lehm (Löß), der Baustoff für die Ziegelherstellung, ist weniger plastisch als die vorgenannten Arten, meist $CaCo_3$ enthaltend, auch Eisen, und rot bzw. gelb brennend; nicht feuerfest, sondern zu einer bläulichen Schlacke zusammensinternd. Lehm ist noch verwendbar zur Ziegelherstellung bei einem Gehalt von weniger als 60 %, durch Schlämmen abzusonderndem Quarzsande, sowie von höchstens 18 % feinverteiltem kohlensauren Kalk. Ziegelerde mit mehr als 80 % Ton wird als fett, bei hohem Sandgehalte als mager bezeichnet. Gewicht naß 1700 bis 2500, i. M. 2100; trocken 1400—1800, i. M. 1600 kg/cbm.

Lehm findet in neuester Zeit im Hinblick auf sparsames Bauen wieder zur Herstellung von Kleinwohnhäusern Verwendung. Für die hierbei notwendige Stampfarbeit eignet sich besonders magerer Lehm mit 20—15 % Tongehalt, dem auch Kalk beigemischt sein darf.

Normal ausgeführte Lehmziegel haben etwa 20 (selten 30) kg/qcm Druckfestigkeit und zeigen hierbei 2,5 % Zusammendrückung. Fetterer Lehm bedarf zum Stampfen der Magerung durch Sand oder Schlacke. Als Probe für die Verwendungsfähigkeit des Lehms zu Stampfarbeiten gilt die, daß er sich in der Hand ballen läßt, hierbei aber kaum Feuchtigkeit an der Oberfläche zeigt. Außenwände in Lehm sind mindestens 38 cm, tragende Innenwände und Giebel wenigstens 25 cm stark zu machen; immerhin empfiehlt sich aber aus wärmetechnischen Rücksichten eine Stärke allgemein von > 38 cm.

Bei *Stampflehmbauten* innerhalb Schalung ist der Lehm in erdfeuchtem Zustande zu verwenden. Stampfen in 10 cm hohen Lagen von der Wandmitte nach der Ecke hin.

Außenputz der Lehmbauten nach Aufrauhung der Außenflächen zunächst ein dünner Spritzputz aus Lehmbrei mit Kalkzusatz; hierüber Schlämmung mit Kalkmilch und Farbzusatz. Erneuerung in ein- bis dreijährigen Abständen. Ein *eigentlicher* Kalkputz (nicht Zementputz!) kann erst nach 2—3 Jahren aufgebracht werden, da so lange das Trocknen und Schwinden der Lehmmauer andauert.

Innenputz aus Lehmmörtel mit Zusatz von gesiebter Schlacke und etwas Löschkalk. Deckenputz: dünne Schicht fettesten Lehms, hierauf mehrere Schichten gemagerten Lehms mit zunehmendem Sandgehalt. Leimfarben stehen auf Lehmputz gut. Bei Tapezierung längere Zeit bis zu vollkommener Austrocknung notwendig.

Bei Lehmfachwerkbau werden die Gefache mit Strohlehmwickeln ausgestakt und verstrichen und hierauf der Putz aufgebracht.

β) *Quarzgerölle, Quarzgrus, Quarzsand.* Beträgt die Größe der einzelnen Bestandteile mehr als Walnußgröße, so spricht man von Gerölle, geht ihr Durchmesser bis zur Erbsengröße zurück, von Quarzgrus oder bis 3 mm von Kies, darunter von Kiessand. Von letzterem wird unterschieden:

grober	Sand	Korndurchmesser	$> 1{,}1$ mm
mittlerer	„	„	$> 0{,}5$ „
feiner	„	„	$< 0{,}5 > 0{,}25$ mm
Staub oder	Flugsand	„	$< 0{,}25$ mm.

Der in der Natur abgelagerte Sand zeigt neben Quarz stets Bruchteilchen anderer Gesteine; für Bauzwecke ist ein Sand am geeignetsten, der 5—10% granitische, Feldspat- u. dgl. Beimengungen aufweist und ein mittleres, scharfkantiges, rauhes Korn zeigt. r in trockenem Zustande $= 1{,}6$, mit normalem Wassergehalte $= 1{,}7$, feucht $= 2{,}1$.

Verwendungsgebiete: Mörtel- und Betonherstellung, Formen für Eisenguß, Bettungsmaterial im Straßen- und Eisenbahnbau; Filterstoff; Sandstrahlgebläse.

γ) *Garten- und Dammerde.* Oberste Erdschicht, mit verweslichen Stoffen aller Art erfüllt, zur Ausfüllung von Zwischendecken verboten, nicht bei kalkigem Mauerwerk anwendbar (Mauerfraß u. dgl.!), nur zu Dammbauten geeignet. $r = 1{,}8$ i. M. (trocken 1,4—1,6, feucht 2,0).

3. Kristallinische Schiefer.

a) **Gneis** zeigt genau die Zusammensetzung wie Granit, ist aber deutlich geschichtet; auch hier bildet die Art des Glimmers bzw. der Ersatz von Glimmer durch Hornblende das Kennzeichen der Einteilung: Biotit-, Muskovit-, Zweiglimmer- und Hornblendegneis. $r = 2{,}4$—$2{,}9$. Härte wie beim Granit. Am wetterbeständigsten sind dickbankige, quarzreiche Gneise; $k_d = 1700$ kg/qcm i. M., Farbe grau und rot. Verwendung allgemein, namentlich als Bruchstein, auch für Pflasterungen wegen der dauernden Rauheit gut verwendbar.

Da manchmal auch größere Platten sich gewinnen lassen, kann Gneis auch zu Bürgersteigbefestigungen, Treppenstufen u. dgl. benutzt werden. Größere Gneisgebiete sind: Sudeten, Erzgebirge, Fichtelgebirge, Bayrisch-böhmischer Wald, Schwarzwald, Alpen, Skandinavien.

b) **Glimmerschiefer** setzt sich aus Quarz und Glimmer zusammen. Seine Färbung wird, da die Quarzkörner verdeckt liegen, vom Glimmer bedingt und ist demgemäß silberweiß, grau, rötlich, grünschwarz. $r = 2{,}7$; $k_d = 800$ kg/qcm; $k_b = 250$ kg/qcm. Wetterbeständigkeit bei großem Quarzgehalte gut; feuerbeständig (Hochofenanlagen). Verwendung als Plattenstein, auch in dünnen Lagen als Schiefer.

Glimmerschiefer findet sich zum Teil in großer Mächtigkeit in allen älteren Schiefergebirgen, also in der Mehrzahl der deutschen Mittelgebirge, in den Zentralalpen usw.

c) **Urtonschiefer** *(Phyllit)*. Das baulich wenig verwendete Gestein besteht aus Glimmer, Chlorit, Quarz, Feldspat und Eisenmineralien, ist sehr feinkörnig und meist graugrün bis schwärzlich, seltener rot oder violett. Dünnschiefrig, seidenartig glänzend. $r = 2{,}7$—$3{,}5$. Härte gering. Verwendung als Dachschiefer und zu Fuß- und Wandplatten. Fundorte: Erzgebirge, Fichtelgebirge, Bayrischer Wald, Ardennen.

d) **Chlorit- und Talkschiefer.** Chloritschiefer, grün bis schwärzlich gefärbt, besteht aus Chloritschuppen mit etwas Quarz und Feldspat. $r = 2{,}2$. Härte gering; wetterbeständig und ein guter Dachschiefer bzw. einfacher Baustein.

Ähnlich ist der Talkschiefer, aus Schuppen von Talk gebildet, wetter- und feuerfest (daher für Hochofenbauten u. dgl.).

Fundstellen: Gegend von Hof i. B., Sudeten (Altvater), Erzgebirge, Alpen.

D. Die Gewinnung, Bearbeitung, technische Prüfung und allgemeine Verwendung der Naturgesteine.

Die **Gewinnung der Naturgesteine** erfolgt in der Regel im Tagebau, seltener und auch nur dann, wenn ein besonders wertvolles Gestein in nicht sehr ausgedehnten Lagern ansteht oder die Abraummassen zu gewaltig sind, im bergmännischen Tiefenbetriebe. Beim Tagebau ist zunächst die über den gesunden Steinen lagernde *Schwarte*, der *Abraum*, zu beseitigen, eine Arbeit, die bei kleineren Steinbrüchen meist durch Handarbeit, oft unter Verwendung von Kippern, ausgeführt wird, in Großbetrieben aber durch Trockenbagger zweckmäßig bewältigt wird. Hierbei ist stets darauf zu achten, daß die Schwarte auf größerer Breite beseitigt wird, als wie der Steinbruch von der Talseite aus zunächst in Angriff genommen werden soll, damit die Abraummassen nicht in den Steinbruch abrutschen oder dessen Erschließung irgendwie stören können. Die eigentlichen Steingewinnungsarbeiten können im sog. *Strossenbau*, und zwar je nach dem Gestein mit schräger oder senkrechter Wand, oder durch *Unterhöhlarbeit* ausgeführt werden. Beim Strossenbau wird die Bergwand von oben nach unten und von der Talseite nach dem Bergmassiv allmählich fortschreitend in einzelnen Terrassen abgebaut. Bei deren Anlage ist einmal auf genügende Betriebssicherheit — Höhe etwa 5 bis 10, selten bis 20 m —, zudem auf gute Zugänglichkeit von den Seiten her und zweckentsprechende Anordnung der Transportwege zur Fortschaffung der gewonnenen Steine zu achten. Unter Umständen kann beim Strossenbau zunächst der Abbau in Nischen erfolgen, zwischen denen einzelne Pfeiler fürs erste stehen bleiben. Dies ist namentlich alsdann zweckmäßig, wenn größere Quader gewonnen werden sollen, die von den Nischen aus dann mittels „Abspalten auf Abhub" aus den stehengebliebenen Pfeilern gewonnen werden können. Die Terrassenbreite wird zweckmäßig so bemessen, daß die einzelnen Steine, zum mindesten in ihrer rohen Form, gleich nahe der Gewinnungsstelle bearbeitet werden können, um auf diese Weise die Transportmenge auf ein Mindestmaß zu bringen. Oft wird auch der Abbau der einzelnen Terrasse im Grundrisse stufenförmig betrieben, so daß eine große Anzahl von Angriffsstellen sich ergibt und die Leistungsfähigkeit des Bruches sich erhöht.

Beim Unterhöhlungsabbau werden größere *Steinwände*, die durch senkrechte und parallele Klüfte aus dem Bergmassiv von Natur aus getrennt sind, auf einmal zum Einsturz gebracht und somit mit einem einzigen Arbeitsvorgange eine große Masse Steine gewonnen. Hierbei kann die Wand — erforderlich, wenn man zum Teil möglichst große Quader gewinnen will — eine *Kippbewegung* nach der Talseite zu ausführen oder — bei Gewinnung der Steine in möglichst zerkleinertem Zustande — in sich senkrecht zum Zusammensturz gebracht werden. In jedem der beiden Fälle muß die Wand durch „Schwämmbetrieb" unterhöhlt werden, d. h. im Anschlusse an eine weichere Gesteinsschicht (der „Hohlmacher" oder „Faulboden") wird, von der Talseite beginnend, die Wand nach der Tiefe zu unterminiert. Hierbei wird sie fortschreitend mit dieser Arbeit entweder auf einzelne Holzstempel gestellt, die ihrerseits ein Steinfundament erhalten, oder es bleiben kleinere Steinpfeiler stehen, die die Wand tragen. Soll die Wand durch Kippen zum Einsturze gebracht werden, wie es z. B. in dem sächsischen Elbsandsteingebirge und in den Buntsandsteinbrüchen am Main eingeführt ist, so werden schließlich die vorderen Stempel bzw. deren Fundamente in dem z. B. etwa 60 m langen, 1—2 m hohen und bis 20 m tiefen wagerechten Schramschlitze fortgesprengt und somit die Wand nach der Talseite gekippt. Hierdurch wird der Vorteil gewonnen, daß einmal der Abraum am weitesten nach dem Tal zu fortgeschleudert wird und sich somit naturgemäß von den brauchbaren Steinen löst, und daß von letzteren ziemlich große Felspartien zusammenhängend verbleiben, um größere Quader hieraus zu gewinnen. Verkannt darf freilich nicht werden, daß auch ein solcher Abbau einen Raubbau darstellt, da größere wertvolle Steinmengen durch allzu starke Zerkleinerung und Zerklüftung nur noch untergeordneten Zwekken zugeführt werden können.

Will man die Wand senkrecht zum Zusammensturz bringen, so sind alle sie stützenden Pfeiler zugleicher Zeit fortzusprengen. Ein solcher Betrieb ist namentlich in Kalksteinbrüchen üblich und zweckmäßig, bei denen die stark zerkleinerten Steine den Kalkbrennöfen unmittelbar zugeführt oder zur Portland-Zementfabrikation usw. verwendet werden sollen.

Bei weichen Kalk- und Tongesteinen wird neuerdings der Abbau auch mit Trocken(Löffel-)baggern bewirkt.

Wenig üblich bei Steinbrüchen sind Betriebsarten in Form eines Trichterbaues, wie sie z. B. beim Braunkohlentagebau eingeführt sind, darin bestehend, daß man einen senkrechten Schacht abteuft, ihn mit einem wagerechten, nach außen führenden Stollen verbindet und nun das Material von oben aus abbaut, in den Schacht wirft und es von hier aus mit Kippwagen u. dgl. nach außen durch den Stollen abfährt. Da hierbei die obersten Schichten in immer größerer Ausdehnung abgebaut und dem Schacht zugeführt werden, entsteht eine „Trichterform“ des Abbaues.

Unterirdische Steinbrüche sind vollkommen bergmännisch zu betreiben. Je nachdem man hierbei die Abraummaterialien nach außen schafft oder sie in bereits ausgebeuteten Stollen verstaut, spricht man von einem Betriebe ohne und mit „Bergeversatz“. Bekanntere unterirdische Steinbrüche in Deutschland sind: der Zöblitzer Serpentinbruch in Sachsen, die Niedermendiger Basaltlavabrüche unweit vom Laacher See in der Eifel, der Burgberger Grünsandsteinbruch bei Sonthofen u. a. m.

Die *Kosten der Steingewinnung* werden zweckmäßig, um von den ortsüblichen Tagelöhnen unabhängig zu bleiben, ausgedrückt in Tagesschichteinheiten, gerechnet zu je 10 (bzw. 8) Stunden. Es erfordert etwa die Gewinnung von 1 cbm von:

weichem Gestein (Sandstein, Kalkstein, Schiefer)	zu Bruchsteinen	1,3 (1,5)	Tagesschichten
	zu Werksteinen	3,0—5,0 (3,8—6,25)	„
mittelhartem Gestein (Kalkstein, Marmor, manche Porphyre, Granite usw.)	zu Bruchsteinen	2,0 (2,5)	„
	zu Werksteinen	5,0—7,0 (6,25—9,0)	„
hartem Gestein (Granit, Basalt, Porphyr, Diabas, Diorit usw.)	zu Bruchsteinen	2,5—3,0 (3,13—3,8)	„
	zu Werksteinen	bis 14 (17,5)	„

Das Aufladen der Bruchsteine erfordert rund 0,166 (0,2) Tagesschichten für 1 cbm, desgleichen der Werksteine rund 0,25 (0,3) Tagesschichten.

Beim Aufsetzen der Bruchsteine in Haufen ist zu rechnen, daß 1 cbm Felsmasse bis 1,5 cbm Steine in Haufen aufgesetzt liefert, je nach der Lagerhaftigkeit der Steine.

Die **Bearbeitung der Steine** erfolgt, wenn es sich um die Herstellung einfacher Quader, um einfache Profilierung usw. handelt, in der Regel von *Hand aus.*

Von Hand aus wird der rohe, durch Aufteilung im Bruche annähernd auf seine Form gebrachte Stein zunächst roh behauen, bossiert oder gespitzt. Hierbei wird bei Werksteinen für jede der drei Hauptrichtungen der sogenannte *Bruchzoll* — von etwa 3 cm — zugegeben, um eine spätere genaue Bearbeitung bis zur gewünschten Größe zu gestatten. Die weitere Bearbeitung der Werkstücke erfolgt durch „Aufbänken" oder Herstellung der Schläge, d. i. eines genau rechtwinkligen, ebenen, 3 cm breiten Randes, etwa 3 cm unter der Steinoberfläche.

Bleibt der mittlere, unbearbeitete Teil der „Posten" stehen, so findet der Stein zu Rustikamauerwerk Anwendung. Soll an Stelle des Postens eine ebene Fläche treten, so wird diese bei weicherem Gesteine gekrönelt, gezähnelt oder scharriert (grob bis fein), während bei hartem Material eine grobe, mittlere oder feine Stockung die Regel bildet. Eine noch weitere Glättung findet durch Schleifen und endlich durch Polieren statt.

Die für diese Arbeiten benutzten Werkzeuge sind: Für die *Bossierarbeit* bzw. das rohe Spitzen: bei hartem Gestein der Bossierhammer (Abb. 1) oder der Schlägel (Handfeustel) (Abb. 2) oder Meißel und Spitzeisen (vorgetrieben mit dem Schlägel) (Abb. 3), bei weichem Material der Zweispitz (Abb. 4). Für das Ziehen der Schläge, die eine mehr oder weniger grobe Riffelung senkrecht zu den Außenkanten erhalten, bedient man sich des Meißels (Abb. 5) bzw. des Schlageisens (Abb. 6), bei hartem Gestein mit dem Schlägel, bei weichem mit dem Holzklöpfel (Abb. 7, aus Weißbuche) getrieben; auch können im letzteren Falle Zahnmeißel (Abb. 8) angewendet werden.

Zum Abarbeiten des Postens dienen bei Hartgestein: Bossierhammer und Spitzeisen, auch der Zahnhammer (Abb. 9), und zuletzt der Stock- oder Kraushammer (Abb. 10). Dieser hat Schlagbahnen, die mit wenig abgestumpften vierseitigen Pyramidenspitzen vollständig besetzt sind und auf der bereits ziemlich ebenen Quaderfläche eine mehr oder weniger feine Körnung bedingen; danach werden grob, mittel und fein gestockte Oberflächen unterschieden. An Stelle des Stockhammers kann zur Ebnung auch der Zahnmeißel verwendet werden, mit dessen Hilfe regelmäßige feine Furchen auf der Steinfläche entstehen — gezähnelte Flächen.

Zu dem gleichen Zwecke wird bei weichem Gestein benutzt zunächst der Zweispitz (Abb. 4), alsdann die Picke (Abb. 11) und endlich das in seiner Einwirkung auf die Oberfläche dem Stockhammer entsprechende Kröneleisen (Abb. 12). Die Picke hat zwei zum Stiel senkrecht stehende breite Schneiden und arbeitet den Posten in flachen Schalen ab. Das Kröneleisen besteht aus einem eisernen geschlitzten Griffe, in dem durch Keile eine Anzahl mit Pyramidenspitzen versehener, quadratisch im Querschnitte geformter Eisenstäbe festgelegt sind. Eine der gezähnelten Fläche bei Hartgestein entsprechende Ausbildung bewirkt hier das Scharrieren vermittelst des breiten, meißelartigen Scharrier-

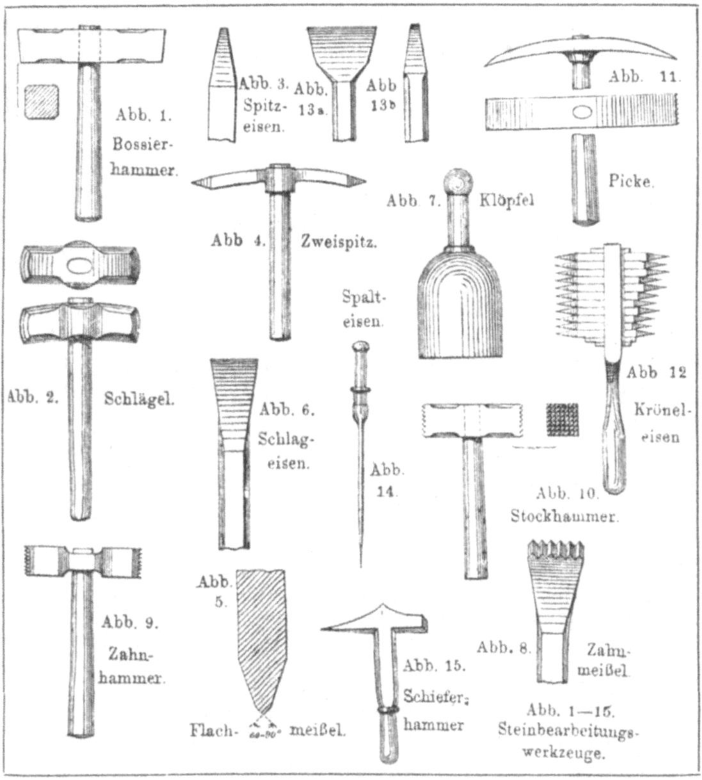

eisens (Abb. 13), das mit dem Holzklöpfel getrieben, die Steinoberfläche in feine parallele Furchen gliedert. Auch hier spricht man von fein und grob scharriert.

Bei der Handhabung der Werkzeuge ist darauf zu achten, daß sie unter einem spitzen Winkel zum Werkstück geführt werden, um die Steinoberfläche vorwiegend auf Abscheren zu bearbeiten. In der Nähe der Außenkanten sind, um deren Abspringen zu verhindern, die Werkzeuge stets nach der Steinmitte zu zu neigen.

Durch Schleifen und Polieren (Glanzschleifen) tritt bei vielen Steinen erst deren Farbe und Struktur deutlich zutage. Das Schleifen beseitigt dadurch die letzten Unebenheiten, daß ein härteres Mittel als der Stein über seine Oberfläche hinweggerieben wird, und zwar unter Verwendung von Holzscheiben mit Filz bzw. Leder benagelt oder von Metallscheiben. Geschliffen wird stets mit reichlicher Zuführung von Wasser zur Schleiffläche, um abgearbeitete Oberflächenteilchen fortzuführen und einer Erwärmung der Steinfläche zu steuern. Begonnen wird mit grobkörnigem Mittel und stufenweise — namentlich beim Polieren — ein immer feineres Schleifpulver angewendet. Als Schleifmittel kommen Sandstein, Bimsstein, Sand, Schmirgelpulver, Gußstahlpulver, als Poliermittel Schlämmschmirgel, Schwefelblume, Holzkohle, Kalkstaub, Kreide, Kieselgur, Eisenoxyd, Diamantin (runde Stahlkörner) usw. in Frage. Beim Polieren der Hornblende- und gemengten Feldspatgesteine ist es zweckmäßig, den Stein mit einigen Tropfen Salpeter- oder Schwefelsäure zu netzen; hierdurch wird die Arbeit abgekürzt und der Glanz erhöht.

Sollen Stein*platten* von Hand aus gewonnen werden, so geschieht dies vielfach, so z. B. beim Schiefer, unter Verwendung langer, biegsamer, dünner Meißel — Spalteisen (Abb. 14). Ein weiteres Zuschlagen der Platten und ihr Lochen erfolgt mit dem Schieferhammer (Abb. 15) oder einer Schere.

Die *Bearbeitung der Naturgesteine durch* **Maschinen** erstreckt sich auf:

a) **Sägen**. Handsägen kommen nur bei sehr weichem Kalkstein und ähnlichen Steinen zur Verwendung; leistungsfähiger sind: Gattersägen, meist mit wagerechter Schnittbewegung und mehreren Sägeblättern, bei weichem Gestein aus Schmiedeeisen, sonst aus Stahl, bei harten Materialien unter Umständen mit schwarzen, kleinen Diamanten besetzt; Bandsägen, bestehend aus einem Draht, einem Drahtseil oder einem flachen, endlosen Stahlbande; Kreissägen in der Regel als Diamantsägen ausgebildet oder aus Karborundum (Siliziumkarbid) hergestellt. Die meisten Sägen arbeiten mit Zusatz von feinem Schnittmaterial und Zuführung von Wasser zur Verringerung der Erwärmung des Sägeblattes und Fortführung des Sägestaubes.

b) **Fräsmaschinen,** vorzugsweise profilierte Kreissägen aus Karborundum, mit deren Hilfe Profile in die Steine eingeschnitten werden.

c) **Hobelmaschinen;** sie arbeiten entweder mit einem oder mehreren festen Stählen, wie die gleichartigen Maschinen der Holz- und Eisenbearbeitung, daneben mit drehbaren Messern oder mit schwingenden Schneidewerkzeugen. Sowohl ebene Flächen als auch Profile können gehobelt werden, letztere mit bestimmt geformten Profilen der Hobel.

d) **Drehbänke,** vorwiegend zum Abdrehen von Säulen (und Polieren dieser) eingerichtet. Das zwischen einem festen und einem beweglichen Kopfe fest, aber drehbar eingespannte Arbeitsstück wird durch paarweis gegenübergestellte Messer abgedreht; letzteres ist notwendig, um einen einseitigen, verbiegenden Kraftangriff zu vermeiden.

e) **Steinschälmaschinen,** ebenfalls zum Herstellen von Säulen benutzt, derart arbeitend, daß ein um 90° abgekröpftes Messer in den Kopf eines Steinprismas eine allmählich fortschreitende Ringfläche hineinschneidet, die nach Fortschlagen des Außenmantels die Außenfläche der Säule bildet.

f) **Schleif- und Poliermaschinen.**

α) In wagerechter Ebene rotierende *Schurscheiben*, gegen deren Gestelle die zu polierenden Steine festgelegt werden; unter letzteren hinweg bewegt sich mithin die Scheibe mit dem auf sie aufgebrachten Schleifmaterial.

β) *Zugschleif-* und *Poliermaschinen*, namentlich zum Schleifen und Polieren von Säulen benutzt, beruhend auf der Bewegung einer exzentrisch angeschlossenen, auf der Stein- bzw. Säulenoberfläche geradlinig hin und her gehenden Scheibe.

γ) *Rotierende Zugschleifmaschinen*, ähnlich den unter β) genannten Maschinen, mit rotierender und hin und her gehender Bewegung der Schleifscheiben.

g) **Steinbrechmaschinen,** darauf beruhend, daß zwei geriffelte Hartgußbacken durch eine pendelnde Bewegung die zwischen sie fallenden Steine zerbrechen. Die Größe des Ausschlages der Backen bedingt die Größe der zerbrochenen Steine.

Ein **Ätzen der Steine** erfolgt durch Einwirkung bei weichen Steinen von Schwefel- oder Salpetersäure, sonst von konzentrierter Kieselfluorwasserstoffsäure auf die nicht geschützten Flächen des Steines oder durch Bearbeitung dieser mit Hilfe des Sandstrahlgebläses.

Ein **Vergolden** der Steinoberfläche wird entweder durch Blattgold ausgeführt, das auf einer dünnen Unterlage von Kaseinkitt, Schellacklösung usw. aufgebracht wird, oder unmittelbar durch Auftragen von Goldchloridlösung auf die Steinfläche bewirkt.

Eine **Verfestigung und Sicherung der Steinoberfläche** gegen Verwitterung kann erfolgen durch:

a) die **Keßlerschen Fluate,** das sind wasserhelle Lösungen von Metallfluoriden in Kieselsäure (namentlich von Magnesium, Aluminium, Zink, Blei); gute Erfolge namentlich bei wiederholter Anwendung und allmählich zunehmender Verstärkung der Lösung. Als Lösung wird zunächst 1:3, dann 1:2, endlich 1:1 verwendet. Für *künstliche* Steinfärbung empfiehlt sich das Keßlersche Farbfluat, das z. B. gestattet, weiche Kalksteine in gute *Marmornachahmungen* umzuwandeln. Das Fluat festigt hier die oft künstlich durch Metallfarben gefärbten dünnen Kalksteinplatten so gut, daß ein Polieren leicht und mit gutem Erfolge möglich wird.

b) **Testalin;** hier wird zunächst eine alkalische Lösung von Ölseife, alsdann eine solche von essigsaurer Tonerde aufgebracht. Die wasserabweisende, den Stein konservierende Wirkung beruht auf der Bildung einer festen ölsauren Tonerde, die sich in den Poren absetzt, sie dichtet und härtet, ohne sie jedoch ganz zu verstopfen. Die Aufbringung hat auf dem vollkommen ausgetrockneten Steine zu erfolgen. Wiederholung des Anstriches in mehrjährigen Zwischenräumen ratsam.

c) **Leinölfirnis,** heiß auf den trockenen Stein aufzutragen, allerdings mit einem Dunklerwerden der Steinfarbe verbunden; der Fettglanz schwindet meist nach 3—4 Wochen. Wiederholung notwendig.

Als weitere einfache Mittel sind genannt und als bewährt empfohlen: Tränken mit Paraffin, geschmolzen oder in Petroläther gelöst, Kautschuköl gemischt mit Kautschukbutter, Szerelmeys Steinschutzmittel (vermutlich ein stark paraffinhaltiges Mineralöl) u. a. m.

Bei der **Verwendung der Naturgesteine** *im allgemeinen* sind als Anwendungsgebiete zu trennen der eigentliche *Hochbau* und die verschiedenen Gebiete des *Bauingenieurwesens.*

a) Im **Hochbau** finden Naturgesteine Verwendung als gewöhnliche Bruchsteine, als Werksteine, als Schmuck-(Dekorations-)Steine und in Form von Platten. Gewöhnliche *Bruchsteine* verlangen je nach ihrer mehr oder weniger regelmäßigen Gestalt auf 1 cbm Mauerwerk bis 0,4 cbm Mörtel, und nicht selten — namentlich bei Verwendung *gesprengter* Feldsteine — ein „Auszwicken" der Fugen durch kleinere Steinbrocken. 1 cbm Mauerwerk erfordert:

	an aufgesetzten Steinen	an Felsmasse
bei lagerhaften Steinen	1,3 cbm	0,87 cbm
„ weniger gut bearbeiteten Steinen . .	1,4 „	0,95 „
„ unregelmäßigen Steinen	1,5 „	1,00 „

Bei lagerhaftem Material wird vielfach verlangt, daß etwa 75% der Steine eine bestimmte Größe haben sollen und eine nicht zu geringe Anzahl von Bindern anzuliefern ist; zum mindesten sind die Lagerflächen gut zu bearbeiten und die Köpfe regelmäßig auszubilden; Ausführung in lauter gleich hohen Schichten oder Abgleich verschieden hoher Schichten auf etwa 1—1,50 m Höhe, zum mindesten an allen Mauerabsätzen. Eine besondere Ausführungsart bildet das mosaikartig zusammengesetzte Zyklopenmauerwerk entweder mit unregelmäßig breiten Fugen und Auszwickung der Zwischenräume oder mit genau aneinander gepaßten, polygonalen Steinen und engen Fugen, eine ästhetisch wenig befriedigende, daneben — namentlich im zweiten Falle — teure Bauart.

Die *Auswahl der Steine* — dicht, guter Wärme-, aber schlechter Feuchtigkeitsleiter, oder porös (das Gegenteil) — richtet sich nach den Untergrundverhältnissen und der Benutzung der Räume.

Werksteine (Hausteine, Quader) sind regelmäßiger bearbeitete Steine, namentlich an ihren Fugenflächen (bis zu 3 cm Tiefe) und an ihrer Außenfläche. An Flächen werden unterschieden: Kopffläche (Haupt), Fugenflächen (Seitenflächen), Lagerflächen und Innenfläche. Abweichungen in der Kopffläche bis zu 5 mm werden in der Regel nicht beanstandet. Die Preise richten sich danach, ob die Arbeit glatt (ebene oder Bogenleibungsflächen, Quaderbehandlung mit und ohne Rustika), einfach profiliert (Werkstücke mit einfachen Stäben, Kannelierung, Kehlen usw.) oder reich profiliert ist (Bearbeitung auf zwei oder mehr Seiten, ornamentaler Schmuck u. dgl.).

Für Herstellung und Versetzen der Quader sind in der Regel besondere Zeichnungen und Pläne maßgebend.

Treppenstufen aus Naturgestein sind so zu formen, daß die obenliegende Stufe auf der unteren mindestens ein Lager von 3 cm Breite findet; Stufen aus weichem Gestein werden in der Regel fein scharriert, aus hartem Material fein gestockt angeliefert.

Die Abrechnung der Werksteine erfolgt nach Kubikmetern, von Gesimsen auch nach laufenden Metern; schwierige Arbeitsstücke oder solche großen Umfanges werden nach Stück bezahlt.

Für *Schmuckgesteine* in poliertem Zustande finden meist Hartgesteine, daneben Serpentin und Marmor Anwendung. Für *Platten* kommen in Frage: Marmor, Schiefer, Kalkstein, Sandstein; ihre Form ist meist quadratisch oder achteckig, auch länglich. Die Einzelabmessungen gehen kaum über 60 cm hinaus. Bei Schieferplatten kommen fünf Formen in Frage:

1. die sechseckige, zum Teil rechteckige Form für flache Dächer, durch Materialersparnis ausgezeichnet;
2. die rechteckige, spitzwinklige Form für steile Deckung;
3. die Fünfecksform für gekrümmte Flächen;
4. die Vierecks- (englische) Form;
5. die Schuppen- (altdeutsche) Form mit trapezähnlichen Steinen.

Daneben werden Rand-, Kanten-, Kehlsteine usf. geliefert. Die Profilbücher der Schieferbrüche geben Auskunft über Abmessungen und Stoffverbrauch für je 1 qm Dachfläche. Bei Einforderung von Proben sind auch Befestigungsmaterialien mit zu liefern. Abrechnung erfolgt nach Quadratmetern, wobei nur Aussparungen von mehr als 1 qm Größe abgezogen werden.

Es wiegt:	1 cbm	Mauerwerk	aus	Kalkstein i. M.	2600 kg
	1 „	„	„	Sandstein	2400 „
	1 „	„	„	Granit	2800 „
	1 „	„	„	Marmor	2650 „
	1 „	„	„	Basalt	3200 „
	1 „	„	„	Schiefer	2700 „

b) Im **Ingenieurbau** ist besonders Wert auf regelmäßige Form der *Mauersteine* aus Naturgestein zu legen, namentlich im Wasserbau. Hier soll Innenfläche $\geqq$ $^2/_3$ Kopffläche sein; zudem sind die Fugenflächen vorn auf 15 cm Tiefe gut zu bearbeiten; Anzahl der Binder etwa 25% der gesamten Steine. Eckquader oft bis zu 60 cm Höhe und = mehreren Schichten von mittlerer Höhe (15—30 cm). Auf gute Wetterbeständigkeit, geringe Wasseraufnahme und erhebliche Schwere ist Wert zu legen.

Abnahme erfolgt in Kubikmetern der in Haufen aufgesetzten Steine oder besser — nach Bestimmung des Gewichtes von 1 cbm — durch Wägung der vollbeladenen Wagen und Umrechnung in Raummaß. Werksteinplatten zur Abdeckung sind nicht unter 12—15 cm Stärke aus besonders widerstandsfähigem Stein zu wählen.

Zu *Ufer-* und *Böschungsbefestigungen* finden zweckmäßig Säulenbasalt oder Bruchsteine mit verjüngter Unterfläche Verwendung; im letzteren Falle werden abwechselnd zur Erzielung einer guten Querfestlage die Steine mit der größeren Fläche nach oben und unten verlegt.

Belastungssteine für *Sinkstücke* u. dgl. sollen über 2,3 Raumgewicht haben, schwerer als 15 kg, aber leichter als 60 kg und kantig sein.

Im *Brückenbau* ist ein möglichst gleichartiges, festes, wetterbeständiges, gut bearbeitbares lagerhaftes Material zu verwenden; bei gutem Zement, bzw. Zement-Traß-Kalkmörtel kann hier mit mittleren Druckfestigkeiten des Bruchsteinmauerwerks von 350—400 kg/qcm nach etwa 1 Monat gerechnet werden. Bei Beanspruchung nur eines Teils der Steinoberfläche nimmt die Druckfestigkeit an der Berührungsstelle erheblich zu, während die des ganzen Steines zurückgeht — ein für Gelenkausbildungen von Brückengewölben wertvolles Gesetz, vgl. die nachstehenden Zahlenreihen (Vers. von Leibbrand in Stuttgart und Bauschinger in München).

I. Würfel von 10 cm Seite, gedrückt von oben aus durch ein Prisma mit rechteckigem, verschieden breitem Querschnitte.

Druckfläche	10 · 10	10 · 2,5	10 · 2,0	10 · 1,5	10 · 1,0	10 · 0,5 cm²
Bruchlast für den vollen Querschnitt	63 500	23 200	18 800	15 600	12 000	10 200 kg
Bruchspannung für den vollen Querschnitt in kg/qcm	635	232	188	156	120	102 kg/qcm
Bruchspannung für die wirkliche Druckfläche in kg/qcm	635	926	943	1044	1193	2050 kg/qcm

II. Würfel von 10 cm Seite, gedrückt zentral von oben aus durch ein Prisma mit quadratischem Querschnitte und von verschieden großer Seite.

Versuchsreihe	Würfelquerschnitt qcm	Querschnitt des drückenden Stahlprismas, also der wahren Druckfläche qcm	Bruchspannung in der Würfelfläche in kg/qcm	Bruchspannung in der wahren Druckfläche in kg/qcm
1	100	$3{,}9^2 = 15{,}21$	162	1052
2	100	$5{,}7^2 = 32{,}49$	308	923
3	100	$7{,}8^2 = 60{,}84$	477	727
4	100	$10{,}0^2 = 100{,}00$	685	685

Es erscheint also einerseits gestattet, mit der Druckbeanspruchung in der Gelenkfläche erheblich über die sonst erlaubte Steinpressung hinauszugehen, anderseits aber geboten, Gelenkquader mit großer Druckfläche in das Mauerwerk einzubinden und von hier aus für eine ganz allmähliche Weiterleitung des Druckes besorgt zu sein.

Für *Strompfeiler* empfiehlt sich ein besonders festes, zähes Material, für *Viaduktpfeiler* die Anordnung von Gleichschichtsteinen, unten stärker als oben. Auf alle 4—5 m ist die Zwischenlage durchgehender, stärkerer Quaderschichten zum Zwecke guter Druckverteilung anzuraten.

Für **Pflaster** kommen drei Formen in Frage: 1. Feldsteine; 2. polygonale Steine mit einer ebenen Kopffläche und beliebig vielen, roh bearbeiteten Seitenflächen; 3. prismatische oder schwach verjüngte Pflastersteine, vierseitig, zum Reihenpflaster verwendet.

a) **Feldsteine,** oft aus erratischen Blöcken u. dgl. durch Sprengung gewonnen; für 1 qm solchen rauhen Pflasters von rund 15 cm Höhe sind 0,2 cbm Steine erforderlich. Das Zerteilen, Herrichten und Aufstapeln verlangt für 1 cbm rund 15 Arbeitsstunden eines Arbeiters.

b) **Polygonalsteine.** 1 cbm aufgesetzte Pflastersteine liefert bei Annahme eines 20% betragenden Hohlraumes bei:

15	18	20 cm Pflasterhöhe
6,6	5,5	5,0 qm Pflasterfläche.

Bei der Ausschreibung ist zu verlangen, daß die Fußfläche $\geqq$ $^2/_3$ der Kopffläche ist; beim Verbauen ist — gleich wie bei Feldsteinen — darauf zu achten, daß *innerhalb einer Straßenstrecke möglichst nur gleich große Steine* verwendet werden, um eine gleichmäßige Belastung des Untergrundes zu erzielen und damit ein stärkeres Herabgehen einzelner Steine möglichst zu verhindern.

c) **Reihenpflaster.** Vorgeschlagene Normalabmessungen (nach Dietrich):

k_d	Oberfläche	Höhe
$>$ 1200 kg/qcm	10 · 22,5 cm	15 cm
800—1200 „	10 · 22,5 „	20 „
$<$ 800 „	12 · 25 „	20 „

oder, falls billiger, 18 · 18 · 18 cm.

Einteilung auch in Wertklassen nach dem Verhältnisse von Fußfläche (F_u) zu Kopffläche (F_k): I. $F_u = F_k$; II. $F_u = \frac{4}{5} F_k$; III. $F_u = \frac{2}{3} F_k$. Bei Ausschreibungen ist neben dem Material und der Festigkeit die Form vorzuschreiben; Abweichungen der Kopfbreite bis 5 mm meist gestattet, Neigung der Seitenflächen oft 1:20; aus ihnen dürfen wegen guten Aneinanderpassens der Steine keine Teile erheblich heraustreten; die Höhenunterschiede in den Kopf- und Seitenflächen werden oft auf 12 mm begrenzt. Die Abnahme erfolgt zu je 1000 Stück oder — besser — verpflastert nach Quadratmetern.

Abarten bilden: 1. Das *Kleinpflaster* aus kleineren Bruchsteinen oder Findlingen hergestellt. Die kleinen, $^1/_2$—1 kg schweren Steine von 6—10 cm Seite und 6—12 cm Höhe, würfelförmig oder länglich, werden zweckmäßig auf fester Unterlage (Beton) versetzt. Mit 1 cbm können 10 qm Straße befestigt werden.

2. *Mosaikpflaster*, meist weichere Steine von 5—7 cm Höhe und 3—4 cm Seite, zu Gangbahnen benutzt. 1 cbm gibt 11—12 qm Pflaster.

Steinschlag als Bettungsmaterial für *Straßen*, zur Oberflächenbefestigung bei Chausseen und zum Gleisunterbau verwendet, tunlichst aus Gesteinen, welche in Würfelform spalten. Für Chausseen ist neben der geringen Abnutzung und Wetterbeständigkeit die Vermeidung irgend erheblicher Staub- und Schlammentwicklung (namentlich von klebrigem, zähem Schlamm) zu fordern.

Zur *Gleisunterbettung* hat sich ein würfelförmiges Schottermaterial mit scharfen Kanten und von 4 cm Seite — *also ein einheitliches Format* — als am zweckmäßigsten erzeigt, da ein solches erfahrungsgemäß auf die Ruhelage des Gleises günstig einwirkt. Bei der Auswahl des durchaus beständigen Hartgesteins ist auf ein Fehlen von Eisenkies zu achten.

Die *Packlagesteine* der Chaussee als Unterbettung der Decklage sind in der Regel 10—20 cm hoch, keilförmig und vielfach aus weicheren, aber nicht zusammenbackenden Gesteinen gewonnen. Zu ihrer Ausschüttung dient Grobschlag von 6—10 cm Korngröße, während für die Decklage eine solche von 4—5 cm am besten bewährt ist.

Bordsteine (Hartgestein) besitzen meist 30 cm Höhe und 7—18 cm Stärke bei Längen von 0,80—1,50 m.

Bürgersteigplatten (Hartgestein), Länge = 80—125 cm, Breite = 1,00 m, Stärke = 10—15 cm, oben glatt, unten ganz roh bearbeitet.

Die technische Prüfung der Naturgesteine. Die Prüfung findet zweckmäßig in den staatlichen Materialprüfungsanstalten statt, welche die Herrichtung der Probestücke selbst vornehmen. Deshalb sind größere prismatische Steine mit Angabe des Herkommens, der Lage im Bruche, der Verwendung, einzureichen. Aus ihnen werden Prismen, aus diesen durch Querteilung Würfel hergestellt. Je nach der Festigkeit des Gesteins haben letztere Seitenlängen von: 7,1, 6, 5 und 4 cm.

Für Biegungs-, Knickungs- und Zugversuche werden besondere prismatische Probestäbe mit meist quadratischem Querschnitte herausgeschnitten.

Geprüft wird das Gestein in der Regel auf Festigkeit, auf Porosität, d. h. Wasseraufnahmefähigkeit, auf Dauerhaftigkeit, Frostsicherheit, Abnutzung und Feuersicherheit.

Die *Prüfung auf Festigkeit* erstreckt sich fast nur auf Bestimmung der *Druckfestigkeit*; nur ausnahmsweise werden die anderen Festigkeitsarten ermittelt. Ersterem Zwecke dient das Zerdrücken eines Würfels und die Bestimmung der Bruchspannung, und zwar nach vollkommener Trocknung der Würfel bei 50° C an 8—15 Proben. Daneben werden auch Würfel in wassergesättigtem Zustande zerdrückt. Bei gutem wetterfesten Material beträgt die Festigkeitsabnahme nur wenige Hundertteile. Nach Tetmayer wird das Verhältnis: $\eta = \frac{\text{Trocken}}{\text{Naß}}$-festigkeit als Wertziffer für die Beständigkeit bezeichnet und empfohlen, nur solche Steine im Freien zu verwenden, bei denen $\eta \leq 1{,}6$ ist. Aus vielen Versuchsreihen ergibt sich, daß die Druckfestigkeit eines Gesteins nur abhängig ist von der Art und Menge der Mineralien und der gegenseitigen Verwachsung im Stein, daß sie aber nicht abhängig ist vom Raumgewicht. Es zeigt sich nicht selten, daß bei derselben Gesteinsart die schwereren Steine durchaus nicht fester — und auch nicht wetterbeständiger — sind als die leichteren. Ein bekanntes Beispiel in dieser Hinsicht liefert Basalt, bei dem gerade die kieselsäurereichen, leichteren Arten die beständigeren, festeren sind (vgl. S. 13); das gleiche gilt auch von Kalk- und Sandsteinen.

Die Druckfestigkeitsprüfung wird in der Regel mit einer hydraulischen Presse ausgeführt; hierbei ist darauf zu achten, daß die Probe senkrecht zu ihrer natürlichen Lagerfläche gedrückt wird, letztere also an den Druckschalen anliegt. Zugleich mit der Druckfestigkeit ist auch die Farbe des Gesteins, seine Gefügebeschaffenheit, das Aussehen der Bruchfläche, namentlich eine etwaige Spaltbarkeit zu beurteilen.

Die *Zugfestigkeit*, durch Zerreißen der Probekörper ermittelt, schwankt im Verhältnisse zur Druckfestigkeit zwischen 1:8 und 1:57; als Mittelwert kann für die meist verwendeten Gesteine 1:28 gerechnet werden.

Zur Bestimmung der *Biegungsfestigkeit* werden prismatische Stäbe von vielfach 36 · 5 · 5 cm oder Platten auf zwei Stützen frei aufliegend in der Mitte bis zum Bruche belastet. Die Biegungsfestigkeit beträgt i. M. $^1/_9$—$^1/_6$ der Druckfestigkeit.

In ähnlicher Weise ist die *Scherfestigkeit* i. M. zu $^1/_{15}$ der Druckfestigkeit gefunden.

Die Prüfung auf *Wasseraufnahme*, *Gewicht* und *Dichtigkeit* ermittelt:

a) die Wasseraufnahme des Gesteins in vollkommen gesättigtem Zustande, ausgedrückt in Gewichtsprozenten gegenüber dem Trockengewicht (G), also in der Form: $\frac{G_w - G}{G} = \ldots\%$;

b) G = Gewicht des trockenen Körpers (Würfels) an der Luft; G' desgl. unter Wasser; G_w desgl. in wassersattem Zustande an der Luft; G'_w desgl. unter Wasser; alsdann ist $J_{\text{ccm}} = G_{w\,\text{gr}} - G'_{w\,\text{gr}}$ = dem Inhalt des Körpers und: $r = \frac{G}{J}$ = dem Raumgewichte; weiter $w = \frac{G_w - G}{G}$ = der Wasseraufnahme in Prozenten von G; $u = w \cdot r$ = der Größe des Porengehalts, d. i. = der Undichtigkeit; $d = 1 - u = 1 - w \cdot r$ = der Dichtigkeit, und endlich: $s = \frac{r}{d}$ = dem spezifischen Gewichte.

Die Prüfung selbst wird an Würfeln und in der Regel 10 Proben — gleich denen beim Druckversuche — vorgenommen. Die Probekörper werden hierbei in Wasser von + 15—20° C gelegt, und zwar so lange in ihm belassen, bis Wägungen keine Gewichtszunahme mehr zu erkennen geben.

Die Prüfung auf *Dauerfestigkeit* verlangt einerseits zur Ermittlung schädlicher Bestandteile eine chemische qualitative und quantitative *Analyse*, anderseits ein Urteil über die *Frostsicherheit*. In ersterem Sinne wird es sich vorwiegend handeln um die chemische Bestimmung löslicher Salze, von freiem kohlensauren Kalk, Schwefelkies und Gips, während die Frostbeständigkeit durch besondere Untersuchungsmethoden oder den Vergleich mit früheren Verwendungsstellen des betreffenden

Steines zu klären ist. Zum Zwecke der Frostprüfung wird der wassersatte Würfel 25mal einem Frost bis zu 12—15° C ausgesetzt und immer wieder langsam aufgetaut, um alsdann die Abnahme der Druckfestigkeit des gefrorenen gegenüber dem wassergesättigten Steine zu bestimmen; diese beträgt bei guten Bausteinen stets nur wenige Hundertteile. Zugleich wird während der Frostprobe die Menge etwaiger Abblätterungen von der Steinoberfläche sowie das Entstehen von Rissen zu beobachten sein. Beide Erscheinungen werden bei Gesteinen, die den Frostversuch gut bestehen, von nur untergeordnetem Grade sein.

Eine praktische Beurteilung der Frost- und Wetterbeständigkeit eines Gesteins besteht darin, daß man eine Anzahl einwandfreier Steinproben beliebiger Form etwa ein Jahr derartig im Freien lagert, daß sie allen Witterungs- und Wärmeverhältnissen dauernd und unmittelbar ausgesetzt sind. Sie werden alsdann auf Abblätterungen, Risse, Sprünge u. dgl. — zweckmäßig mit der Lupe — untersucht. Noch besseren Anhalt liefert der Vergleich des Inneren eines schon lange vermauerten, dem zu beurteilenden gleichartigen Steines mit seiner etwaigenfalls bereits verwitterten Außenkruste; jedoch setzt diese Untersuchungsart voraus, daß man aus einem länger bestehenden Bauwerke einen genügend großen Stein zum Vergleiche gewinnen kann.

Auf *Abnutzung* werden die Gesteine meist durch Bestimmung des Abschleifverlustes untersucht. Hierzu dient die Bauschingersche Abschleifmaschine. Sie besteht aus einer gußeisernen, wagerecht sich um eine zentrale, senkrechte Achse drehenden Scheibe, gegen die von oben her die am Maschinengestelle festgelegten, vollkommen trockenen Probewürfel gedrückt werden. Ihre Abschleifung durch die unter der Steinprobe sich drehende Scheibe erfolgt unter Verwendung einer bei allen Versuchen gleichbleibenden Menge eines bestimmten Schmirgelpulvers. Nach jeder Minute, d. h. nach etwa 20 Umdrehungen der Abschleifscheibe wird der abgeschliffene Streusand mit dem Schmirgel von der Scheibe entfernt und erneuert. Je nach Härte des Gesteins dauert der Einzelversuch 5—10 Minuten. Aus mehreren Versuchen wird das Mittel der Steinabnutzung in Kubikzentimetern ermittelt und als Vergleichsmaßstab anderen Gesteinen gegenüber benutzt. Die nachfolgende Zusammenstellung läßt erkennen, wie derartige Versuchs- und Vergleichszahlen ausfallen.

Steinart:	Basalt	Granit	Grauwacke	Kalkstein	Porphyr	Sandstein
Mittel der Abschleifmenge	7,3	8,3	10,8	36,0	6,8	61,7 cbcm

Im allgemeinen steht die Abnutzbarkeit eines Gesteins in keinem Verhältnis weder zu seiner Festigkeit noch zu seiner Porenmenge.

Für Zwecke des Straßenbaues kann man die Abnutzbarkeit bzw. Arbeitshärte durch *Fallbohrer* beurteilen, die mit bestimmter Gewichtsbelastung und von bestimmter Höhe auf den Stein herabfallen und hier eine bestimmte Arbeitstiefe hervorbringen sollen; als Maßstab dient alsdann die Anzahl der Schläge. Zur Beurteilung von Straßenschotter kann dieser in zylindrische, sich um ihre Diagonale drehende, eiserne, mit inneren Armen u. dgl. versehene Trommeln gebracht und nach Drehung der letzteren in bezug auf seine Größenverminderung beurteilt werden. Es liegt auf der Hand, daß derartige Untersuchungen nur eine ganz beschränkte Vergleichsunterlage abgeben, da für die Bewährung eines Schottersteins im Straßenkörper noch viele andere Bedingungen maßgebend sind und deshalb die hier vorliegende Frage nur durch Probestrecken mit dem Gestein unter den verschiedensten Belastungs-, Steigungs- und Klimaverhältnissen einwandfrei gelöst werden kann.

2. Die künstlichen Steine.

A. Einteilung, Herstellung und Prüfung.

Die künstlichen Steine lassen sich in *zwei Hauptgruppen* gliedern, und zwar in solche, bei denen zur Verfestigung vorwiegend ein **chemischer Vorgang** dient, und in solche, die durch einen **Brenn-** bzw. einen **reinen Schmelzvorgang** gewonnen werden. Zu der ersten Hauptgruppe sind zu rechnen: die Hydrosand- und Kalksteine und ähnliche Nachahmungen von Naturgesteinen, die Kalksandsteine, die Zementkunststeine, die Gipskunststeine, rheinische Schwemmsteine und Kunsttuffsteine, Schlackenziegel, Magnesiazementkunststeine, Korksteine, Torfsteine, Asbeststeine u. dgl., während der zweiten Gruppe in erster Linie alle die verschiedenartigen, durch Brennen gefestigten Tonkunststeine der Ziegelindustrie zuzuzählen und neben ihnen Kunstpflastersteine aus Hochofenschlacken, Steinabfällen usw. zu erwähnen sind, bei denen die Vereinigung der Rohstoffe zum Stein durch Zusammenschmelzen erfolgt. Der letzteren Nebengruppe schließen sich die Kunststeine aus Asphalt und Glas an, die jedoch nicht im vorliegenden Abschnitte, sondern erst bei den beiden Rohstoffen Asphalt und Glas im Hauptteil II bzw III behandelt werden sollen. Nicht unerwähnt sei, daß die Einteilung der vielgestaltigen Kunststeine in die beiden obengenannten Hauptgruppen nicht immer zwanglos ist, da bei der Herstellung hin und wieder beide Herstellungsverfahren, das chemische und keramische, ineinander greifen und naturgemäß Zwischenglieder zwischen beiden Gewinnungsarten bestehen.

Zur Herstellung der Kunststeine bedarf es im allgemeinen einer ganzen Anzahl von **Hilfsmaschinen,** die die Rohstoffe vorbereiten, miteinander vermengen und endlich in bestimmten Formen zusammenfassen. Hierbei kann es sich zunächst handeln um das **Zerkleinern** von Rohstoffen[1]). Sind diese *trocken*, so werden bei größeren Abmessungen

1) Vgl. auch den Abschnitt: Gebrannte Tonsteine.

des Rohmaterials und erheblicher Festigkeit an allererster Stelle *Steinbrechmaschinen* in Frage kommen, bei denen bereits vorher durch Hand bis zu Faustgröße zerkleinerte Steine durch zwei gegeneinander pendelnde Stahlbacken — je nach deren kleinsten „Maulabstand" — in Schottersteine zerteilt werden. Eine weitere Zerkleinerung können bewirken: *Kollermühlen* (Kollergänge), bei denen meist zwei, um wagerechte Achsen sich drehende Kollerwalzen das auf dem unter ihnen sich an senkrechter Achse hinwegdrehenden „Teller" lagernde Rohmaterial zerkleinern; *Steinmühlen*, nach Art der Mühlsteine arbeitend und das Rohmaterial in der Größe zerkleinernd, wie es durch den Abstand des Bodensteins und des sich über ihm drehenden Läufersteins bedingt ist; *Walzmühlen*, bei denen die Rohstoffe durch mehrere, in ihren Abständen sich immer mehr nähernde glatte, aber auch geriffelte, bzw. gezähnte, zylindrische, aber auch konische Walzen hindurchgehen müssen; *Pochwerke*, arbeitend mit aus geringer Höhe herabfallenden Stempeln, die das unter sie gebrachte Rohgut zerstampfen; *Schleudermühlen*, *Desintegratoren* und *Kugelmühlen*, bei denen das Rohmaterial innerhalb einer sich drehenden Trommel eingeschlossen ist und in ihr durch Anprall an die Trommelinnenflächen, hier eingefügte Arme u. dgl., bzw. durch in den Trommeln mitrotierende, frei bewegliche, harte Kugeln bis zur größten Feinheit zermahlen wird.

Für *nasse Rohstoffe* dienen dem gleichen Zwecke Quetschwerke, den Walzenmühlen ähnlich, Tonschneider, Schlämmaschinen, wie sie genauer bei der Ziegelfabrikation besprochen werden sollen.

Häufig schließt sich an die Zerkleinerung der Rohstoffe ein **Aussieben** dieser nach ihrer Größe an. Hierfür werden entweder sich drehende, mit Hilfe der Zentrifugalkraft die Siebarbeit verrichtende *Siebtrommeln* oder *Rüttelsiebe* benutzt.

Als **Mischmaschinen** zur gleichmäßigen Verteilung verschiedenartiger Rohstoffe oder auch zur Hinzufügung von Wasser und Erzielung einer gleichartigen plastischen Masse dienen *Misch-* und *Knetmaschinen*, aus einem *halben* oder *geschlossenen* zylindrischen *Eisentrog* in der Regel bestehend. Im ersteren Falle steht der Trog fest und in ihm bewegen sich an einer, mit der Trogachse in der Regel zusammenfallenden Achse, manchmal aber auch an zwei sich alsdann gegeneinander drehenden Achsen, Mischflügel, Schaufeln oder dergleichen, die die Vermengarbeit vornehmen, während bei geschlossenem Mischzylinder dieser feststehen sich aber auch — und zwar entgegengesetzt seinen im Inneren liegenden Mischarmen — bewegen kann. Hierbei sind die am Zylinder oder der Drehachse angeschlossenen Schaufeln oft so geformt, daß zugleich mit einer Durcharbeitung der Rohstoffe ein Vorwärtsbewegen der Mischmasse von einem Zylinderende bis zum anderen eintritt. Die meisten dieser Maschinen mischen das Rohgut zunächst in trockenem Zustande, später erst — nach Zuführung der notwendigen Feuchtigkeit — in Teigform. Hierbei kann es auch, wie bei der Herstellung der Kalksandsteine genauer dargelegt wird, notwendig werden, um das Mischgut auf bestimmter Temperatur zu erhalten, also Wärmeverluste auszugleichen, die Mischmaschinen mit einem Heizmantel zu umgeben.

Dem **Formen** der Kunststeine dienen entweder *Formkästen*, in die hinein das Rohgut von Hand, seltener durch Maschinen, gestrichen wird, oder besondere *Pressen*, die das Rohgut durch den Druck ihrer Stempel festigen. Einfache *Formkästen* können aus Holz, Eisenguß, Gips und Leim gebildet sein. Hölzerne Formen nützen sich verhältnismäßig leicht ab, sind aber billig und bequem im Betriebe; Eisenformen sind schwer, teuer und werden meist nur bei stärkerem Druck beim Verformen der Steine zweckmäßig sein. Da sie sehr genau in der Form hergestellt werden, auch unter Umständen im Inneren emailliert werden können, sind sie namentlich bei verwickelten Kunststeinausbildungen und bei solchen einfachen Steinen und Platten am Platze, die von vornherein mit einer glatten, spiegelnden Oberfläche gewonnen werden sollen, bei denen also der Hauptteil der Polierarbeit oder diese vollkommen erspart werden soll. Leimformen werden aus einer Rohmasse von Leim und Glyzerin hergestellt; zu diesem Zwecke werden letztere beide so lange zusammengekocht, bis alles Wasser verdunstet ist; alsdann wird die plastische, bald erstarrende Masse um den Modellkasten herumgegossen, später von ihm abgezogen und nun im Inneren durch Anstreichen mit einer 5prozentigen Lösung von doppeltchromsaurem Kali gehärtet und wasserdicht gemacht. Gipsformen endlich werden, nach dem Modell, aus Stuckgips gewonnen und meist, um einem Zerbrechen zu steuern, dickwandig hergestellt; auch sie eignen sich, gleich den Leim- und Eisenformen, für reich profilierte oder ornamental ausgestaltete Kunststeine, wenn man nicht vorzieht, wie das heute bei den Beton-Werksteinen die Regel bildet, solche Steine nur in roher Quaderform herzustellen und in noch weichem Zustande durch die Hand des Steinmetzen wie Naturgesteine bearbeiten zu lassen.

Auf Beispiele von Pressen wird in den Abschnitten: Kalksandsteine und Ziegel eingegangen werden.

Die **Prüfung** der Kunststeine schließt sich, insoweit es sich um die Festsetzung der Raumgewichte, Porosität, Frostbeständigkeit und Festigkeit handelt, im allgemeinen der Prüfung der Naturgesteine an. Aus der Natur des Kunststeins folgt, daß alle Probekörper von vornherein für den Prüfungszweck hergestellt werden können; dies ist namentlich von Bedeutung in den Fällen, in denen Zug- und Biegungsfestigkeiten bestimmt werden sollen, hat aber auch für die Ermittlung der Druckfestigkeit Wert, z. B. bei den Beton-Werksteinen u. dgl. Daneben werden aber auch oft — so z. B. bei Ziegeln, Kalksandsteinen u. a. m. — zwei Hälften eines Normalsteines mit Zementmörtel 1:3 aufeinander gemauert und die so gebildeten, angenähert würfelförmigen Körper der Druckpresse zugeführt. Neben diesen Normalprüfungen müssen aber die Kunststeine oft noch den Bedingungen entsprechend untersucht werden, denen sie in der Praxis später unterliegen, und es ist selbstverständlich, daß die jeweiligen Prüfungsverfahren sich möglichst den Verhältnissen der praktischen Benutzung anschließen. Hier wird es sich bei vielen Steinen einmal um Wasserundurchlässigkeit, zum anderen um ausreichenden Widerstand gegen den Angriff aller möglichen Flüssigkeiten, mit denen die Steine später in Berührung kommen oder mit denen sie gereinigt bzw. desinfiziert werden, handeln. Zur Bestimmung der Wasserdichtheit dienen einmal hydraulische Zylinder, an deren einem Ende die zu untersuchenden Stoffe als Abschluß eingebracht sind, zum anderen kann man auch Glasrohre auf den Steinplatten verkitten und je nach deren Füllungshöhe das Verhalten der Probekörper bei verschiedenem Wasserdrucke bestimmen, oder man kann endlich — wie das z. B. bei Falzziegeln u. dgl. unebenen Steinen zu empfehlen ist — an den Stein einen Zementrand anfügen und den so gebildeten Hohlraum mit Wasser füllen. Hierbei wird meist beobachtet die erste Tropfenbildung an der Unterseite. Tritt solche innerhalb von 72 Stunden nicht ein, so gilt der Stein als wasserdicht, und der Versuch wird abgebrochen. Nicht selten wird die Untersuchung auf die Oberfläche des Steines und nach deren Fortschleifen auch auf den „Scherben" erstreckt. Bei der Prüfung auf Angreifbarkeit werden entweder die Probestücke in die betreffende Flüssigkeit so weit hineingestellt, daß sie zum Teil aus ihr herausragen und somit ein Urteil über etwaige Veränderungen leicht möglich ist, oder es werden Berieselungsversuche ausgeführt, die sich auf Streifen des Probestückes erstrecken.

Von besonderer Wichtigkeit ist für viele Kunststeine die Prüfung auf *Feuersicherheit.* Hierbei werden einzelne Steine und Platten einem starken Feuer ausgesetzt und zum Teil nachher abgelöscht, während zusammenhängende Konstruktionen in besonderen Brandhäuschen, in die sie hineingebaut werden, zur Untersuchung gelangen. Alsdann hat man es an der Hand, die Kunststeine und Platten hier in derselben Weise zu erproben, wie sie bei einem Schadenfeuer tatsächlich beansprucht werden, und zugleich auch Fragen, wie die Wärmeleitung des Materials, sein Verhalten beim Anspritzen usw. zu klären. Die während des Brennversuches vorhandene Temperatur wird seltener durch Seger Kegel[1]), meist durch Metallegierungen bestimmt, die in Chamottenäpfchen im Brennraum aufgehängt sind, verschiedene Schmelztemperatur haben und somit einen Anhalt über die Hitze beim Brande geben. Ferner wird noch für manche Steine die Stoßfestigkeit und ihr Widerstand gegen elastisches und unelastisches Zusammendrücken zu bestimmen sein. Ersterem Zwecke dienen Fallversuche, bei denen der Stein in einem Holzkasten fest in Kies gebettet lagert, und bei dem

1) Vgl. den Abschnitt: Gebrannte Tonsteine.

man die Arbeit bestimmt, die zur Zerstörung des Steines entweder bei *einer* Fallbewegung oder einer Anzahl von Stößen erfordert wird. Die Prüfung auf Zusammendrückung wird in der Regel durch hydraulische oder sonstig belastete Stempel bewirkt, bei denen man die Kraft bestimmt, innerhalb deren die Formänderungen noch rein elastische bleiben bzw. dauernd werden und zum Bruche führen. Endlich spielt die Prüfung auf in den Kunststeinen vorhandene lösliche Salze in vielen Fällen eine wichtige Rolle. Hier könnte naturgemäß die chemische quantitative Analyse Auskunft geben, wobei aber zu beachten ist, daß erfahrungsgemäß die Summe der auswitternden Salze der Ausblühungen nicht allein von ihrer absoluten Menge, sondern nicht unerheblich auch von dem Porengehalte des Steines und dem Porenverlauf abhängig ist. Deshalb hat die praktische Prüfung hier größere Bedeutung, bei der mittels aufgesetzter Glasrohre zunächst der Stein wassersatt gemacht und dann an der Luft getrocknet wird. Hierbei treten die leicht löslichen Salze mehr oder weniger an die Oberfläche des Steines und geben von dem zu erwartenden Verhalten dieses im Bau ausreichend Kunde.

B. Kunststeine, deren Erhärtung vorwiegend auf chemischen Vorgängen beruht.

1. Hydrosand- und Hydrokalkstein.

Die Steinherstellung beruht darauf, daß Abfälle bzw. Pulver von Naturgesteinen, namentlich Kalkstein, Marmor, Sandstein und feiner Quarzsand mit pulverförmig abgelöschtem Kalkhydrat gemischt, in Formen eingestampft und dann einer Erhärtung unter Einwirkung heißen, unter Druck stehenden Wassers (also in Kesseln) bzw. von Wasserdampf und Kohlensäure ausgesetzt werden. Hierdurch findet eine Aufschließung der Kieselsäure und somit die Bildung von kieselsaurem Kalk, bei Gegenwart von Kohlensäure auch von kohlensaurem Kalk als Bindemittel zur Verfestigung des Steinpulvers, des Sandes usw. statt. Es entstehen den Natur-Sand- und Kalksteinen durchaus ähnliche, durch Steinmehlzusatz auch beliebig färbbare Kunststeine, die bei einer Druckfestigkeit von über 400 kg/qcm alle Eigenschaften des Naturmaterials haben und sich auch wie dieses leicht steinmetzmäßig, also von Hand aus, bearbeiten, auch zerteilen lassen.

Ein Sondermaterial, hierher gehörend, ist der Hauenschildsche *Hydrokalkstein* (D. R. P. 83321), bei dem 80—90% Kalksteinmehl — Abfall der Marmor- und Kalksteinbrüche — mit 20—10% Staubkalk unter Hinzugeben von wenig Wasser gut vermengt und dann in Formen zu Steinen gepreßt wird. Nach drei- bis viertägiger Lagerung an der Luft kommen die Formlinge in Erhärtungsräume, in denen sie abwechselnd einem Dampf- bzw. einem Kohlensäurestrom während mehrerer Tage ausgesetzt sind. Der entstehende Stein ist wetterbeständig, sehr dicht und gut polierbar.

2. Kalksandziegel.

Kalksandziegel spielen heute eine bedeutsame Rolle in Deutschland; mehrere hundert Fabriken erzeugen jährlich mehr als 3 Millionen Stück solcher Steine.

Sie entstehen aus einer Verbindung von Sand — und zwar meist einfachem Grubensande — 92—90% und 8—10% Kalk. Die Ablöschung dieses Kalkes erfolgt meist erst nach Vermischung mit dem Sande, und zwar in Heißmischern, die von außen mit Dampf geheizt werden und in denen das Ablöschen des Kalkes auch durch Dampf erfolgt. Hierbei sind die Vorteile gewonnen, daß die chemische Wärme, die der Sand dem Kalk während des Ablöschens entzieht, wieder zugeführt und zudem bereits in der Mischtrommel die Kieselsäure des Sandes aufgeschlossen wird und hierdurch weiterhin das Pressen der Rohformlinge leicht vor sich geht. Eine Heißmischmaschine (System Schwarze) stellt Abb. 16 dar; hier besteht der Mischer aus einem schweren, stählernen, nach der Schraubenlinie gebildeten Flügel, der eine ebenso gute Fortbewegung wie innige Knetung des Materials bewirkt.

Das Pressen des Mischgutes zu Steinen erfolgt durch Maschinen. Abb. 17 und 18 stellen zwei hier gebräuchliche Pressen dar; bei der ersteren wird der Druck durch die Gradstellung eines Kniehebels ausgeübt, während die Formung der Steine selbst vermittels eines sich drehenden Tisches erfolgt, der etwa 6—8 Formen aufnimmt, also bei einer Umdrehung auch 6—8 Steine liefert. Nach ihrer Fertigstellung werden diese durch einen besonderen Hebelzug

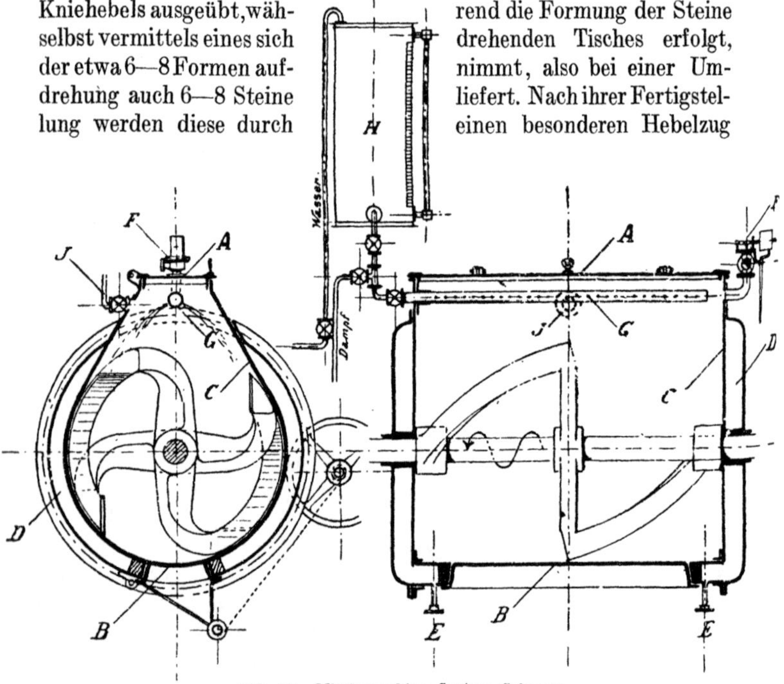

Abb. 16. Mischmaschine System Schwarz.

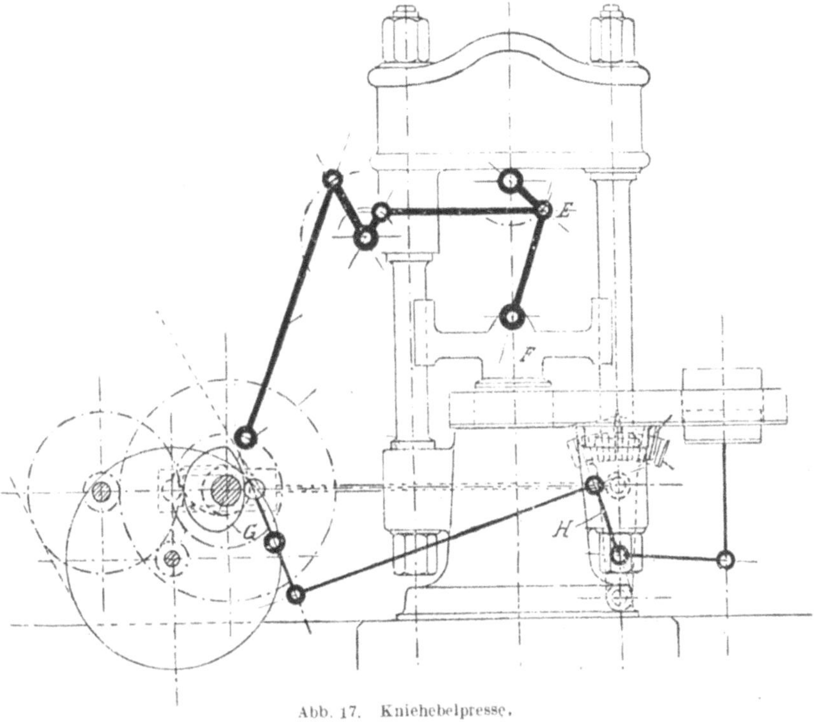

Abb. 17. Kniehebelpresse.

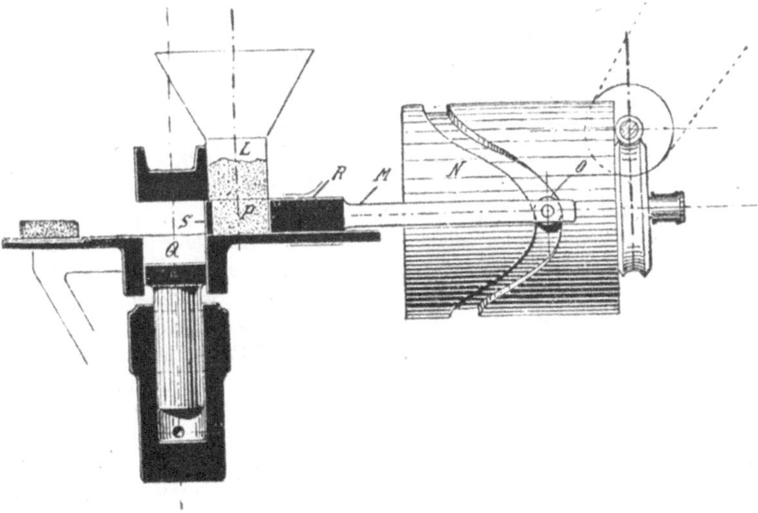

Abb. 18. Hydraulische Presse.

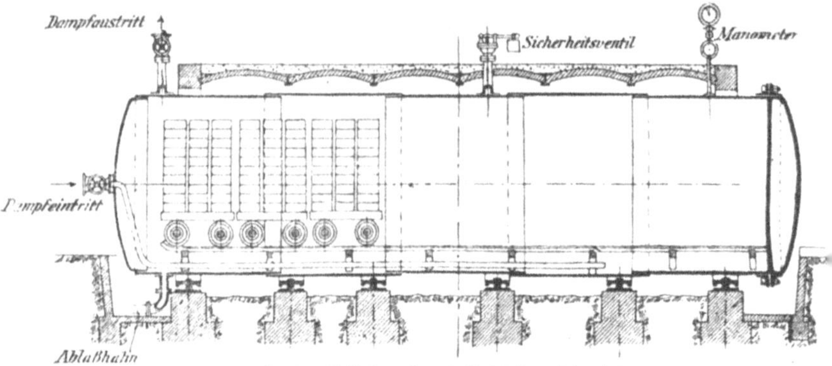

Abb. 19. Erhärtungskessel für Kalksandziegel.

aus ihren Formen herausgehoben. In Abb. 18 wird mit Hilfe einer kleinen hydraulischen Presse bei jeder Bewegung des Formenrahmens nur immer ein Stein in dem Augenblicke gepreßt, in dem der Teil R über dem Preßkolben steht, nachdem kurz zuvor das Mischgut P in die Stellung Q gelangt ist. Nach Rückgang des in einer drehbaren Trommel N geführten Rahmens stößt der Kolben den gepreßten Stein nach oben, und nun verschiebt ihn der Rahmen bei seinem erneuten Vorgange auf ein seitliches Abstellbrett. Die Leistung der dargestellten Pressen beträgt in der Stunde 800—1000 Steine. Die Formlinge sind nach dem Pressen bereits so gefestigt, daß sie zu je 600—800 Stück auf eiserne Plateauwagen geladen und dem Erhärtungskessel zugeführt werden können. Hier erhärten die Steine durch weitere Bildung von kieselsaurem Kalk bei etwa 6—9 Atm. Druck in rund 12 Stunden zu sehr festen, sofort vermauerungsfähigen Kunststeinen. Geringe Teile des noch nicht gebundenen Kalkes wandeln sich später an der Luft in kohlensauren Kalk um.

Die hellgrauen, aber auch durch Beimengungen ziemlich beliebig zu färbenden Steine haben das Format des Normalziegelsteins bzw. dessen Unterformen; $r = 1{,}9$, Steingewicht $\sim 3{,}8$ kg; Porenraum etwa 25%; Gewicht von 1 cbm Kalksandsteinmauerwerk rund 1800 kg; k_d nach Beschluß des Vereins der deutschen Kalksandsteinfabrikanten > 140 kg/qcm, oft bis 250 und 300 kg/qcm; Wasseraufnahme $\sim 12\%$; als frost- und feuersicher bewährt, auch bei Seebauten. Kalksandsteine sind ein den Ziegelsteinen gleichwertiges Baumaterial und ihnen gegenüber durch die bessere, gleichmäßigere Form, den hierdurch bedingten geringeren Mörtelverbrauch und die kürzere Herstellungsdauer ausgezeichnet. In wirtschaftlichem Sinne fällt auch ihr verhältnismäßig nicht hoher Herstellungspreis sowie der Umstand ins Gewicht, daß Sand und Kalk Baustoffe sind, die fast überall anstehen bzw. ohne besondere Schwierigkeiten heranzuführen sind. Wegen der Glätte der Steine ist das Haften des Putzes erschwert. Der Preis der Steine

— am Bau angeliefert — schwankt nicht unerheblich je nach den Transportschwierigkeiten und der Entfernung.

Abarten sind: *Hochfeuerfeste Kalksteine*, *Silica-Steine*. Der vollkommen erhärtete Stein wird nachträglich bei einer Temperatur gebrannt, bei der die Bildung eines wasserfreien Kalziumsilikats als Bindemittel für die Sandkörnchen erfolgt.

Kalksand-Asphaltsteine. Der Kalksandmischung wird Asphalt, Teer oder dergleichen zugefügt und durch Zusammenmischen so innig verteilt, daß die Sandkörner mit einer Haut dieses Stoffes vollkommen überzogen sind. Die gleich den normalen Kalksandsteinen gepreßten und in Dampf erhärteten, dunkeln Kunststeine zeichnen sich durch einen fast vollkommenen Porenschluß, durch große Widerstandsfähigkeit gegen Witterung, Temperatur und Feuchtigkeit aus, sind demgemäß wertvolle Isolationssteine.

3. Zementkunststeine — Beton-Werksteine.

Zementkunststeine, soweit sie für Monumentalzwecke Verwendung finden heute allgemein als *Beton-Werksteine* bezeichnet, werden hergestellt aus Zement, und zwar meist aus Portlandzement als Bindemittel und Füllstoffen, wie Sand, Steingrus, Steinpulver aller Art, gebranntem Ton usw.; die Steine sind beständige, oft sandstein-, kalkstein- oder granitähnliche, viel verwendete Kunststeine, die heute eine bedeutsame Rolle, auch im Monumental- und Denkmalsbau spielen und als vollwertiger Ersatz für viele Naturgesteine anzusprechen sind, ihnen gegenüber sich unter Umständen sogar durch größere Wetterbeständigkeit, höhere Festigkeit und geringeren Preis auszeichnen. Dabei ist es auch der Neuzeit gelungen, die Beton-Werksteine farbenbeständig und farbenschön herzustellen und eine früher den Steinen oft vorgehaltene Eintönigkeit ihres Aussehens durch geeignete Zusammensetzung bzw. eine Vielseitigkeit der Rohstoffe zu beseitigen. Namentlich haben auch die unregelmäßig struierten Naturgesteine, wie z. B. Muschelkalkstein gerade in dieser Hinsicht wertvolle und bestens befolgte Vorbilder für den Beton-Werkstein abgegeben, so daß es heute in vielen Fällen, namentlich da die Kunststeine stets steinmetzmäßig bearbeitet werden, kaum möglich ist, das Natur- vom Kunsterzeugnis zu unterscheiden. Nicht so vollkommen gelingt die Nachbildung der massigen Eruptivgesteine, obwohl es auch hier schon sehr wertvolle Kunstgranite — Diabase —, Porphyre als Beton-Werksteine gibt. Die Herstellung der Zementsteine erfolgt durch Guß (auch unter Entlüftung) oder Stampfen (besser!), oft aus verschieden fetten Mischungen bzw. feinen und groben Rohstoffen außen und innen, bei bedeutenden Abmessungen auch durch ein Eisengerippe verstärkt. Bearbeitung bei besseren Steinen in noch weichem Zustande von Hand aus, um dem Stein das Aussehen eines Naturmaterials zu geben.

Mischung für bessere Steine 1 Zement auf 3—2,5 Füllstoffe; Färbung oft durch gemahlenes, buntes Steinmehl, namentlich für Kunstsandsteine; daneben — untergeordnet — Färbung durch besondere Zement-(Erd-) Farben. Nachträgliche Härtung wie bei Naturgestein möglich, aber nur selten ausgeführt; Anwendungsgebiet sehr verzweigt: Verblendsteine, Quader, Sockelsteine, Abdeckplatten, Bordschwellen, Pfeilerkrönungen, Gesimsstücke, Fenster- und Türumrahmungen, Treppenstufen, Platten, Fliesen (Argillaplatten), Dachziegel, Hohldielen, figürliche und ornamentale Darstellungen, Denkmäler, Brunnen usw. Die Druckfestigkeit der Steine liegt, ähnlich wie beim Beton, d. h. bei gutem Rohmaterial und tadelloser Herstellung nach etwa 4 Wochen auf 250—300 kg/qcm. 1 cbm Kunstsandstein-Mauerwerk wiegt i. M. 2100 kg. Abarten sind:

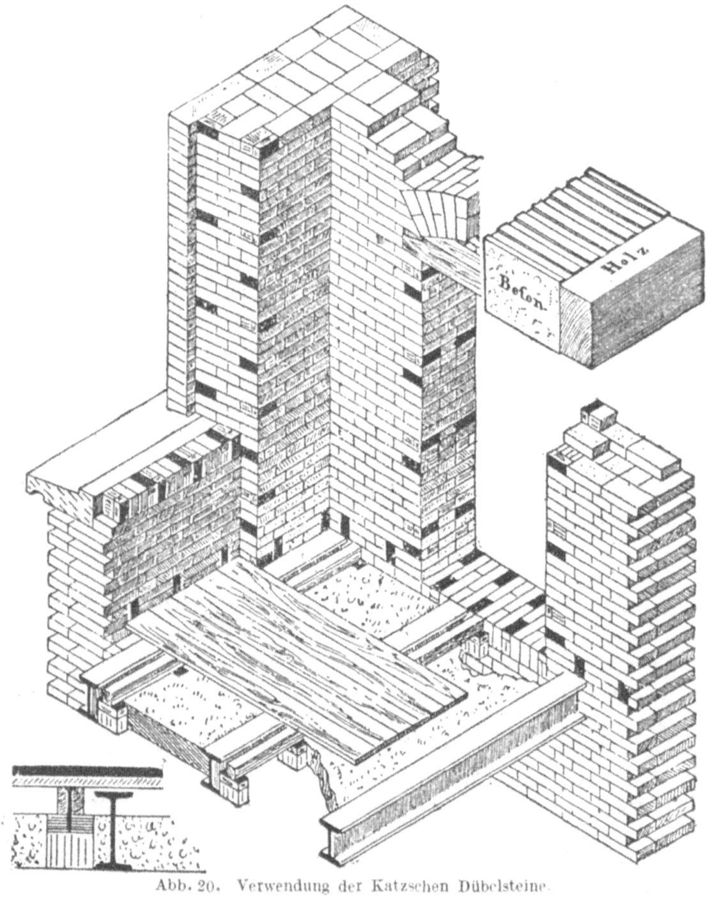

Abb. 20. Verwendung der Katzschen Dübelsteine.

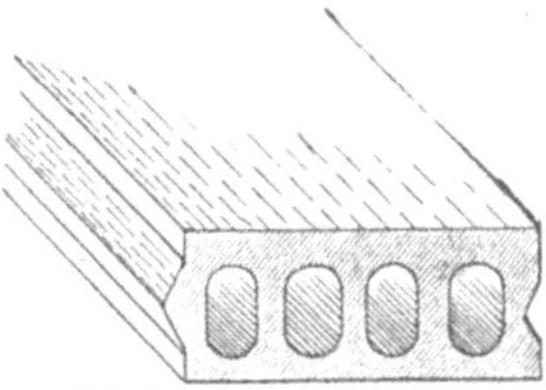

Abb. 21a. Zementdiele.

a) **Katzscher Dübelstein** (D. R. P. 111113); an den Betonstein (Normalziegelformat oder dessen Teile) ist an einer Seite umwandelbar ein Hartholzklotz angefügt, der einen sicheren Anschluß einer jeden Holzkonstruktion an das Mauerwerk gestattet (siehe Abb. 20).

b) **Zementdielen** (Abb. 21a, b), verwendet zur Herstellung von Decken und Wänden, mit Nut und Feder ineinander greifend, durch Hohlräume im Gewicht vermindert, meist 1:5 gemischt, und aus Zement und Sand oder Bimskies (alsdann sehr leicht) erzeugt — auch unter Umständen mit hochkantliegendem Flacheisen gegenüber den Biegungswirkungen bewehrt. Dielen für ebene Decken in der Regel von 5—15 cm Stärke und einer Freilage bis zu 2,0 m, auch zur Ausfüllung der Dachfelder zwischen Sparren und Pfetten benutzt (ohne Schalung einzubringen).

Hierher gehören auch die eisenbewehrten Remyschen und ähnliche **Bimsbetonplatten,** die für Dachhautausbildung, auch in Kassettenform u. dgl. Verwendung finden, aber nur alsdann einwandfrei sind, wenn durch geeignete Zusammensetzung der Betonmasse für vollkommene Dichtheit des Betons und somit einen Schutz des Eisens gesorgt ist. Die Gewichte dieser Kassettendeckenplatten betragen i. M. 80 kg/qm. Ihre Stärke liegt bei den Remy-Platten meist zwischen 6,5 und 10 cm; ihre Baubreite beträgt 50 cm, ihre Stützlänge geht bis zu 2,60 m. Die Platten kommen als fertig verlegbare Konstruktionsteile in den Bau und sind durch leichte Eiseneinlagen vollkommen biegesicher gemacht.

c) **Granitoidplatten**; die Abnutzungsfläche besteht aus größeren Granitkörnern in Zementmörtel; beliebtes Befestigungsmaterial für Bürgersteige.

d) **Kunstmarmor aus Zementmörtel** wird im allgemeinen ebenso hergestellt wie der mit Hilfe von Gips gewonnene Kunstmarmor. Es sei deshalb auf die betreffenden Darlegungen bei letzterem (als dem vergleichsweise wichtigeren) verwiesen. Im besonderen eignet sich für die Marmornachahmung durch Zement ein Breccienmarmor.

e) **Zementmosaik, Terrazzo.** Verschieden gefärbte kleine Marmorstückchen oder Teilchen prismatischer, besonders gegossener, bunt-

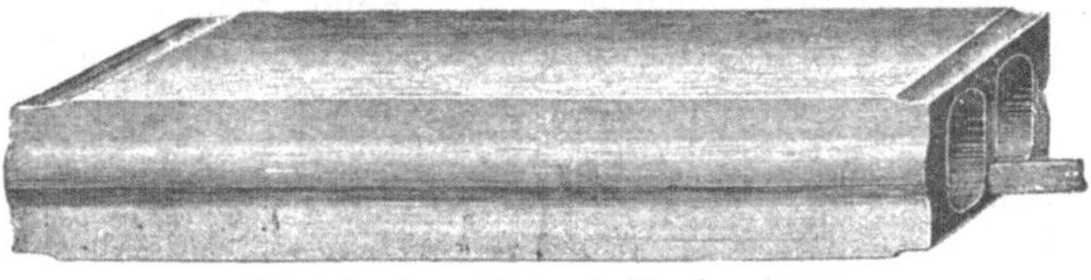

Abb. 21b. Zementdiele mit Eisenbewehrung.

farbiger Zementsteinprismen werden meist nach einem Muster in Zementmörtel eingedrückt, mit dünnem, alle Fugen ausfüllendem Zementbrei übergossen und schließlich oberflächlich geschliffen und poliert. Verwendet man zur Terrazzoherstellung nur Zementkunststeinchen und Zement, so erhält die gesamte Fläche angenähert die gleiche Härte, ein Umstand, der für die Abnutzung von besonderer Bedeutung ist.

f) **Zementkunststeine unter Verwendung von Sägespänen**; letztere werden, feucht angemacht und mit einem mineralischen Überzuge versehen, mit Portlandzement und Wasser innig verrührt. Aus dieser Masse werden Steine und Platten geformt, welche langsam abbinden und zu leichten, gut bearbeitbaren, beständigen Steinen führen, die eine gleichartige Verwendung zum Anschlusse von Holzteilen an Steine, wie die obenerwähnten Dübelsteine, finden. Hierzu gehört u. a. der leicht nagelbare *Norisstein.*

g) **Zementsteine für sparsame Bauweise** mit Horizontal- und Vertikalkanälen; erstere lassen im Inneren abgeschlossene isolierende Luftzellen entstehen, bringen aber nicht die Gesamtmasse des Steines statisch zum Tragen. Bei Steinen mit Vertikalkanälen kann der Gesamtquerschnitt der Steinmasse tragend beansprucht werden; hier bedingt aber der lang durchgehende Kanal, abgesehen von schwerer zu vermeidenden Undichtigkeiten in den Wandungen, ständigen Wärmeabfluß, gewährt aber auf der anderen Seite die Möglichkeit, in diese Kanäle Eisen einzulegen und nach Eingießen von Beton hier tragende, biegesichere Mauerpfeiler in unmittelbarer Verbindung mit der Wand zu schaffen. In der Regel werden die Steine *mit einer* von Schlacke usw. porösen, nagelbaren Innenhaut und dichten Außenhaut versehen. Letztere ist nicht notwendig bei besonderem Wetterschutz der Außenhaut. Steinformen sehr verschiedene, hohle Kästen in ⊔⊔-, ⊥'-, ⊥-, ⊏-, E-Form usw.

Zu diesen *neuzeitlichen Betonkunststeinen*, die namentlich im Hinblick auf Kohlenersparnis und Wärmehaltung bedeutungsvoll sind und sich mit Recht immer mehr in die Praxis einführen, gehören u. a.:

Betonplatten, verwendet zum Bau von *Hohlwänden.* Hier werden die Wände aus zwei, gegeneinander durch besondere Betonstege abgesteifte Schalen mit Zwischenräumen gebildet, die mit Isolationsstoffen, unter Umständen auch mit Beton ausgefüllt werden können, gegebenen Falles auch, nach Einfügung von Bewehrungseisen, zum einfachen Einbau durchgehender Betonpfeiler führen. Häufig werden hierbei die Platten innen in Schlackenbeton (1:3:4), außen in Kiesbeton gebildet, um eine dichte Außenhaut, eine wärmehaltende Innenhaut zu sichern (Bauart Tilgner, Fiebig u. a. m.). Oft werden hierbei auch die Hohlräume mittels wagerechter Platten noch unterteilt (z. B. Bauart Jurko). Ähnlich sind Bauarten mit Steinen von der Form ungleichschenkliger Winkel — wie sie z. B. die Bauweise *Ambi* zeigt. Auch hier sind die

Steine an der Außenfläche in Kiesbeton 1:8, an der Innenfläche in Koksaschenbeton oder dergleichen 1:2:6 hergestellt und die Zwischenräume mit lockerem Füllstoff ausgefüllt. Ähnlich ist die Bauart „Kell und Löser", nur daß hierbei größere, eisenbewehrte Winkelsteine Verwendung finden.

Hohlblockwände weisen Steine von bisher — wie oben erwähnt — noch sehr verschiedener Form auf, durch deren Anwendung die Luftschicht meist vielfach unterteilt wird. Auch hier wird oft die Außenseite dicht, die Innenseite porig, zur Wärmehaltung, ausgeführt, vielfach aber auch der ganze Stein aus Schlackenbeton hergestellt. (Bauarten: Wayß und Freytag, Becher, Germania, Paxstein, Rexstein, Clususstein — ein vollkommen geschlossener Hohlstein mit Betonwänden und Schlackenfüllung — u. a. m.)

h) **Pflastersteine** aus Beton. Die hierher gehörenden Kunststeine bestehen in der Regel aus zwei Schichten, einer mageren, den eigentlichen Steinkörper darstellend, und einer fetten, die Oberfläche bildend. Mischungsverhältnis 1:3:3 bzw. 1:$^1/_4$:2 (Zement: Kies: Steinschlag) bzw. im letzteren Falle auch nur 1:2. Betonpflaster läßt sich gut rein halten, ist nicht allzu geräuschvoll beim Überfahren und gut widerstandsfähig. Den Hufen der Zugtiere bietet es dauernd guten Halt. Die Oberfläche kann durch Vermischen des Betons mit gemahlenem Porzellan oder dergleichen noch besonders hart und rauh gemacht werden. Das Pflaster erfreut sich besonders in Nordamerika größerer Verbreitung und findet jetzt auch in Deutschland Eingang. Hier sind u. a. zu nennen Diabaszementkunststein-Pflaster (vom Werke Koschenberg in der Lausitz) und Basaltoid.

In neuerer Zeit werden auch Zementkunstpflastersteine mit *Eiseneinlagen* versehen; solche bestehen aus eingefügten geraden oder wellenförmig gebogenen Rundeisen oder aus in das Steininnere verlegten Eisenblecheinlagen, aus denen einzelne Teile zahnartig nach oben bzw. unten gebogen sind, um ein Festhaften im Beton zu sichern, endlich aus eisernen Rosten, die die Steinoberfläche verstärken und den Hufen der Zugtiere einen besonderen Halt gewähren sollen. Es mag sehr in Frage gezogen werden, ob derartige Eiseneinlagen notwendig und wirtschaftlich sind.

i) **Pietronova** (von Alb. Lauermann, Detmold) ist ein Betonwerkstein, hergestellt aus Grobkalk und eine täuschende Nachahmung dieses. Zu seiner Herstellung wird weißer Sternzement benutzt. Der namentlich für Innenarchitektur geschaffene Kunststein läßt sich unter Umständen auch an Ort und Stelle auf Zementputz als plastische Masse aufbringen und nachträglich vom Steinmetzen bearbeiten.

k) Erwähnt sei endlich die Herstellung von **Zementrohren** und **-Kanälen** für Kanalisationszwecke. Zurzeit sind Normalien in Vorbereitung für *runde* und *eiförmige Querschnitte*, erstere mit lichtem Durchmesser von 100, 125, 150, 200, 300 usw. bis 2000 mm, letztere im Verhältnis von Höhe zu Breite von 30/20, 45/30, 60/40, 75/50, 90/60, 105/70, 120/80, 135/90 und 150/100 — alle Maße in Zentimeter. Daneben werden auch sog. *Maulkanäle* in Betonkunststein hergestellt, deren Breite > Höhe ist. Hier sind Abmessungen erhältlich von 20/30 bis 100/120 — Maße in Zentimeter. Die größeren der Kanalprofile werden oft vierteilig geliefert: 1 Sohlstück, 2 Seitenteile, 1 Deckengewölbe.

Hierher gehören auch Erzeugnisse aus Betonkunststein, wie z. B.: Schacht- und Brunnenringe, Regeneinläufe, Zwillingskanäle, Mahlsteine namentlich für Holzschleifereien usw. — vgl. hierüber die Profilbücher der Sonderfirmen.[1])

4. Gipskunststeine.

Wird Gips bis zu 115° gebrannt, so erhärtet er, mit Wasser angemacht, in kurzer Zeit wieder zu einem mäßig harten, nicht wetterbeständigen Gipssteine (Stuckgips), während er bis zur Rotglut gebrannt, hydraulische Eigenschaften erlangt und hierbei zwar allmählich, aber zu einem auch in Wasser beständigen Steinkörper erstarrt (Estrichgips).

Bei Stuckgips ist $r = 2{,}6$, bei Estrichgips $= 2{,}8$—$2{,}9$; ersterer ist rein weiß, letzterer ins Gelbliche bzw. Rötliche spielend.

Gips findet, und zwar bald in der einen, bald in der anderen Form, vielgestaltig Verwendung zu Kunststeinen, Stuckarbeiten, Gipsplatten, Gipsdielen, Estrich usw.

a) **Bausteine aus hydraulischem Gips** sind schwer und fest und können mit Sandsteinquadern bzw. Zementkunststeinen in Wettbewerb treten, aus Stuckgips sind sie nur im inneren Ausbau geeignet.

Besondere Arten sind:

α) *Annalytsteine* aus 1 T. gemahlenem Estrichgips, $^3/_4$ T. scharfem Sand, $^3/_4$ T. scharfem Bruchsteinabfall oder dergleichen. Die Steine zeigen je nach den zugesetzten Natursteinbeimengungen ein marmorartiges, ein granitähnliches usw. Aussehen.

β) *Terranovasteine.* Die vorwiegend zu Putzarbeiten verwendete Terranova (Alabastergips, Ziegelmehl, Kalkbrei usw.) wird in Formen gegossen und gepreßt. Ersatz für Verblendsteine von ähnlicher Festigkeit wie diese.

γ) *Hartmarmor*, hergestellt aus Gips, Ätzkalk und schwefliger Säure oder Sulfiten. Es entsteht zunächst bei der Vermengung der Rohstoffe Kalziumsulfit als Bindemittel, das sich jedoch bei der feinen Verteilung durch die ganze Masse — namentlich unter Zuhilfenahme heißen Wassers — schnell in kristallisierten Gips oxydiert. Es entsteht ein sehr druckfester, marmorähnlicher Kunststein mit geringer Wasserauf-

1) Dyckerhoff & Widmann in Biebrich a. Rh. und Dresden-Cossebaude, Liebold & Co. in Holzminden, Windschild & Langelott in Dresden-Cossebaude, Biesenthaler Steinwerke, Hüser & Co., Oberkassel (Siegkreis), E. Schwenk, Ulm a. D. u. a. m.

nahme. Der Rohmasse kann man vor ihrer Vereinigung mit der Säure auch noch beliebige Füllstoffe, Kohle, Asche, Schlackensand, Infusorienerde u. dgl. zusetzen und somit sehr verschiedenartige, aber wertvolle Gipskunststeine gewinnen.

b) **Kunstmarmor — Stuckmarmor.** Bei seiner Herstellung wird Stuckgips verwendet, der, zur Erhöhung seiner Festigkeit, mit Leimwasser angemacht wird. Bekanntere Herstellungsverfahren sind:

α) Aus Gipspulver, Leimwasser und Farbbrühe werden einzelne Ballen verschiedener Färbung und Tönung hergestellt, zusammengeknetet und dann aus der bestens durchgearbeiteten Masse in Form von Längs- oder Querschnitten einzelne dünne Platten herausgeschnitten. Diese werden auf den fertigen Rauhputz der Wand aufgetragen und nachträglich abgeschliffen und poliert.

β) Flüssig gemachter Gipsbrei, ein- oder mehrfarbig, wird auf mit abnehmbaren Rändern abgeschlossene, geölte Glasplatten (2 × 1 m) in Stärken von wenigen Zentimetern gegossen. Eine nachträgliche Aderung kann dadurch bewirkt werden, daß man im Anmachewasser des Gipses irgendein Salz gelöst hat, das beim Übermalen der fertigen Platte mit einer anderen Lösung eine der bekannten, beständigen Farbreaktionen liefert und somit Aderung auf der Marmorplatte hervorruft. Auch kann man die erhärtete Gipsplatte mit einem Meißel zum Zerspringen bringen, die einzelnen Teile gegeneinander verschieben und nunmehr mit einem ein- oder verschiedenfarbigen, flüssigen Gipsmörtel die Sprünge ausgießen und somit die Aderung erzeugen. In gleicher Art kann man, von verschiedenen zum Zerspringen gebrachten Gipstafeln ausgehend, deren verschiedenfarbige Teile auf weiteren Glastafeln beliebig zu neuen Platten zusammenstellen, diese dann hintergießen und somit Nachahmungen von Breccien-Marmoren usw. erzielen.

γ) Mit Hilfe von Florettseide, zerteiltem Bindfaden oder dergleichen, der in dünne, farbige Gipsbrühe eingetaucht ist, wird zunächst auf der Glasplatte eine beliebige Aderung hergestellt, die dann mit Gipsmörtel um- und hintergossen wird. Ehe dieser zu erhärten beginnt, zieht man das Adergerippe vorsichtig aus dem Gips heraus, so daß dieses nur seine eigenen bunten Gipsstränge in der Platte zurückläßt. Gerade hierdurch läßt sich eine sehr feinverzweigte und allmählich in die begrenzenden Flächenteile übergehende Aderung erreichen.

Zur Färbung des Gipses dienen Ocker (für gelb und braun), Blutstein (für rot), Braunstein (für braun), Smalte (für blau), Kohlenpulver (für grau und schwarz), zudem Chromgelb, Berggrün, Zinnober usw.; daneben wird von chemischen Reaktionen zur Färbung der Platten gern Gebrauch gemacht, also z. B. dem Anmachewasser ein wenig Eisenvitriol zugesetzt, das sich unter Lufteinwirkung in ein rostfarbenes Eisenhydroxyd umsetzt, oder Bleiazet und doppeltchromsaures Kali zur Erzielung tiefgelber, Eisensalz- und Blutlaugensalzlösung für Blaufärbung, Kupfervitriol und doppeltchromsaures Kali zur Erzielung roter Färbung zur Anwendung gebracht. Auch werden, um dem Kunstmarmor ein kristallinisches Aussehen zu geben, feine Glimmerplättchen, Alabaster- oder Marmorstaub dem Gips eingefügt, metallisch glänzende Adern durch fein zerkleinertes Metall, Schwefelkieskristalle usw. hervorgerufen. Eine Härtung der Stuckmarmorplatten kann durch Alaun- und Boraxlösungen, durch kieselsaure Alkalien, endlich durch Gipsfluat erfolgen.

So täuschend die Nachahmung von Naturmarmor durch Stuckmarmor auch für das Auge sein kann, so lassen sich beide Materialien doch leicht durch ihre sehr verschieden große Wärmeleitung unterscheiden; Naturmarmor fühlt sich stets kalt, Stuckmarmor warm an.

Dem Kunstmarmor steht nahe:

c) **Marmorzement.** Dieser wird, und zwar in Putzform, ebenfalls zur Nachahmung von Naturmarmor benutzt und ist ein langsam bindender Alaunestrichgips (Keenes-Zement), gewonnen aus mit Alaun getränktem und dann bis zur Rotglut gebranntem und mit Alaunwasser nochmals angemachtem Gips, oder ein gleichartiger und entsprechend erzeugter Boraxgips (Parianzement). Beide Zemente sind auch im Freien verwendbar.

Ähnlich ist die *Carraramasse*, namentlich als Putz sowie zum Gießen aller Arten von Steinen, Platten, zum Ziehen von Profilen usw. geeignet.

d) **Gipsdielen** (Abb. 22a, b, c). Stärke 2,5—10 cm, Länge 2,0—2,5 m, Breite 25—50 cm; $r = 0{,}7$—$0{,}8$; $k_b = 40$—50 kg/qcm; gut zu sägen, zu nageln; verwendet zu Verkleidungen, Isolierungen, Zwischenwänden (aus zwei Reihen von Dielen), Zwischendecken usw. Zementputz verlangt Unterputz von Kalk oder Gips und Kalk, um festzuhaften. Gewichtsverminderung durch Hohlräume, Korkstückchen, Infusorienerde, Schlackenkörner; guter Zusammenhang durch Einbettung fester

Abb. 22a.

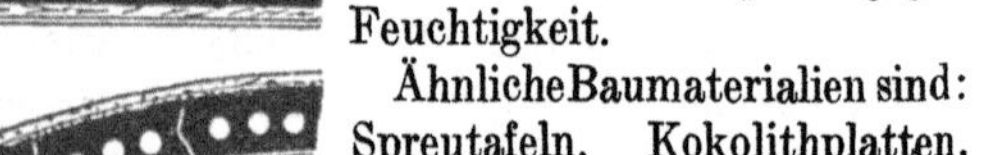

Abb. 22b.

organischer Fasern erreicht; Überziehen mit Asphalt gegen Feuchtigkeit.

Ähnliche Baumaterialien sind: Spreutafeln, Kokolithplatten, Holzseilbretter, Schilfbretter u. dgl., bei denen die Biegezugfestigkeit durch eingefügte holzartige Fasern vergrößert werden soll. Hier sind ferner erwähnenswert die Isolierdeckplatten der Ge-

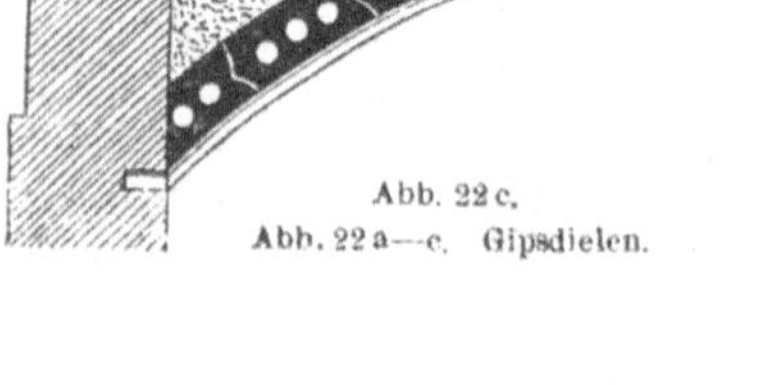

Abb. 22c.

Abb. 22a—c. Gipsdielen.

sellschaft Bauhygiene (M. Seemann-Berlin) (Abb. 23a, b, c). Sie bestehen aus Hartgipsplatten, mit halbeingegossenem, rostgeschütztem Wellendrahte, und sind infolge des Luftraums, der im Anschluß an die Platte durch das aus ihr heraustretende Drahtgewebe geschaffen ist, als feuersichere[1]), schalldämpfende und isolierende Verkleidungen von Wänden, Decken usw. zweckmäßig; auch wird durch den elastischen Anschluß der Platten ein Reißen des Deckenputzes verhindert.

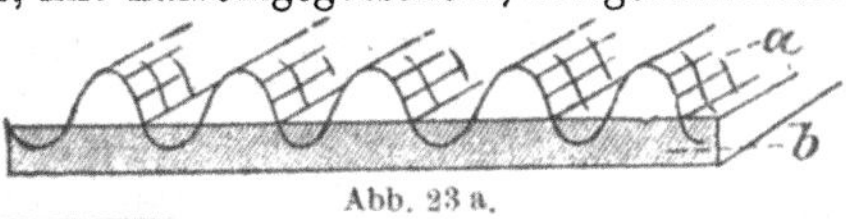

Abb. 23 a.

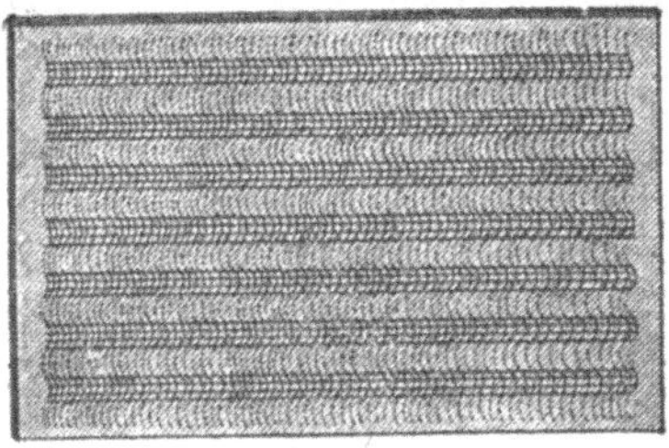
Abb. 23 b

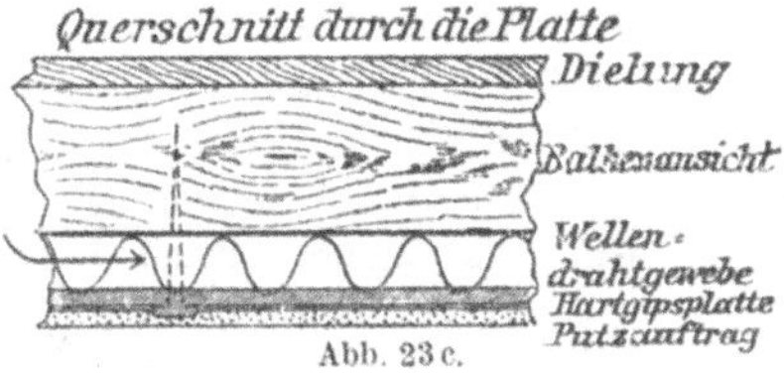

Abb. 23 c.

Abb. 23a—c. Isolierplatten (Bauhygiene).

5. Rheinische Schwemmsteine.

Schwemmsteine (rheinische) sind hergestellt aus dem im Neuwieder Becken sich findenden Bimskies, 1 Raumteil und 9 Raumteile gelöschten Kalk. Nach ausreichender Vermengung der Rohstoffe werden die Steine — vielfach von Hand aus — geformt und erhärten mehrere Monate an der Luft; das Bindemittel ist mithin vorwiegend $CaCO_3$, daneben aber auch — wegen teilweisen Aufschlusses von SiO_2 aus dem Bimskies — kieselsaurer Kalk. Schwemmsteine sind ausgezeichnet durch geringes Gewicht ($r = 0{,}7$—$0{,}95$), schnelles Austrocknen der mit ihnen hergestellten Baulichkeiten, rasches Hochführen der Mauern (wegen ihres Formats vgl. weiter unten), durch Gewährung großen Schutzes gegenüber Kälte und Wärme, durch Schall- und Feuersicherheit; $k_d \cong 20$ kg/qcm; zulässige Druckbelastung 3,0 kg/qcm. Die gangbaren Größen usw. läßt die nachfolgende Zusammenstellung erkennen:

25 · 12 · 9,5	Normalformat (Vierzöller); auf 1000 kg Ladung gehen 4800 bis 5000 Steine. Gew. = 2,05—2,85 kg/Stück.
25 · 12 · 7,5	Dreizöller; Ladungszahl 6000—6500. Gew. = 1,65—2,30 kg.
25 · 12 · 6,5	Backsteinformat; auch gut als Hintermauerungsstein bei Backsteinverblendung. Ladungszahl 7000—7500. Gew. = 1,35 bis 1,85 kg.

1) Die Feuersicherheit beruht hier in erster Linie darauf, daß infolge des Luftraums zwischen Balken und Platte die Befestigungs-Nägel letzterer im Balken bei einem Schadenfeuer lange Zeit nicht glühend werden und somit bei ihrem Eingriffe in die Holzbalken dort keine Verkohlung des Holzes bedingen. Tritt eine solche ein, so liegt naturgemäß die Gefahr des Herabsturzes der ganzen Decke vor.

1 cbm Mauerwerk aus Schwemmsteinen wiegt i. M. 1000 kg.

Schwemmsteine werden mit einem ihrer Zusammensetzung ähnlichen Mörtel oder mit Kalkmörtel, besser noch mit Zusatz von Zement vermauert.

Die starke Luftdurchlässigkeit der Wände aus Schwemmsteinen kann durch einen Verputz mit Kalkmörtel 1 : 4 erheblich verringert, durch Anstrich mit Wasserglas fast ganz aufgehoben werden. Zementputz hat sich hier nicht bewährt, weil er die Verdunstung in die Mauer eingedrungener Feuchtigkeit verhindert.

Für den Kleinwohnungsbau sind Schwemmsteine besonders wertvolle Hilfsmittel.

Verwandt dem rheinischen Schwemmstein ist der Isolierbimsstein von Schneider in Neuwied. $r = 0{,}68$; $k_d = 17$ kg/qcm; für Kühlhallen, Isolierdecken usw. geeignet.

Auch findet der Bimskies zu den heute viel verwendeten Bimsbetonisolierdecken (1 Zem. und 9 Bimsk.) mit und ohne Eiseneinlagen Anwendung. Diese Decken werden an Ort und Stelle hergestellt oder als fertige Platten (z. B. Remysche Kassettenplatten, vgl. S. 49) in den Bau gebracht.

6. Kunsttuffsteine.

Kunsttuffsteine sind sehr leichte, poröse Isolationssteine, die dadurch gewonnen werden, daß eine plastische, breiige, schnell abbindende Masse durch einen in ihr auftretenden chemischen Prozeß mit Gasblasen sich füllt, die nach Erhärtung der Masse in ihr verbleiben; namentlich sind als Rohmaterialien Gips und Kieselgur, mit stark verdünnter Schwefelsäure angemacht, und feingemahlener, kohlensaurer Kalk hervorzuheben; hier findet demgemäß die Bildung von CO_2 statt; bemerkenswert sind die Groteschen Kunsttuffsteine (aus Ülzen) in Stein-, Schalen- und Plattenform geliefert (Breite bis 25 cm, Länge bis 2,5 m, Stärke 4—8 cm), wie weiches Holz zu nageln, zu schneiden usw., aber wegen leichter Zerbrechlichkeit vorsichtig zu behandeln, ein ausgezeichneter Isolationsstoff und als durchaus feuersicher erprobt; auch für Eisenkonstruktionen, nicht selten in Verbindung mit Asbest, als Umhüllung zum Schutze gegen die Einwirkung eines Schadenfeuers angewandt.

7. Schlackenziegel.

Ihre Herstellung ist darin begründet, daß 5—6 Raumteile granulierter Hochofenschlacke mit 1 Raumteil gelöschtem Kalk in etwa 6—8 Tagen durch Bildung von kieselsaurem Kalk, daneben von $CaCO_3$ abbinden. Hierbei kann der gelöschte Kalk entweder als Kalkmilch oder im pulverförmigen Zustande Verwendung finden; in letzterem Falle ist die Schlacke anzufeuchten; besonders widerstandsfähige Steine erhält man, wenn man einen Teil der Schlacke mahlt und dieses Mahlgut mit der granulierten Schlacke und dem Kalk vermengt, also davon

Vorteil zieht, daß die gekörnte Hochofenschlacke ein „hydraulischer Zuschlag“ ist.

Die maschinell gepreßten und an der Luft abbindenden Steine zeichnen sich durch gute Form, scharfe Kanten, gerade Flächen aus; sie werden mit einem Schlackenkalksandmörtel vermauert. Farbe grauweiß; Abmessung 25 · 12 · 8 oder 6,5 cm. Gew. = 3,5—3,2 kg; $k_d =$ 80—140 kg/qcm, oft > 150 kg/qcm; zulässige Druckbeanspruchung i. M. 10 kg/qcm, umso mehr, als der Stein dauernd härter wird; auf eine Ladung von 10000 kg kommen 2850—3130 Steine. Die Steine halten eine Erhitzung bis zur schwachen Rotglut aus, sind also ausreichend feuersicher; sie bilden einen billigen, ästhetisch allerdings (wegen ihrer Farbe) wenig befriedigenden Ersatz für Ziegelsteine. — Hierher gehören auch Kunststeine leichter Art aus *Schlackenwolle* (entstanden in Fadenform durch Ausblasen eines Strahls flüssiger Schlacke durch einen Dampfstrom), mit einem Zusatz von Kalkmilch oder dergleichen gewonnen. Verwendung der Schlackenziegel vorwiegend im Hochbau, daneben zu Trottoir- usw. Befestigung, im allgemeinen ganz entsprechend den Ziegeln aus gebranntem Ton.

Zurzeit sind Bestrebungen im Gange, aus Hochofenschlacken einen dem *Schwemmstein ähnlichen Stein* dadurch zu erzielen, daß man die Schlacke bei der Granulation unter dem Einflusse des sich hier bildenden Dampfes durch Preßluft aufbläst und somit ein dem Bimskies ähnliches Erzeugnis gewinnt, das alsdann mit Zement zu einem Kunststein gebunden wird (Patent *Schol*).

Hier sind auch die geschützten *Körner-Steine* zu erwähnen, bei denen gemahlene Schlacke, Asche usw. mit Kalkmörtel auf einem Sieb gerüttelt und hierbei Körner von 5—10 mm Durchmesser gebildet werden. Die Masse erhärtet in Formen durch Abbinden des Kalkes an der Luft und führt zu Steinen, die in wärmetechnischer Hinsicht den Schwemmsteinen nahestehen, aber etwas schwerer sind.

Da manche Schlackenarten sich durch Wärmeschutz und hohe Wärmeaufspeicherung auszeichnen, eignen sie sich unter Umständen gut zur Ausfüllung von Hohlräumen in Mauerwerk usw.

8. Magnesiakunststeine.

Die hierher gehörenden vielgestaltigen Kunststeine — Platten, fugenlose Estriche usw. — haben als Bindemittel, wenn auch seltener, *gebrannte Magnesia*, meist aber *Sorel*schen *Zement*. Letzterer besteht aus gebrannter Magnesia und Chlormagnesium, welche sich zu Magnesiaoxychlorid vereinigen, einer Verbindung von rein weißer Farbe, großer Festigkeit und Härte und der Fähigkeit, große Mengen, namentlich feinverteilter Füllstoffe innig zu binden. In der Regel werden letztere — oft bis 90% der Gesamtmasse — mit der gebrannten Magnesia vermischt und hierzu die Chlormagnesiumlösung gefügt. Der so gebildete plastische Brei erhärtet in Formen schnell; die spätere

Festigkeit der Kunststeine hängt wesentlich von der richtigen Konzentration der $MgCl_3$-Lösung ab. In ähnlicher Weise wirkt auch *gebrannte Magnesia* (MgO) allein, da sie in ihrem Verhalten dem gebrannten Kalke ähnlich, gleich diesem mit Wasser angemacht, eine bald erhärtende Masse liefert. Als *Magnesiakunststeine* sind zu nennen:

a) **Feuersichere Magnesitsteine,** bestehend aus hoch- (tot-) gebrannter Magnesia als Füllstoff und weniger hoch gebranntem, gleichartigem Material *mit Wasser* als Bindemittel. Die Bildung des Magnesiahydrats kann durch Behandlung der Steine und Platten im Dampfkessel (bei 140—150°) erheblich unterstützt werden. Verwendung des hochfeuerfesten Materials namentlich bei Öfen der Eisenerzeugung.

b) **Magnesitbausteine,** allgemein Kunststeine verschiedener Zusammensetzung, vorwiegend mit Magnesiaoxychlorid erzeugt (*Alboliht*, Füllstoff: nicht kristallisierte SiO_2; Cajalith, Füllstoff: Marmorstaub, Sand, gemahlener Sandstein usw.), auch bei sehr harten Füllstoffen zu Schleifsteinen führend.

c) **Magnesitbauplatten,** unter Druck aus Sorel-Zement gewonnen. Platten für Wandverkleidungen, Dachdeckungen, Fußböden, zur Herstellung transportabler Häuser, nicht selten um ein Jutegewebe herum gepreßt. Füllstoffe sehr verschiedenartig, je nach dem Verwendungszwecke (Korkmehl, Sägemehl, Kieselgur, *Beimengung von Asbest* usf.); feuersicher, Feuchtigkeit und Temperatureinwirkungen trotzend, den Schall schlecht leitend; $k_b \cong 120$ kg/qcm im trockenen Zustande, nach Feuerprobe $\sim$ 70 kg/qcm: gesättigt $\cong$ 90 kg/qcm, ausgefroren rund 100 kg/qcm; wie Holz bearbeitbar, auch polierbar und alsdann von marmorähnlichem Aussehen. Größen: $1{,}0 \cdot 1{,}0$ m; $1{,}0 \cdot 1{,}5$ m; $\delta =$ 20 mm für Außen- und 12 mm für Innenflächen; Gew. = 31 bzw. 19 kg/qm. Lieferantin: Deutsche Magnesitwerke, Berlin.

d) **Steinholz** (Xylolith) **und verwandte Stoffe.** Unter Verwendung von fein zerkleinerten Holzspänen und Sorelschem Zement unter hohem Druck hergestellte Platten, entweder schon in der Holzrohmasse oder erst bei der Zusammenmengung gefärbt; ein äußerst zähes Material, das durch atmosphärische Einflüsse nicht leidet, ein schlechter Wärmeleiter ist, also warme Fußböden liefert, nicht brennt, Feuer nicht überträgt, sehr wenig Abnutzung zeigt und nicht reißt. Lieferung des Steinholzes in Platten ($1{,}67 \cdot 0{,}82$, $1{,}52 \cdot 0{,}83$, $0{,}995 \cdot 0{,}995$) von 10 mm Stärke an; Farbe rot, grau, holzfarben; wie hartes Holz bearbeitbar, mit besonderem Unterstrich auf fast allen Unterlagen zu verwenden (auch geeignet für ausgetretene Stufen u. dgl.); k_z in lufttrockenem Zustande = 250 kg/qcm, in wassersattem = 160 kg/qcm; k_d desgl. = 850 bzw. = 750 kg/qcm; k_b desgl. = 440 bzw. = 410 kg/qcm; $r = 1{,}55$.

Ähnlich dem Xylolith, mit annähernd den gleichen Eigenschaften und denselben Verwendungsmöglichkeiten, sind eine Anzahl Stoffe die zum erheblichen Teile auch zur Herstellung fugenloser Fußböden herangezogen werden. Hier sind u. a. zu nennen:

Torgament (Füllstoffe: Holzfaser, Asbest und Mineralmasse), fugenloser Fußbodenestrich an Ort und Stelle hergestellt.

Papyrolith, in Tafel- oder Pulverform (zur Estricherzeugung).

Mineralith, ebenfalls ein fugenloser Fußbodenbelag aus Asbestmasse und einem Magnesia-Zement-Bindemittel, auf Holz, Beton, Stein, Eisen usf. aufzubringen, beliebig gefärbt, dauerhaft, fußwarm, elastisch, feuersicher, wasserundurchlässig; auch als Wandverkleidung verwendbar.

Heliolith (von A. Möller, Altona), hergestellt als *Magnesiaputz* auf einem Zementunterputz und gleich verwendbar für Fußböden wie für Wände und Decken. Der Putz ist beliebig farbig, auch marmoriert herzustellen, ist hart, glänzend, abwaschbar und gegenüber scharfen Desinfektionsmitteln, Laugen usw. als sicher erwiesen.

Eine ähnliche Zusammensetzung und die gleichen Eigenschaften zeigen: *Dresdament*, *Holzgranit*, *Korkolith*, *Terralith*, *Xylopal*, *Lignolith*, *Hygiena-Fußboden* usf., namentlich für fugenlose Fußböden benutzt.

Ausführungen von fugenlosen Magnesitestrichen sollen nur an Sonderfirmen übergeben werden, die mit diesem Material und namentlich mit der genauen Zusammensetzung und der Konzentration der Lösungen Erfahrungen besitzen. Alsdann werden sich auch schädliche und zerstörende Einflüsse beseitigen lassen, wie sie hin und wieder bei Eisenbetondecken oder bei Eisenrohren beobachtet worden sind, die unter solchen Estrichen lagen. In jedem Falle soll hier die Verbunddecke mit fetter Betonmischung und möglichst dicht hergestellt sein. Bimsbetondecken sind daher hier im allgemeinen nicht geeignet. Um einen ungünstigen Einfluß etwa überschüssiger Chlormagnesiumlösung zu verhindern, wird vorgeschlagen, die Betondecke mit einer dichten Asphaltlage abzudichten; besser und organischer dürfte es sein, sie mit in Wasser angemachtem Magnesit zu imprägnieren, der mit Hilfe von Besen fest in die Decke einzuwaschen ist, und auf dieser noch frischen, also nicht abgebundenen Schicht den Estrich aufzubringen; etwa in den Beton eindringende Chlormagnesiumlauge bindet dann hier mit Magnesit zu Sorelschem Zement ab und führt zu keiner Schädigung der Eiseneinlagen.

9. Korksteine und Korkplatten.

Das Rohmaterial zur Herstellung der Korkkunststeine und -Platten bilden Abfälle aus der Flaschenkorkfabrikation, die ihrerseits wieder auf der Rinde der in den Mittelmeerländern heimischen Korkeiche beruht. Als Bindemittel wurde früher Kalk und Ton (helle, weißliche Steine), jetzt fast nur noch eine Vereinigung von Ton und Asphalt bzw. Teer enthaltenden Stoffen verwendet; mit ihm entstehen die dunkelbraunen, schwärzlichen, ziemlich wasserfesten Korksteine und -Platten.

Zerkleinerter, durch Erhitzen von Lebewesen befreiter Kork wird in Heißmischmaschinen mit dem Bindemittel innigst vermengt und alsdann mit ihm unter hohem Drucke zu Steinen oder Platten gepreßt, die endlich in — oft auf dem Grundsatze des Gegenstromes beruhenden — Kanalöfen getrocknet werden; falls gefordert, werden die fertigen Platten auch noch durch Eintauchen in geschmolzenen Asphalt oberflächlich mit diesem überzogen; auch kann Asphalt bzw. reines Pech unter Umständen als Bindemittel Verwendung finden, namentlich bei vollkommen wasserdichten Steinen (z. B. Marke Reform von Grünzweig & Hartmann in Ludwigshafen). Eigenschaften: geringe Wärmeleitung, große Feuersicherheit, geringes Gewicht ($r = 0{,}25$), dauerhaft, Schwindmaß gering; $k_d = 12$—18 kg/qcm; $k_b = 4$—8 kg/qcm. Sicherheit 4—6fach ausreichend; auch — allerdings bisher seltener — mit Holz oder Eisen bewehrt zur Erhöhung der Tragfähigkeit auf Biegung; mit jedem Mörtel gut verbindbar; von Wasser durchdrungen, trocknet der Stein ohne Veränderungen nachher vollkommen wieder; wie Holz bearbeitbar, durchaus elastisch, rißfrei.

Verwendung zu Verschalungen und Isolierungen aller Art, desgl. zu leichten Decken und Wänden oder Ausfachungen dieser, als Fußbodenbelag unter Linoleum u. dgl., zu leichten Gewölben, zur Sicherung von Eisenkonstruktionen gegen Feuer, zum Barackenbau, für Kühlhallen, zur Rohrummantelung (in Schalenform, namentlich in den wasser- und wärmebeständigen Marken).

Größe der Korksteinplatten 100 · 25—100 · 50 cm; Stärke 1—10 cm. Normalstein 25 · 12 · 6,5 cm. 1 cbm Korksteinmauerwerk wiegt i. M. 600 kg.

Besondere *Abarten* bilden:

Korkment, ein auf Jute aufgewalztes Korkplattenmaterial, in Bahnen von 200 cm Breite und in beliebiger Länge hergestellt, als elastische Unterlage für Linoleum verwendet und ihm gegenüber so zu verlegen, daß die beiden Jutegewebe zur Erzielung einer harten, widerstandsfähigen Schicht aneinander anliegen.

Infusoritkorkplatten, unter Verwendung von Kieselgur, dem normalen Korkstein ähnlich, aber besonders leicht und gut isolierend.

Firmen: Grünzweig & Hartmann in Ludwigshafen a. Rh.; Haacke & Co. in Celle; Naftzger & Rau in Hamburg; Gebr. Fichtner in Dresden-Plauen; Korksteinfabrik Einsiedel i. Sa. u. a. m.

10. Verschiedene Kunststeine besonderer Art.

a) **Asbestkunststeine.**

α) *Asbestschiefer*, *Eternit-Schiefer*. Dieser wertvolle Schieferersatz wird hergestellt aus Portlandzement und faserigem Asbest, die auf einer Art von Papiermaschinen — nach Art der Pappen — zunächst in dünnen Lagen, dann durch Vereinigung mehrerer solcher zu stärkeren Platten, hergestellt werden, und zwar schließlich unter starkem hydraulischen Drucke. Die Platten kommen einmal als unmittelbarer Ersatz für Schiefer in kleineren, dessen Formen und Größen entsprechenden, Abmessungen vor, daneben aber auch in größeren Platten bis zu 4 m Länge, 1,20 m Breite und in Stärken von 4 bis 25 mm, um unmittelbar, auf den Pfetten oder Sparren liegend, zur Bildung einer Dachhaut oder, unter den Pfetten angeschlossen, zur Erzielung eines Isolierabschlusses verwendet zu werden. $k_b = 250-400$ kg/qcm; $k_d = 900-1000$ kg/qcm; $k_z = 100-150$ kg/qcm; $r = 1{,}7$. Die Farbe der leicht zu zerteilenden Platten ist schiefergrau, rötlich, auch grün; sie sind nagelbar, dicht und vollkommen feuersicher.

β) Eine Abart hiervon ist der *Asbestolith-Schiefer* (aus Reinbeck in Holstein), bei dem die Asbestfasern nicht parallel liegen, sondern durcheinander verfilzt sind, wodurch eine Erhöhung der Festigkeit und Wasserdichtheit erstrebt wird.

γ) Auch sei hier anschließend der Eternit-Tafeln mit Holzfurnier für Türen, Täfelungen usw. gedacht, die, ein Ersatz für Holz, dessen Eigenschaften: leichte Bearbeitung und gutes Aussehen mit den Vorzügen der Asbestplatten, Unveränderlichkeit der Form und vollkommene Feuersicherheit, vereinigen.

b) **Torfsteine,** ähnlich wie Korksteine, aber unter Verwendung von feinfaserigen Torflagen mit einem Bindemittel aus Kalkmilch oder Teer und Asphalt hergestellt, stark zusammengepreßt und bei Kalkmilch nachträglich mit Wasserglas gehärtet; in gleicher Weise werden auch Torfziegel, aus Torf gepreßt, durch Überziehen ihrer Außenflächen durch Asphalt und Teer in harte, wasserdichte, nicht feuerfangende Kunststeine umgewandelt.

Den Korkplatten nahe stehen in ihrer Wirkung die *Torfoleum-Leichtplatten* (Poggenhagen bei Neustadt in Hannover). Infolge ihrer Kernimprägnierung bilden sie einen guten Wärmeschutz und sind zudem wasserabweisend; sie sind nagelbar, leicht zu bearbeiten und wiegen nur 200 kg/cbm. Eine 25 cm starke Mauer mit 3 cm starken Torfoleumplatten zwischen Mauer und Innenputz (1,5 cm) soll denselben Wärmeschutz bieten wie eine 64 cm starke Ziegelwand. Plattengröße: 50 · 100 cm; Stärke 2—20 cm.

Leichtsteine (von Cordes in Hannover), aus trockenem Torfmull — einer sehr elastischen, filzartigen Masse — und Gips gewonnen für Isolierungen, Schallabdämpfung usw.

c) **Lehmpatzen,** Lehmsteine, ein untergeordnetes, neuzeitlich im Kleinwohnungsbau, daneben allgemeiner bei landwirtschaftlichen Bauten verwendetes, durchaus brauchbares Material, aus *magerem* Lehm, oft unter Zusatz von Stroh, Heidekraut, Schlacken usw., in Formen gestrichen und an der Luft langsam getrocknet. Abmessungen: 30 · 15 · 15 oder 30 · 40 · 8—10 cm (von letzteren 220—300 Stück für 1 cbm Mauerwerk notwendig); 26 · 12,5 · 8 (desgl. 390 Stück). Gew. = 5,7 bzw. 4—4,5 kg.

Lehmpatzen werden zurzeit vielfach ersetzt durch Steine aus Lehm im *Normal-Ziegelformat.* Eine Zumengung von 4—5 cm lang geschnit-

5*

tenem Heidekraut, Strohhäcksel, Holzwolle, auch von Fichten- und Kiefernadeln (und zwar etwa zu 20%), ist wegen des Zusammenhaltens der einzelnen Lehmteile bedeutungsvoll.

Beim Einstampfen der Patzen in Holzkästen empfiehlt sich die Zumischung von Koksasche für die Außen-Steinseiten, da die alsdann geschaffene rauhe Außenfläche das Anhaften des Putzes verbessert.

Das Trocknen der Patzen erfolgt in offenen Schuppen (3—6 Wochen). Vorgeschlagen ist (Patent), die Austrocknung des Lehms durch Bearbeitung mit Azetylengebläsen zu beschleunigen. Das Vermauern der Patzen erfolgt mit Lehmmörtel in knirschen Fugen, um das Schwinden auf ein geringstes Maß herabzudrücken. Lehmmörtel ist mit scharfem Sand anzumengen, um so mehr als hierdurch auch das Haften des Putzes gefördert wird.

Bei geeigneter Lehmart und guter Herstellung erreichen derartige Lehmsteine Druckfestigkeiten von etwa 20 kg/qcm.

d) *Über die* **Kunststeine** *aus Asphalt und Glas wird bei diesen Baustoffen gesprochen werden.*

C. Durch Brennen oder Zusammenschmelzen gefestigte Kunststeine.

1. Gebrannte Tonziegel und verwandte Kunststeinerzeugnisse.

a) **Der Rohstoff zur Ziegelherstellung.** Wie schon auf S. 23 hervorgehoben, ist der normale Lehm oder Löß der Rohstoff, aus dem durch Brennen Ziegel und Ziegelwaren hergestellt werden. Ein guter Durchschnittsziegelton enthält etwa 24% körnigen Sand und 15% Staubsand; ersterer läßt sich durch Schlämmen beseitigen, letzterer aber nicht entfernen. Ein höherer Gehalt an Sand macht den Ton allzu mager und fertige Waren bröckelig. Ebenso muß zu fetter Ton vor seiner Verarbeitung durch Sand oder stark sandhaltigen Ton gemagert werden, da sich zu fette Tone schwer brennen lassen, weil sie hierbei Risse, Sprünge, Verkrümmungen usw. erhalten. Magere Tone fühlen sich rauher an, sind weniger bildsam, schwinden weniger, trocknen schneller und haben im allgemeinen einen niedrigeren Schmelzpunkt als fette Tone. Diese fühlen sich fettig an und sind in hohem Grade plastisch, d. h. dehnbar. Die Verbesserung eines sehr mageren Tones wird in der Ziegelfabrikation in der Regel nicht besonders wirtschaftlich sein, wohingegen das Abschlämmen eines Teiles des Sandes, namentlich für bessere Steine, Verblender, Terrakotten usw. durchaus üblich und ökonomisch ist.

Beim Trocknen und Brennen der Steine wird das im Ton enthaltene Wasser mehr und mehr, zum Teil auch infolge chemischer Neubildungen hinausgetrieben und damit die Zusammenhangskraft der einzelnen Tonteilchen erhöht. Mit der Wasserabgabe findet das Schwinden statt. Das jeweilige lineare Schwindmaß des Tones ist durch Probebrand festzustellen; es beträgt im allgemeinen 10—12,5% der Längsabmessung. An weiteren, für seine Verarbeitung wichtigen Beimengungen besitzt der Rohton:

Kohlensauren Kalk. Dieser kann in Form größerer Stücke — Knollen — oder in Staubform auftreten. Größere Kalkeinsprengungen sind unbedingt bei der Tonvorbereitung aus ihm auszuscheiden, da sie sonst im Stein mit diesen gebrannt werden würden und bei der späteren Annässung des Steines (beim Vermauern) sich löschen und hierbei den Stein sprengen würden. Hingegen ist ein Gehalt an staubfein verteiltem Kalk in bestimmten Grenzen, da Kalk ein wertvolles Flußmittel für den Ton darstellt, von besonderer Bedeutung. Je reicher an $CaCO_3$ ein Ton ist, bei einer um so tiefer liegenden Temperatur muß er gebrannt werden, da sonst die Bildung eines Schmelzflusses (Kalksilikatbildung) eintritt; je geringer die Brenntemperatur ist, um so weniger fest wird im allgemeinen aber auch der Stein; je höher das Flußmittel ist, je besser der Stein demgemäß zusammensintert, um so dichter und wasserundurchlässiger wird er aber auch. Ein Kalkgehalt über 28% macht in der Regel den Ton unbrauchbar für die Ziegelherstellung, ein solcher von 18—20% gilt schon als hoch, 10—15% wird als zweckmäßig und gut bezeichnet. Kalkhaltige Tone besonderer Zusammensetzung finden für die gesinterten Ziegelsteine, d. h. die Klinker Anwendung.

Ganz ähnliche Wirkung wie Kalk hat im Ton auch fein verteilte kohlensaure Magnesia. Gerade sie befördert das Schmelzen des Tones besonders, und zwar noch mehr wie Kalk.

Eisenverbindungen. Das Eisen, welches bereits dem Rohtone seine gelbliche Farbe gibt, kommt meist als Eisenoxydhydrat oder -oxyd im Ton vor. Je nach dem Verhältnis von Eisen und Ton trennt man die Ziegeltone in drei Gruppen, die sich vorwiegend äußerlich durch die Farbe der gebrannten Tonwaren unterscheiden.

α) Tonerdereiche, mäßig eisenhaltige Tone. Bei geringer Hitze brennen diese Tone weiß, während hohe Temperaturen eine gelbliche bis braune, sehr hohe eine grünlich-graue Färbung zur Folge haben. Hierher gehören die stark plastischen und feuerfesten Tone mit einem Gehalte von 20—28% Ton und 1—5% Eisenoxydhydrat. Wenn auch nicht allein der Eisengehalt für die Brennfärbung der Tone ausschlaggebend ist, und hier auch noch andere Umstände — Temperatur des Ofens, Dauer des Brandes, andere Beimischungen — eine Rolle spielen, so kann man doch immerhin sagen, daß die hierher gehörenden Tone sich um so heller färben, je geringer ihr Gehalt an Eisen ist. Als äußere Grenze kann hier ein Tongehalt = dem $5^1/_2$fachen an Eisen gelten.

β) Tonerdearme, eisenreiche Tone. Hierher gehören die wichtigsten Ziegelerden. Beim Brennen tritt zunächst ein mattes, dann ein kräftiges Rot auf. Das Eisenoxydhydrat verliert im Feuer das Hydratwasser und verwandelt sich in rotes Eisenoxyd; bei weiterer

Erhitzung geht durch Reduktion letzteres in Eisenoxydul, die Steinfärbung in Violett bis Blauschwarz über. Solange der Gehalt an Ton das Dreifache der Eisenverbindung nicht überschreitet, tritt im normalen Brande die entschiedene Rotfärbung, die die meisten Ziegelfabrikate bezeichnet, auf. Die zwischen α) und β) stehenden Tone, bei denen also der Tongehalt zwischen dem 3—5$^1/_2$fachen des Eisens liegt, geben beim Brennen Mischfarben und eignen sich demgemäß beispielsweise nicht für Terrakotten, Fliesen oder Verblendsteine.

γ) Tonerdearme, eisen- und kalkreiche Tone. Die hierher gehörenden Tonmergel ergeben zunächst bei niedriger Brenntemperatur infolge des Eisengehaltes rote Färbung; bei höheren Hitzegraden bilden sich jedoch Silikate, welche eine Verfärbung des Steines in hellrot, weiß oder gelblich-weiß bewirken. Im Sinterungszustande wird die Färbung gelb-grün, bei der Schmelze grün bis schwärzlich; hier handelt es sich um Verhältnisse von Eisenoxydhydrat : Tonerde = 1 : 1,6—1 : 2,5 und von ersterem zum Kalk von 1 : 2,2—1 : 3,5. Es zeigt sich, daß, da der Eisengehalt dem von Gruppe β) nahesteht, bei Schwachbrand Rotfärbung zu erwarten steht.

Häufig ist mit dem Eisen Manganoxyd verbunden, das als durchaus unschädliche Beimengung angesehen werden kann und nur die normale Färbung vertieft. Ebenso unschädlich ist der Eisengehalt, abgesehen von feuerfesten Tonen, bei denen er höchstens 2% betragen darf.

Steinstücke, *Kiesel* u. dgl. sind als schädliche Beimengungen deshalb anzusprechen und zu beseitigen, weil sich derartige Stoffe bei der Erhitzung ausdehnen, der Ton aber schwindet, dieses Gegeneinanderarbeiten aber zum Auftreten von Rissen und Sprüngen im Stein während des Brennens führen muß.

Schwefelkies. Diese in vielen Tonen sich findende Eisen-Schwefelverbindung (FeS_2) wirkt dadurch in hohem Grade auf die Steine schädlich ein, daß sie sich in Eisensulfat verwandelt, das sich dann weiter mit dem kohlensauren Kalk in Gips umsetzt. Dieser gibt aber einmal zu Ausblühungen auf der Steinoberfläche Veranlassung und vermag, mitgebrannt im Stein, durch späteres Ablöschen mit Wasser die Steinoberfläche abzusprengen; ebenso fällt FeS_2 mit kohlensaurer Magnesia das auswitternde und den Stein verfärbende Glaubersalz.

Kali- und *Natronverbindungen*, meist schwefelsaure oder chloritische Salze, bedingen später Ausblühungen. Sie entstammen zum Teil dem Rohtone, aus dem sie allerdings durch Einsumpfen usw. entfernt werden können, zum Teil gelangen sie mit der Flugasche beim Brennen auf die Steinoberfläche. Derartige Salze wandern nach Verdunstung des Lösungswassers jedesmal im Ziegel nach der Oberfläche und können hierbei, von Pore zu Pore fortschreitend, Sprengrisse erzeugen und den Stein zum Abblättern und Abbröckeln bringen. In gleicher Weise hinterlassen auch *organische Stoffe*: Kohle, Wurzelreste usw. im Ton ausblühende Aschensalze, sind also auch aus dem Rohton zu entfernen; zudem hinterlassen sie im Steininneren Hohlräume, erschweren auch das Mischen und Zerschneiden des Tones im Tonschneider. In fein verteiltem Zustande sind solche Stoffe unschädlich, da sie vollkommen herausbrennen.

Als besondere *Magerungsmittel* für allzu fette Tone kommen in Frage: Quarzsand, bis etwa 1 mm Korngröße, zerkleinerter, gebrannter Chamotteton bzw. Ziegelstein (für Tonerzeugnisse, deren Brenntemperatur tiefer liegt als die, bei der sie gewonnen wurden), Graphit, gemahlener Serpentin u. dgl. (namentlich für feuerfeste Erzeugnisse), Infusorienerde, Sägespäne, Torf, Lohe, Kohlenklein usw. (für leichte, poröse Steine).

Als *Flußmittel*, um ein dichteres Brennen des Tones, d. h. seine Sinterung zu erreichen, wurden bereits Kalk und Magnesia erwähnt; daneben finden unter Umständen Feldspat, Glimmer, Mangan, Alkalioxyde usw. Verwendung.

b) **Das Aufbereiten und Gleichartigmachen des Tons.** Eine Aufbereitung des Tones ist notwendig, einmal zur Beseitigung der schädlichen Beimengungen, zum anderen zur Zerstörung der natürlichen Schichtung und zur Erzielung der notwendigen Gleichartigkeit im Ton nach Farbe, Struktur und Beimengungen. Die Aufbereitung erfolgt entweder auf nassem oder auf trocknem bzw. gemischtem Wege. Der eigentlichen Gleichmachungsarbeit geht oft ein Aufsetzen des gegrabenen Tones in größeren Haufen und deren öfteres Umstechen voraus, um die atmosphärischen Einflüsse wirksam werden zu lassen; je nach der Jahreszeit, in der diese Vorbereitungsarbeit ausgeführt wird, spricht man von Aussommern und Auswintern des Tones. Bezweckt wird durch sie den Ton einmal von schädlichen Beimengungen durch Auslaugen zu befreien und zum anderen größere Tonknollen zum Zerfallen zu bringen, namentlich durch die Einwirkung des Frostes. Die nasse Aufbereitung erfolgt entweder durch ein Einsumpfen des Tones oder durch Schlämmen. Durch das Einsumpfen soll der Ton auf den Grad der Weichheit gebracht werden, der zu seiner Weiterverarbeitung erforderlich ist, wozu etwa ein Viertel bis die Hälfte des Tonvolumens an Wasser zuzusetzen ist. Die „Sumpfgruben" sind gemauerte Gruben von — um Füllung und Leerung nicht zu erschweren — höchstens 2 m Tiefe und im Betriebe so zu bemessen, daß der Ton in ihnen etwa drei Tage hindurch verbleibt. Hierbei wird er mit Holzstangen ausreichend durchgearbeitet, unter Umständen auch schon mit Magerungsmitteln versetzt. In diesem Falle empfiehlt sich ein schichtenweises Einbringen dieser und des Tones.[1])

1) Ist der Ton stark gipshaltig, so kann während des Einsumpfens eine chemische Aufbereitung in der Art hinzutreten, daß man der Rohmasse kohlensaures Barium hinzufügt; alsdann bilden sich die in Wasser unlöslichen und daher auch keine Ausblähungen erzeugenden Salze: kohlensaurer Kalk und schwefelsaures Barium. Der sicheren Wirkung halber wird Barium im Überschusse zugesetzt.

Das *Schlämmen* des Tones ist zwar ein umständliches und teures Aufbereitungsverfahren, ergibt aber eine sehr gleichmäßige Rohmasse, die sich später sehr bequem und billig weiter verarbeiten läßt. Der Schlämmbetrieb besteht in der Regel darin, daß man den Ton sich nacheinander in einzelnen Gruben mit zwischenliegenden Ruhepausen absetzen läßt. Unterstützt wird die Schlämmarbeit durch Einwirkung von mechanisch betriebenen Rührwerken in den Gruben. Wände sowie Sohle der Schlämmgruben sind nicht fest abzudichten, letztere zweckmäßig zu dränieren, da die Tonteilchen doch allmählich die Sohle verstopfen und deren Wasserfortleitung vermindern. In der Schlämmgrube trennen sich die gröberen und schwereren Beimengungen des Tones von diesem und seinen feineren Sand- und Kalkteilchen. Während die schwereren Verunreinigungen zu Boden fallen, fließen die im Wasser schwebenden Teile (Ton, Sand, Kalk) über einen seitlich am Grubenrande angebrachten Überfall in die nächste Grube, in der sie weiter gleichartig behandelt und gereinigt werden; hierbei werden etwa vorhandene Wurzeln u. dgl. durch Siebe zurückgehalten, und zudem gelangen durch das in das Erdreich versickernde Schlämmwasser die in ihm gelösten schädlichen Salze zur Abführung.

Naturgemäß kann man in der letzten Schlämmgrube dem Ton auch Magerungsmittel zuführen, zweckmäßig aber erst dann, wenn sich auf seiner Oberfläche kein Wasser mehr absetzt. Von den Gruben aus wird dann der Ton den Aufbereitungs- und Formmaschinen zugeführt.

Beim *trocknen* Aufbereitungsverfahren, das selten und nur dann angewendet wird, wenn der Ton sich auf nassem Wege nicht zur ausreichenden Formbarkeit bringen läßt (z. B. Tonschiefer, Tonletten, manche feuerfeste Tone), gelangt der Rohton in Kollermühlen[1]) (Abb. 24) oder in Walzenmühlen (Abb. 25), die mit zylindrischen oder konischen,

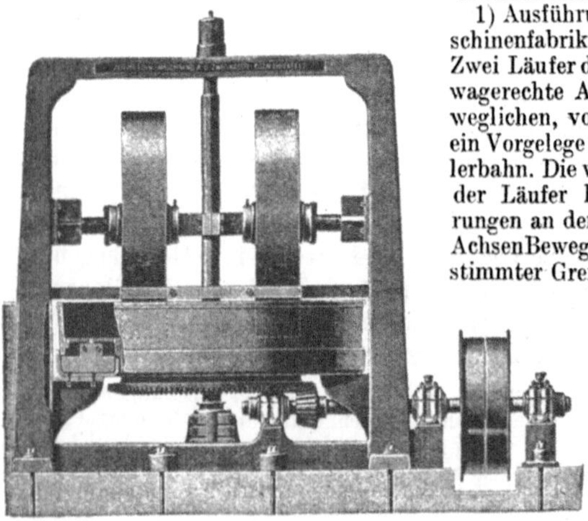

Abb. 24. Kollergang.

1) Ausführung der Zeitzer Maschinenfabrik zu Köln-Ehrenfeld. Zwei Läufer drehen sich um ihre wagerechte Achse auf einer beweglichen, von unten aus durch ein Vorgelege angetriebenen Kollerbahn. Die wagerechten Achsen der Läufer liegen in Gradführungen an den Ständern, die den Achsen Bewegungen innerhalb bestimmter Grenzen nach oben und unten gestatten. Ein Scharrwerk führt fortwährend das gemahlene Material nach den am äußersten Umfange des Tellers liegenden Siebplatten. Der genügend

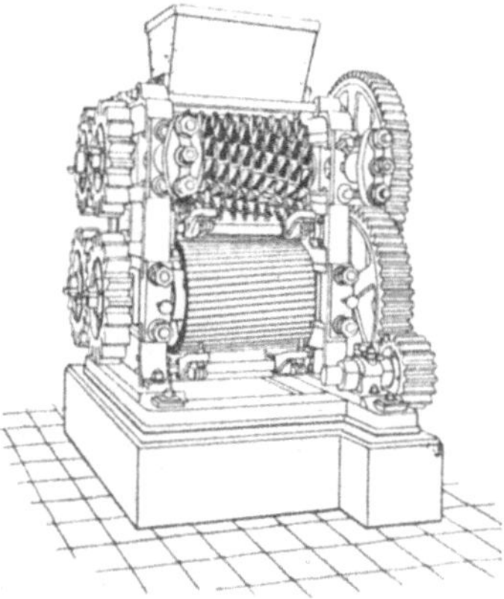

glatten, gefurchten, gezähnten usw. Walzen versehen sein können, oder in Kugelmühlen (vgl. S. 40), seltener in Pochwerke, um hier zerquetscht bzw. fein zerkleinert zu werden. Nicht selten wird bei diesem trocknen Verfahren der fein verteilte und in trocknem Zustande erhaltene Rohton eingesumpft und ihm hier — je nach seiner Art — ein Magerungsmittel zugesetzt oder fetter Ton zugeführt. Dem *gemischten Verfahren* dienen die wohl wichtigsten Tonvorbereitungsmaschinen, die *Tonschneider* (Abb. 26 und 27), die vorwiegend aus einem zylindrischen oder konischen Behälter bestehen, in dessen Inneren sich eine lang durchgehende Welle befindet, die, mit gekrümmten Messern, Schaufeln u. dgl. versehen, den Ton zerschneidet, knetet und in der Regel dem Formmundstücke am Ende des Tonschneiders zuschiebt. In solchem Falle fällt der Tonschneider mit der Formmaschine zusammen. Die Ton-

zerkleinerte Ton fällt durch die sich nach unten erweiternden, etwa 5 mm großen Löcher der Siebe, während das gröbere Mahlgut wieder unter die Läufer geführt wird. Je nach der gewünschten Korngröße sind die Siebplatten auswechselbar. Durch die Siebe gelangt das Feingut in eine Rinne, aus welcher es in ein Becherwerk oder dergleichen befördert wird.

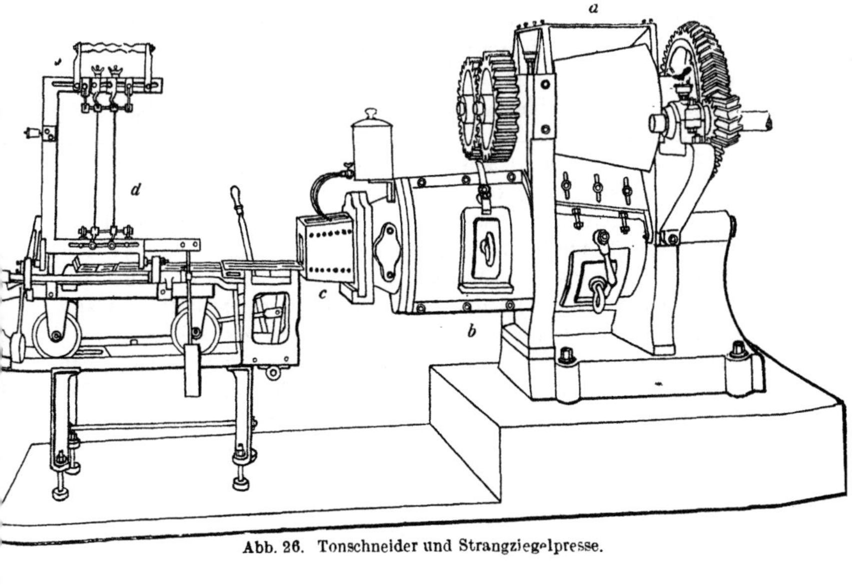

Abb. 26. Tonschneider und Strangziegelpresse.

Abb. 27. Tonschneider und Strangziegelpresse.

schneider werden vielfach mit Vorbrechern oder Walzwerken versehen, durch die der Ton erst hindurchgehen muß, ehe er weitergeführt wird. In den meisten Fällen werden die Tonschneider wagerecht, nicht selten aber auch senkrecht angeordnet; erstere Bauart ist dadurch im Vorteil, daß hier die Masse längere Zeit durchgearbeitet und geknetet wird, da das Eigengewicht des Tones den Durchgang durch die Maschine nicht beschleunigt; diesem Vorzuge stehen aber als Nachteile stärkere Antriebskraft und vergrößerte Aufstellungsfläche entgegen. Aus dem Tonschneider kann der Ton in Richtung von dessen Achse (Abb. 26), aber auch seitlich austreten (Abb. 27). Hin und wieder wird auch der Tonschneider aus stufenförmig sich aneinander reihenden einzelnen konischen Teilen zusammengesetzt; hierdurch soll bei gleichem Kraftverbrauche eine erhebliche Mehrleistung gegenüber glattwandigen Tonschneidern erzielt werden.

c) **Das Formen und Trocknen der Ziegelsteine und Tonwaren.** Bei den Formen zur Herstellung der Ziegelwaren ist auf das Schwindmaß der Steine bei späterem Trocknen und Brennen (S. 163) Rücksicht zu nehmen und demgemäß die Form linear um $^1/_{10}$—$^1/_7$ größer zu machen. Das Formen kann erfolgen α) von *Hand* und β) durch *Maschinen*. In letzterem Falle kommen je nach dem *weicheren* oder weniger plastischen, also *ziemlich trocknen Ton Strangpressen* und *Stempelpressen* in Frage.

Das *Formen von Hand* aus, das *Ziegelstreichen*, besteht darin, daß der dem Tonschneider entnommene wasserreiche, sehr plastische Ton durch einen Arbeiter in dem Stein entsprechende Formen hineingestrichen wird. Solche Formen bestehen vielfach aus hartem Holz, zum Teil mit Blech im Inneren verkleidet, besser aus Eisen. Damit der Ton in den Formen nicht festhaftet und der geformte Stein sich gut aus ihnen lösen läßt, werden bei magerem Ton die Formen genäßt, bei fettem mit feinem Sande bestreut. In der Regel sind zu einer Handformstelle drei Arbeiter notwendig: einer, der den Tonschneider beobachtet und den Rohton auf den Formtisch liefert, einer, der die Formarbeit vollzieht, und einer, der die gefüllten Formen fortnimmt und den ganz bildsamen Stein auf den sandbestreuten Erdboden zur ersten Verfestigung ablegt. Bei achtstündiger Arbeitszeit kann eine solche Arbeitergruppe bis zu 2400 Steine formen. Da die handgeformten, in der Form *gestrichenen* Steine sich durch rauhe Flächen und deren unregelmäßiges Aussehen vor den maschinell hergestellten Steinen vorteilhaft auszeichnen, so werden sie — namentlich im Monumentalbau — heute von vielen Architekten bevorzugt; zudem sind sie aus den gleichen Gründen auch für Putzarbeiten, also an der Außenfläche der Mauern besonders geeignet und bevorzugt. Diese Umstände haben weiter Veranlassung gegeben, das Ziegelstreichen — genau nach Art der Handarbeit — durch Maschinen besorgen zu lassen, die in einer Tagesleistung 30000—40000 Steine zu erzeugen vermögen, welche mit denselben vorteilhaften Eigenschaften wie die Handsteine versehen sind; namentlich kommen hierfür Steine im Klosterformat — vgl. S. 81 — in Frage.

Strangpressen verarbeiten ebenfalls einen Ton, der vorher besonders vorbereitet und ziemlich weich, d. h. wasserhaltig ist. Sie beruhen, wie schon auf S. 62 u. 68 hervorgehoben wurde, vorwiegend auf einem Tonschneider, in dem der Ton nochmals durchgearbeitet und verdichtet wird, um endlich dem etwas konischen, den Formprozeß vollziehenden *Mundstücke* zugeführt zu werden. Dieses verläßt der Ton als ein zusammenhängender Strang — daher der Name der Presse. Die Öffnung des Mundstückes hat einen Querschnitt, der dem jeweils gewünschten Erzeugnis angepaßt ist, d. h. bei Vollsteinen Rechtecksform besitzt, während bei Lochsteinen Dornen in das Mundstück eingefügt werden, zwischen denen hindurch der Ton gepreßt wird; diese erzeugen alsdann ihrerseits im Tonstrange durchgehende Öffnungen. Ebenso wird für die Herstellung von Dränrohren ein ringförmiger Querschnitt im Mundstück ausgespart, für die Formung von Dachsteinen die Mundstücköffnung deren Form genau angepaßt, vgl. die Abb. 28a—d. Damit im Mundstück die Reibung an seinen Wandungen möglichst gering gehalten und demgemäß ein Tonstrang mit möglichst gleichgroßer

Abb. 28a.

Abb. 28b.

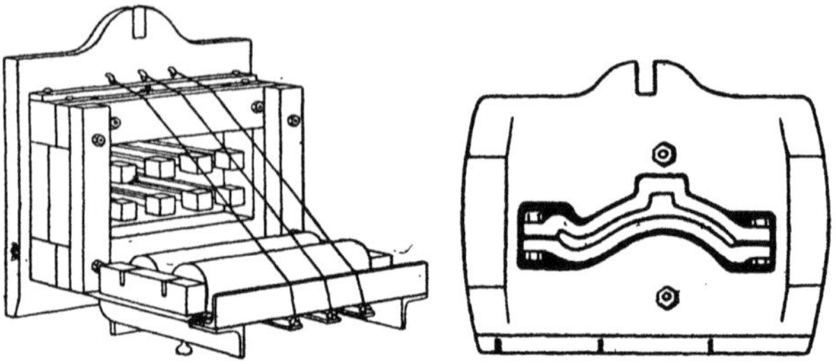

Abb. 28c. Abb. 28d.

Abb. 28a—d. Mundstücke.

Dichtheit im Inneren und an seinen Außenflächen erzielt wird, werden die Wandungen oft aus glatten Zinkblechschuppen hergestellt, zwischen denen Druckwasser (namentlich an den Kanten des Mundstücks) austritt, oder durch glatt polierte Stahlrollen gebildet. Nach dem Verlassen des Mundstücks wird der Tonstrang von einer Anzahl hintereinander liegender, mit Filz umgebener Rollen aufgenommen und unterstützt und alsdann dem Schneideapparat zugeführt, der, einen wichtigen Bestandteil der Formmaschine bildend, endlich den Strang in eine Anzahl Steine, Rohre usw. zerlegt. Hierbei wird die Schneidewirkung senkrecht zum Strange ausgeführt. Die entstehende Schnittfläche ist hierbei die Lagerfläche des Steines, so daß Kopf und Lagerseiten, den Außenflächen des Stranges entsprechend, glatt bleiben. Wird der Tonstrang (vgl. Abb. 28c) gleich beim Austritte durch in senkrechter Ebene gespannte, mit dem Mundstück fest verbundene Drähte seiner Länge nach durchschnitten, so werden durch den später in Wirkung tretenden Querschneideapparat mit jedem Schnitte mehrere Steine abgeschnitten. Damit die Schnittflächen bei der Querzerteilung des Tonstranges *eben* bleiben, muß

Abb. 29. Schneideapparat.

sich naturgemäß der Schneideapparat (Abb. 26 und 29) mit derselben Geschwindigkeit bewegen wie der Tonstrang.[1]) Die Leistung der Strangpressen beträgt bei achtstündiger Arbeitszeit bis zu 24000 Steine an einem Tage, allerdings bei einer Antriebskraft bis zu 50 Pferdestärken.

Bei *trockner* Ziegelerde, wie sie bei einem trocken aufbereiteten Schieferton (vgl. S. 66) oder auch bei sehr reinem und gleichartigem, also eine Durcharbeitung nicht erforderndem Grubenton vorliegen kann, finden zweckmäßig zur Formgebung **Stempelpressen** Anwendung, die wegen des wenig nachgiebigen, härteren und trocknen Rohtones allerdings größere Kraft zum Zusammenpressen dieses erfordern, also stärkeren Kraftantrieb verlangen. Dabei gestattet diese Art von Maschinen auch solche Steine, wie Falzziegel, einfache ornamentale Stücke, in verschiedenen Richtungen geriffelte oder oberflächlich geteilte Platten u. dgl. herzustellen, für welche die Strangpressen keine Anwendung finden können. Als Pressen kommen hier in Frage Bauarten, wie sie bereits auf S. 45 für die Kalkziegelformung erwähnt wurden, namentlich solche mit rotierendem Formtische, oder Wechselpressen, die bald in die eine, bald in die andere unter dem Stempel sich verschiebende Wechselform (Matrize) den Ton hineinpressen und festigen (Abb. 30) oder auch Revolverpressen (Abb. 31), bei denen eine 4—8seitige Trommel um eine wagerechte Achse sich dreht und bald diese, bald jene Trommelseite mit ihrer Preßform unter den von oben her drückenden Kolben bringt. Handelt es sich hierbei um Falzziegel, so werden in den einzelnen Preßformen vorbereitete Preßkuchen, abgeschnitten von einem Tonstrange, eingelegt. Je nach der Art der Pressen und ihrer Kraftleistung können mit ihnen täglich 5000—40000 Steine erzeugt werden. Trockenpreßsteine besitzen tadellose Form, vielleicht zu glatte und deshalb oft geriffelte Lagerflächen, können unmittelbar nach dem

Abb. 30. Stempelpresse.

1) Hier läuft (vgl. Abb. 29) der aus dem Mundstücke austretende Tonstrang zunächst auf die Rollen des Abschneideapparates, drückt gegen die am Ende des Wagens angebrachte Klappe und treibt hierdurch den Wagen vorwärts. Sobald die Drähte den Strang durchschnitten

Abb. 31. Revolverpresse

Verformen aufgestapelt werden, brauchen kurze Zeit zum Austrocknen, weisen aber auch ein höheres Raumgewicht auf und erfordern wegen dieser ihrer größeren Dichte auch größere Brennkosten. In wirtschaftlicher Hinsicht werden aber letztere Nachteile dadurch bei weitem aufgehoben, daß bei der Möglichkeit, den grubenfeuchten Ton ohne besondere Vorbereitung unmittelbar so zu benutzen, wie er aus der Tongrube kommt, sehr erhebliche Betriebs- und Zeitersparnisse durch den Wegfall der Aufbereitung des Tones gegeben sind.

Zu den Stempelpressen gehören auch die kleinen *Handpressen*, mit denen auf der Strangpresse hergestellte Steine nachträglich „nachgepreßt" werden, um ihnen eine genaue Form zu geben — ein Vorgang, der nicht selten bei Verblendsteinen sich vollzieht. Die gleiche Wirkung gestattet auch ein „Nachschneiden" der getrockneten Steine.

Das **Trocknen der Steine** erfolgt entweder in kleinen, offenen Schuppen oder in besonderen Trockenscheunen bzw. in Räumen, die mit dem Brennofen unmittelbar in Verbindung stehen, oder besonderen Trockenkanälen. Das Trocknen bezweckt, das in den Steinen und sonstigen Tonerzeugnissen vorhandene Wasser, soweit erreichbar, herauszutreiben, d. h. die Waren bis zur Lufttrockne, also bis zu der Grenze zu bringen, an der sie an der Luft kein Wasser mehr abgeben; alsdann verbleiben in den Steinen usw. immerhin noch bis etwa 4—5% Wasser. Bei den handgestrichenen Steinen kann man mit einem Wassergehalte von i. M. $^1/_4$ ihres Gewichts, bei Strangpressensteinen von i. M. $^1/_5$, bei Trockenpreßsteinen von i. M. $^1/_{10}$ rechnen. Die Zeit, welche ein Stein zum Trocknen braucht, hängt aber nicht nur von seinem Feuchtigkeitsgehalte, sondern auch von seinem Rohstoffe, dann vor allem vom Verhältnisse seiner Oberfläche zu seinem Volumen und den atmosphärischen bzw. Wärme- und Luftverhältnissen ab, unter denen er trocknet.

haben, fällt die Klappe selbsttätig um, um ein Abnehmen der abgeschnittenen Steine (oder ein Abgleiten dieser auf einer angeschlossenen schiefen Ebene) zu ermöglichen.

Das allmähliche, vom Steininneren nach außen fortschreitende Austrocknen des Steines gibt sich neben seiner Gewichtsabnahme vor allem in einem Hellerwerden des Steines zu erkennen. Bei der Durchführung des Trockenvorganges ist darauf zu achten, daß das Austrocknen durchaus allmählich und gleichmäßig vor sich geht, daß also ebenso einseitige Sonnenbestrahlung, als übermäßig starker oder unzureichender einseitiger Luftzutritt vermieden wird, da sonst ungleichmäßiges Schwinden, Verziehen und Rißbildung auftreten kann. In gleicher Weise sind bei künstlicher Erwärmung die frischen Steine zunächst mit mäßig warmer und feuchter Luft in Berührung zu bringen, die erst allmählich wärmer und trockner, entsprechend dem Austrocknen der Steine, werden darf.

Handgestrichene Steine werden zunächst (vgl. S. 69) flach auf dem mit feinem Sand bestreuten, möglichst beschatteten Erdboden aufgelagert, um unter günstigen Witterungsumständen nach 24 Stunden hochgekantet und nach weiteren 2—4 Tagen dem einfachen überdachten, im Freien stehenden Trockengestell zugeführt zu werden. In diesen luftigen, offenen, gegen allzu starke Luftbewegung und Sonnenstrahlen durch Strohmatten u. dgl. zu schützenden, kleinen Baulichkeiten können die Rohsteine in etwa 4—6 Schichten, mit ausreichendem Luftraum, übereinander gestapelt werden, um hier zwei Wochen und länger bis zur Lufttrockne zu verbleiben. Es liegt auf der Hand, daß derartige freistehende Gestelle im Winter nicht benutzt werden können, da der Frost die in ihnen stehenden Steine zerstören würde. Deshalb werden größere Trockenschuppen, Trockenscheunen erbaut, die eine große Anzahl von Trockengerüsten aufnehmen und mit Vorrichtungen, wie Fenstern, Lüftungsläden, Durchbrechungen usw., versehen sind, um für eine gute Luftdurchströmung Sorge zu tragen. In der Regel werden diese Schuppen so zur häufigeren Windrichtung (West oder Ost) gestellt, daß ihre Giebelwände dem Durchzug dienen, und die einzelnen Gerüste alsdann so angeordnet, daß ihre kürzere Seite in der Windrichtung liegt, damit die das Gebäude durchstreifende Luft möglichst alle aufgestapelten Steine trifft und austrocknet. In diesen Scheunen ist ein häufigeres Umstapeln der Steine zweckmäßig und notwendig bei dünnen Steinen, Dachsteinen u. dgl., damit deren einseitiges Trocknen und Verziehen verhindert wird.

Sollen diese Scheunen auch im Winter benutzt werden, so ist für einen sicheren Abschluß der Luftöffnungen nach außen und künstliche Erwärmung zu sorgen. Weiter können Trockenräume in unmittelbarer *Verbindung mit den Brennöfen*, namentlich bei Ringöfen, dadurch geschaffen werden, daß man Trockenkammern über der Plattform der Öfen in Form von hölzernen Einbauten vorsieht oder die Luft vom Brennofen nach besonderen Trockenkammern leitet bzw. absaugt. Diese, in Kanalform erbaut und oft unmittelbar neben dem Brennofen gelegen, beruhen meist darauf, daß an einem, dem unteren Ende, die warme Luft einströmt und am anderen Ende, durch gut verschließbare Tore, die frisch zu trocknenden Steine, auf Wagen aufgestapelt, eingeführt werden. Die frischen Steine kommen hierbei zunächst mit bereits abgekühlter und durch das Herüberstreichen über die vorher eingeführten Steine stark wasserhaltiger Luft in Berührung, um, je weiter sie nach dem unteren Kanalende zu vorwärtsrücken, mit um so wärmerer und trocknerer Luft zusammenzutreffen, d. h. ganz allmählich auszutrocknen — *Grundsatz des Gegenstroms.* Hierbei sorgen im Kanalraume angebrachte Ventilatoren für eine Fortbewegung der Trockenluft von unten nach oben, wie anderseits Schienenbahnen ein bequemes Vorrücken der mit den Steinen beladenen Wagen sichern. Diese verbleiben etwa 1—2 Tage im Trockenkanal; alsdann sind die Steine so weit trocken, daß sie dem Brennofen zugeführt werden können. Eine ähnliche, andere Art dieser Trockenkammern beruht auf Anordnung einer durchgehenden Heizung des Kanals durch besondere an seinen Wänden angebrachte Heizkörper (z. B. System Müller-Pfeifer) und einer Quer- und Längsbewegung der heißen Luft durch Ventilatoren bzw. Absaugevorrichtungen; auch hier kommen die Steine mit fortschreitender Austrocknung mit immer stärker erwärmter und trocknerer Luft als bei ihrem Eintritt in Berührung.

d) **Das Brennen der Ziegelsteine und Tonwaren.** Das Brennen der Tonwaren kann in einfachster Weise in Form von *Meilern*, wirtschaftlicher und besser in besonderen *Öfen* erfolgen. Im ersteren Falle, beim *Feldbrand*, der zurzeit nur noch vereinzelt in Deutschland zur Durchführung gelangt, werden die lufttrocknen Steine in Form einer großen abgestumpften Pyramide mit Zwischenräumen von wenigen Zentimetern hochkantig aufgestapelt. Hierbei werden im Inneren des Meilers Schürgassen zur Aufnahme des Brennstoffes (gewöhnlich Steinkohlengrus) freigelassen; auch wird Brennstoff zwischen die Steine geschüttet. Die Außenfugen werden endlich mit Lehm ausgefüllt, und ein Lehmputz außen angebracht. Von unten her durch die Außenwände führende Luftzüge gestatten die sehr notwendige Regulierung des Feuers, einmal durch Offenlassen, einmal durch Abschließen mit Strohmatten u. dgl., je nach der Luftbewegung außen. Trotzdessen ist es kaum möglich, einen auch nur einigermaßen gleichmäßigen Brand im Inneren des Meilers zu erreichen. Viele der Steine im Inneren sind geschmolzen, viele durch die Schwere der aufliegenden Steine aus der Form gekommen, andere zerbrochen oder gerissen, die außen liegenden nicht gar gebrannt, sehr viele äußerlich durch das Feuer und Schlacken unansehnlich geworden usw. Immerhin gewinnt man aber ein — namentlich für einfache ländliche und landwirtschaftliche Bauten — durchaus geeignetes, billiges Ziegelmaterial. Zur Erbrennung von 100000 Steinen im Meilerbetriebe bedarf es etwa 2—3 Wochen.

Von den vielgestaltigen, dem Brennen der Tonwaren dienenden *Öfen* seien als wichtigere Arten die nachstehenden vier kurz vorgeführt und erläutert: 1. der deutsche Ofen, 2. der Kasseler Ofen, 3. der Hoffmannsche Ringofen, 4. der Muffelofen.

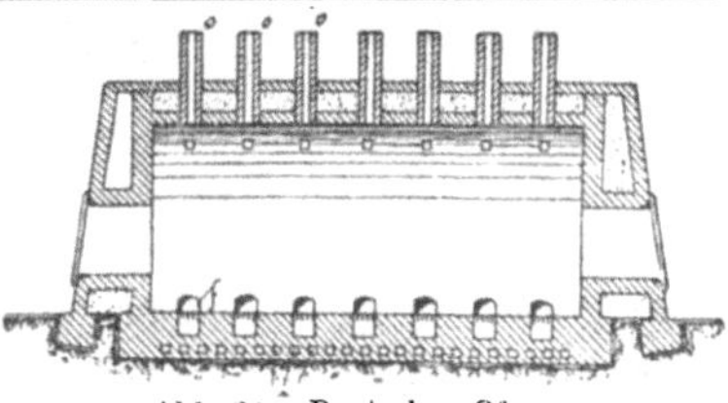

Abb. 32. Deutscher Ofen.

1. Der *deutsche Ofen* (Abb. 32). Der Ofen ist ein Einkammerofen mit unterbrochenem Betriebe. Auf der Sohle des Ofens liegt eine Anzahl Heizkanäle, die von außen her befeuert werden und dem über ihnen aufgebauten Brenngut die Brennhitze zuführen. Die Brenngase entweichen durch eine Anzahl im oberen Teil des Ofens angeordneter Abzugsöffnungen, in der Regel unmittelbar ins Freie; da ihr Weg nur kurz ist, werden sie schlecht ausgenutzt, namentlich am Anfange des Brennens, bei alsdann nur geringem Zuge. Die Brennkammer ist feuerfest ausgemauert und durch zwei während des Brennens vorübergehend zugemauerte Türen zugänglich.

2. Der *Kasseler Flammofen* (Abb. 33a u. b). Der Ofen als solcher ist ein liegender Flammofen mit unterbrochenem Betriebe. Dadurch aber, daß der Ofen — wie auch im vorliegenden Falle — als Doppelofen (wenn auch mit gemeinsamem Schornstein) ausgebildet ist, kann er dauernde Arbeit leisten. Der Ofen besteht aus dem Vorraum, dem Herde mit Planrost (Feuerraum), einer zwischen diesem und dem fol-
dauernde Arbeit leisten. Der Ofen besteht aus dem Vorraum, dem Herde mit Planrost (Feuerraum), einer zwischen diesem und dem fol-
genden Brennraum erbauten, feuersicheren durchbrochenen Mauer, der Ableitung zum Schornstein (Fuchs) und letzterem. In der Seitenmauer befindet sich die Tür, durch die frische Steineu nd Tonwaren eingekarrt, und durch die die fertigen Erzeugnisse herausgebracht werden. Das feuersichere Deckengewölbe

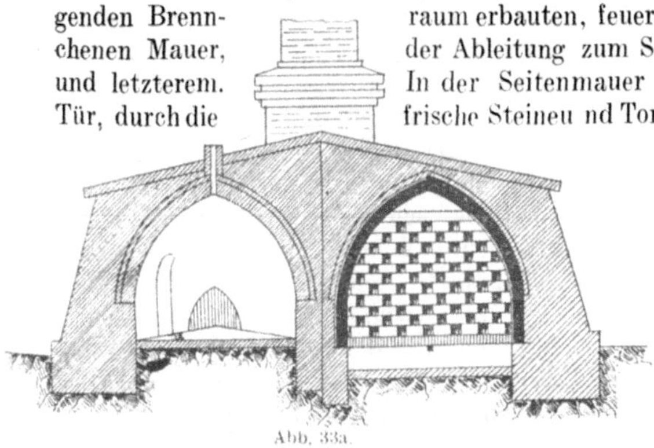

Abb. 33a.

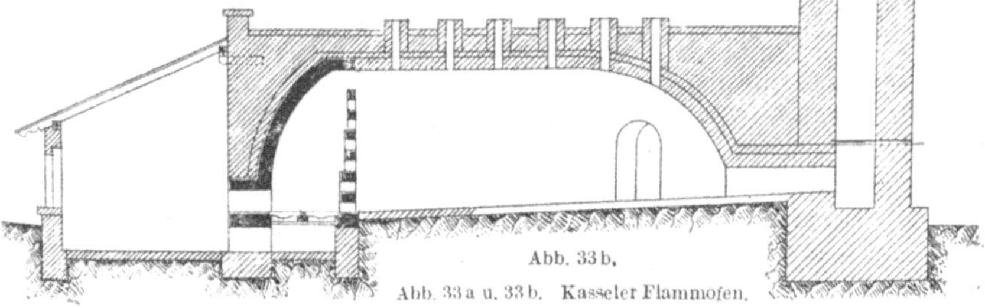

Abb. 33b.

Abb. 33a u. 33b. Kasseler Flammofen.

ist mit einer Anzahl von durch Schieber abzuschließenden Rohren durchbrochen, die im Notfalle das Einwerfen von Feuerungsmaterialien von oben aus gestatten, meist aber benutzt werden, um während des Anheizens die Rauchgase schnell abziehen zu lassen, wobei der Zugang zum Fuchs durch Schieber gesperrt wird; auch können diese Rohre zur Beobachtung des Brennvorganges dienen. Die durchbrochene Mauer zwischen Feuer- und Brennraum hat den Zweck, einmal die Feuergase möglichst auf den ganzen Querschnitt des letzteren zu verteilen und zum anderen Flugasche zurückzuhalten.

3. Der *Hoffmannsche Ringofen*, erfunden (im Jahre 1858) von dem Besitzer und Leiter der Siegersdorfer Ziegel- und Tonwerke, Baurat Friedrich Hoffmann. Der geniale Grundzug der Ofenanlage, bei der in gleicher Weise bedeutsame wirtschaftliche wie technische Vorteile sich ergeben, möge zunächst an der grundsätzlichen Skizze in Abb. 34 klargelegt werden. Der Ofen besteht hier, aufgebaut auf einem kreisförmigen Grundrisse, aus dem außen liegenden Brennkanal, dem weiter nach innen liegenden Rauchsammler und dem im Mittelpunkte des Baues angeordneten Schornstein. Der Brennkanal ist in eine Anzahl Kammern geteilt, die je unter sich durch Schieber abgetrennt bzw. in Verbindung gebracht werden können und zudem je eine Außentür und je eine Zuführung zum Rauchsammler haben. Von letzterem geht eine Anzahl Zuführungen nach dem Schornstein. Der Betrieb des Ofens ist in der Art kontinuierlich, daß das Feuer sich von Kammer zu Kammer, meist von Tag zu Tag, bewegt und in gleicher Weise sich das Einbringen neuer und das Herausnehmen fertig gebrannter Steine vollzieht. Befindet sich beispielsweise (wie Abb. 34) das Feuer in Kammer 7, so werden aus Kammer 1 — dem Feuer gerade gegenüberliegend — fertig gebrannte Steine herausgenommen und frische lufttrockne eingekarrt. Hierbei sind alle Schieber zwischen den Brennkammern 1—12 geöffnet und nur die Verbindung 12 zu 1 geschlossen, während alle Zuleitungen zum Rauchsammler geschlossen sind und nur die eine in Kammer 12 offen steht, also die Feuergase in den Schornstein schickt. In den Kammern 1—6 befinden sich fertig gebrannte Steine, in 8—12 neu eingesetzte, und zwar in 12 ganz frische, einen Tag alte, in 11 solche, die vor zwei Tagen eingeführt wurden, in 10 solche, vor drei Tagen eingekarrt usw., während ebenso die Steine in Kammer 1 bereits vor sechs Tagen, die in 2 vor fünf Tagen, die in 3 vor vier Tagen usw. gar gebrannt wurden — vorausgesetzt tageweises Wandern des Feuers, das also am Tage vor der Betrachtung in Kammer 6 gebrannt hat und am folgenden Tage nach 8 gelangen soll. Da nur die Außen-

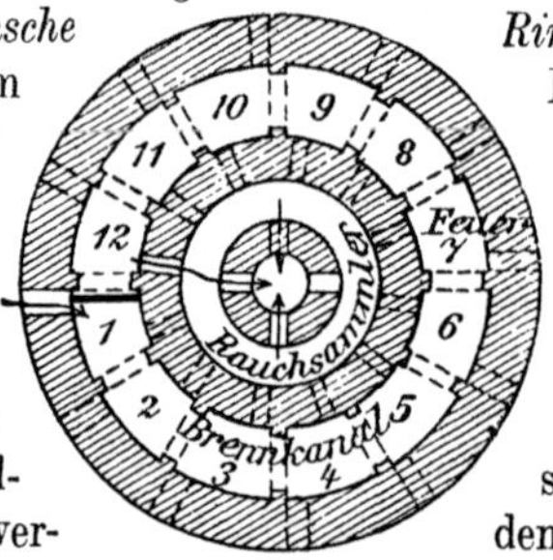

Abb. 34. Grundzug des Hoffmannschen Ringofens.

tür bei 1 geöffnet ist, tritt hier die kalte Außenluft ein, strömt durch die Kammern 1—6 zum Feuer, kühlt hierbei die auf diesem Wege liegenden fertig gebrannten, zum Teil nahe dem Feuer noch glühenden Steine ab, erhitzt sich aber selbst hierbei und gelangt so bereits stark vorgewärmt zum Feuer. Von hier aus vollzieht sich dann der umgekehrte Vorgang. Die Feuergase kühlen sich auf dem Wege von 7 bis zum Rauchsammler bei 12 allmählich ab und wärmen hierbei die dort liegenden ungebrannten Steine vor, sich an ihnen zugleich wieder abkühlend; hierbei kommen wieder die frischesten Steine (in 12) mit der stärkst abgekühlten und wasserhaltigsten Luft in Berührung. Die Abkühlung der Feuerluft geht bis zu etwa 200° C herab, vorteilhaft für Rauchsammler und Schornstein. Am folgenden Tage geht der Betrieb entsprechend kontinuierlich weiter, indem das Feuer nach 8 gelangt, der Schieber zwischen 12 und 1 geöffnet, zwischen 1 und 2 aber geschlossen und die Zuleitung zum Rauchsammler bei 12 geschlossen, bei 1 geöffnet wird; alsdann werden die erheblich abgekühlten Steine aus 2, dessen Außentür geöffnet wird, herausgenommen, während die soeben eingesetzten Steine in Kammer 1 zum erstenmal von den bereits stark abgekühlten Feuergasen bestrichen und vorgewärmt werden. Die großen Vorzüge dieser geistvollen Betriebsart bestehen in dem ununterbrochenen Betrieb, der Einfachheit dieses, der ausgezeichneten Ausnutzung der Wärme der fertig gebrannten Steine, der Verwendung der abziehenden Feuergase zum Vorbrennen der Steine und der durch beide Maßnahmen bedingten *großen Ersparnis an Brennstoff*; endlich wird auch das Brenngut sehr gleichmäßig.

Einen neuzeitlichen Ringofen Hoffmannscher Bauart gibt Abb. 35a bis c wieder. Genau auf dem vorstehend erläuterten Grundsatz sich aufbauend, ist der Grundriß hier länglich gestaltet und der Schornstein außerhalb des Ofens verlegt. In der Abbildung bedeutet *a* den in 16 Einzelkammern geteilten Brennkanal, *b* die Einkarrtüren und die nach dem Rauchsammler *d* führenden Rauchkanäle, die durch Ventile ihm gegenüber abgeschlossen werden können, *e* die Einschüttöffnungen für den Brennstoff. Bei diesen neuzeitlichen Öfen ist die Möglichkeit gegeben, einzelne, am Ende des jeweiligen Ganges der Heizgase, also nahe dem nach dem Rauchsammler geöffneten Rauchkanal gelegene Kammern zunächst vom Ofenbetriebe auszuschalten und in ihnen Steine vorzubrennen, ohne sie mit den eigentlichen Feuergasen in Berührung zu bringen. Dies ist bei Verblendern und anderen wertvolleren Tonerzeugnissen notwendig, da bei dem normalen Brennbetriebe die neu eingesetzten Steine zwischen der „Brennkammer" und dem geöffneten Rauchkanal sich leicht durch die Einwirkung der Brenngase verfärben und auf ihrer Oberfläche sich Aschenbestandteile festsetzen bzw. Ausblühungen entstehen. Der Ausschaltung einzelner Brennkammern und deren „Vorschmauchen" dient ein weiterer über dem Rauchsammler gelegener Schmauchkanal *g* (Abb. 35b u. c), der durch

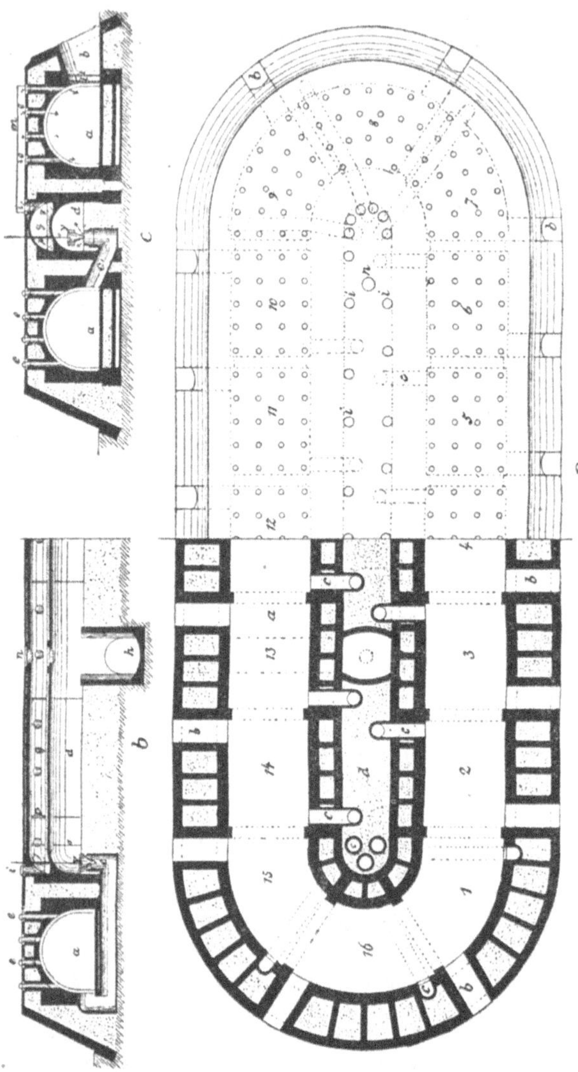

Abb. 35 a, b und c. Hoffmannscher Ringofen.

kleine auf die Einschüttöffnungen (*e*) aufgesetzte Eisenrohre mit der durch die bereits gebrannten Steine erwärmten, frisch eingeströmten Luft gefüllt werden kann und in gleicher Weise (durch gleichartige eiserne Rohre) die reine Heißluft an die vorzuschmauchende, gegenüber den anderen Kammern durch Schieber abzuschließende Kammer abgibt; von ihr aus gelangen dann die Heizgase nach Öffnung der betreffenden

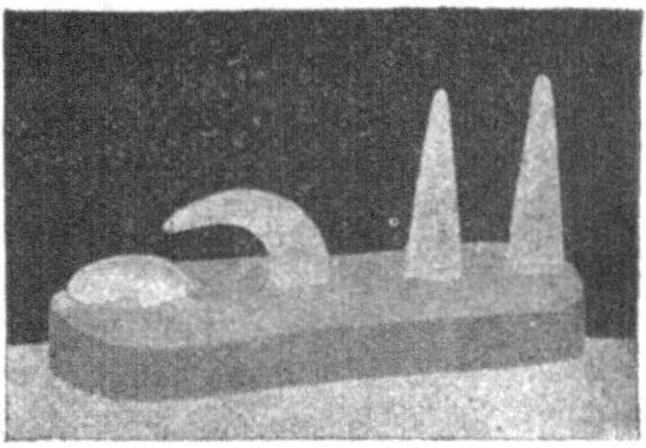

Abb. 36. Segerkegel.

Ventile in den Rauchsammler.[1]) Vom Rauchsammler *d* aus streichen im vorliegenden Falle die Rauchgase durch einen unterirdischen Kanal (*h*) nach dem außerhalb des Ofens stehenden — meist für mehrere Öfen dienenden — Schornstein.[2]) Den gleichen Zweck, die eingesetzten frischen Steine vor Flugasche zu schützen, erreicht man durch Anordnung einer *Generator-Gasfeuerung* im Ringofen. Hierbei liegt entweder um den Ringofen herum oder in dessen Mauerwerk eingebettet ein Hauptzuleitungs-Gaskanal, von dem aus, entsprechend jeder Kammer, ein Querkanal ausgeht. An ihn schließt sich eine Anzahl senkrecht stehender, aus Schamotte hergestellter und mit seitlichen Löchern oder Schlitzen versehener Heizrohre an, aus denen das sich durch die Hitze des Ofens entzündende Gas in den Brennraum strömt.

4. *Muffelöfen* verhindern eine unmittelbare Berührung des Feuers mit dem Brenngute. Zu dem Zwecke werden die Tonwaren entweder in feuersicheren fertigen Kapseln bzw. besonders zusammenzusetzenden gleichartigen „Muffeln" in beliebigen Brennöfen gebrannt oder derartige Muffeln fest in einen Ofen derart eingebaut, daß sie nur von außen her durch die Heizgase umspült werden.

Die in den Brennöfen herrschenden Temperaturen werden in der Regel mit Hilfe der *Segerkegel* beobachtet und bestimmt (Abb. 36). Diese bestehen aus spitzen, dreiseitigen Pyramiden von 6 cm Höhe und stellen eine Reihe systematisch zusammengestellter, an Schwerschmelzbarkeit zunehmender Silikate dar und dienen somit, bei ihrem Nachgeben und Weichwerden, zu einer ziemlich genauen Bestimmung

1) Liegt beispielsweise in Abb. 35a das Feuer in Kammer 7, während aus Kammer 15 die fertig gebrannten Steine herausgenommen werden, also die Wand zwischen Kammer 15 und 14 geschlossen ist, so können die Kammern 14 und 13 zum Vorschmauchen benutzt werden, wenn auch die Wand zwischen 13 und 12 geschlossen ist und von Kammer 12 aus die Brenngase nach dem Rauchsammler gelangen. Alsdann ist die heiße, aber reine Luft aus den Kammern vor 7, etwa aus 5 und 4, in den Schmauchkanal (*g*) einzulassen und von ihm den Kammern 14 und 13 zuzuführen. Von 14 aus gelangen dann diese Heizgase, nachdem sie ihre Arbeit verrichtet haben, durch den Rauchkanal (*c*) in den Rauchsammler. Will man dann auch die Kammern 14 und 13 in den kontinuierlichen Ofenbetrieb einbeziehen, so ist der Schieber zwischen 12 und 13 zu ziehen, die Rauchabführung bei 12 zu schließen und bei 14 zu öffnen.

2) Als Abarten des Ringofens seien nur mit ihren Namen erwähnt: der *Bock*sche *Erdringofen*, vertieft in der Erde angelegt, mit jeweilig nach Einsetzen der Steine erst aufgebauter Ofendecke, der *Zickzackofen*, eine sehr gute Raumausnutzung durch Zickzackführung der Gase in eng aneinander liegenden Kammern in sich schließend, der *Kammerringofen*, die *mehrschenkligen* Ringöfen u. a. m. Vgl. die Sonderwerke.

der jeweils im Ofen vorhandenen Hitze. Die Kegel gestatten Temperaturen von 600 bis zu fast 2000° C gut einzuschätzen.

e) **Die Ziegelsteine und bautechnisch verwandten Tonwaren.** Als wichtigere bautechnische Erzeugnisse der Ziegelindustrie sind zu nennen:

1. *Gewöhnliche Mauersteine (Hintermauerungssteine).* Deutsches Normalformat: 25 × 12 × 6,5 cm. Inhalt = 1,95 cbdcm, Gewicht = 2,75 bis 3,0 kg. Auf 1 m Höhe werden 13 Schichten, bei einer Stärke der Lagerfuge = 1,2 cm, gerechnet. Für 1 cbm aufgehendes Mauerwerk werden 400, für 1 cbm Gewölbemauerwerk 415 Steine gebraucht. 1000 Ziegel erfordern 0,55–0,70 cbm, 1 cbm volles Mauerwerk 0,28 cbm Mörtel. Das Gewicht eines Kubikmeters normalen Ziegelmauerwerks beträgt i. M. 1800 kg (1700—1900)[1]; bei porigen Vollziegeln ist i. M. mit 1100, bei Lochziegeln mit 1300, bei porigen Lochziegeln mit 1000 kg cbm zu rechnen. 1 m Rollschicht erfordert 13 Ziegel und 0,01 cbm Mörtel.

Über das *Gewicht von 1 qm verschieden starker Mauern* in Normalsteinen, einschließlich eines beiderseitigen Putzes von je 1,5 cm, und über die erforderlichen *Materialmengen* gibt die nachfolgende Zusammenstellung Auskunft:

Wandstärke		Erforderlich sind		Gewicht	Für 1 cbm Mauer werden an Ziegeln gebraucht
Stein	cm	an Ziegeln Stück	an Mörtel cbm	kg	
1/2	13	50	0,035	280	417
1	25	100	0,070	500	400
1 1/2	38	150	0,105	730	395
2	51	200	0,140	960	392
2 1/2	64	250	0,175	1200	391
3	77	300	0,210	1400	390
3 1/2	96	350	0,245	1650	389
4	103	400	0,280	1900	388

1 cbm gewöhnliches Ziegelmauerwerk verlangt 400 Normalsteine und zu seiner Herstellung etwa 1,2 Tagesschicht eines Maurers und eines Handlangers, woraus sich unter Einführung der ortsüblichen Löhne die Herstellungskosten ergeben.

1 qm flachverlegtes Ziegelpflaster erfordert 30, bei Hochkantlage 50 Ziegel.

Durch Austrocknen und Setzen schwindet gutes Ziegelmauerwerk etwa um $^1/_{200}$—$^1/_{150}$ seiner Höhe.

Ein *guter Stein* soll hell klingen, frei von Kalk-, Steinstückchen und sonstigen groben Verunreinigungen sein, ebene Flächen und gerade Kanten zeigen, einen gleichmäßig feinkörnigen Bruch aufweisen, weniger als 16% seines Gewichts an Wasser aufnehmen, schnell austrocknen, bei atmosphärischen Einflüssen weder abblättern noch ausblühen, auch nicht vom Feuer zerstört werden. Nicht selten werden

1) Wiegt der normale Ziegelstein weniger als 3,5 kg, so kann das Gewicht des Mauerwerks entsprechend, jedoch nicht unter 1600 kg/cbm herabgesetzt werden.

mehrere Klassen gewöhnlicher Ziegel unterschieden; hierbei werden zu Klasse I nur solche gerechnet, deren Abmessungen gegenüber dem Normalformat für die Länge um $<$ 1 cm, für die Höhe und Breite um $< 1/2$ cm abweichen, und bei denen weniger als 12% abweichende Steine in der gesamten Masse sich finden.

Andere in Nordwestdeutschland noch übliche *Ziegelformate* sind: 22 × 10,5 × 5 (Oldenburger oder Hamburger Format), 23 × 11 × 5,5 (Kieler Format). Klosterformat: 28,5 × 13,5 × 8,5 für Monumentalbauten, in neuester Zeit bevorzugt (Stoß- und Lagerfugen je 1,5 cm, d. h. zehn Schichten auf ein Höhenmeter).[1] Österreichisches Normalformat: 29 × 14 × 6,5. Inhalt = 2,64 cbdcm. Gewicht = 4,0—5,3 kg. Auf 1 cbm aufgehendes Mauerwerk sind hiervon 300 Steine, auf 1 cbm Gewölbemauerwerk 310 Steine zu rechnen.[2]

Bezeichnet man die Länge des normalen Ziegelsteines mit l, seine Breite mit b, seine Stärke mit d, so findet seine Form in dem Ausdrucke $l \cdot b \cdot d$ ihre Bezeichnung. In gleichem Sinne erklären sich die Teilungen des Normalsteines:

$$\text{Dreiquartiere} = \frac{3}{4}\, l \cdot b \cdot d \text{ (Dreiviertelsteine)},$$

$$\text{Zweiquartiere} = \frac{l}{2} \cdot b \cdot d \text{ (halbe Steine)},$$

$$\text{Einquartiere} = \frac{l}{4} \cdot b \cdot d \text{ (Viertelsteine)},$$

$$\text{Riemchen, Längsquartiere} = l \cdot \frac{b}{2} \cdot d,$$

$$\text{Dreiviertelriemchen} = \frac{3}{4}\, l \cdot \frac{b}{2} \cdot d.$$

Die *Druckfestigkeit* normaler gewöhnlicher Ziegelsteine soll $>$ 150 kg/qcm sein. Vielfach werden unterschieden:

	Druckfestigkeit	Zulässige Druckspannung
Mauerziegel II. Klasse	100	7,00
„ I. „	150	10
Hartbrandziegel	250	18
	kg/qcm	kg/qcm

Für Mauerziegel I. Klasse, vermauert mit Kalkmörtel 1 : 3, ist eine Druckspannung von 10 kg/qcm, bei verlängertem Zementmörtel (1 Z : 2 K : 8 S) von 14 kg/qcm, desgl. bei Hartbrandziegeln von 18 kg/qcm

1) Nach Erlaß des preußischen Arbeitsministers (1902) sollen bei staatlichen monumentalen Backsteinbauten zur Verstärkung der Wirkung Steine großen Formates und womöglich in Handstrich hergestellt verwendet werden. Als neuzeitlicher derartiger Bau sei das Bauingenieurgebäude der Technischen Hochschule Dresden (Arch. Martin Dülfer) erwähnt. Hier besteht das Sockelgeschoß aus blauroten Klinkern in Klosterformat, das aufgehende Mauerwerk aus gleichgroßen Hartbrandsteinen; alle Steine sind Handstrichsteine.

2) Es entsprechen 150 österreichischen Normalsteinen 203 deutsche Normalziegel.

zugelassen. Letztere Spannung ermäßigt sich aber sehr erheblich für Konstruktionsteile mit geringer Stärke d zur Höhe h:

$\frac{d}{h}$ = ...	0,30	0,25	0,20	0,15	0,10	< 0,10
Erlaubte Druckspannung	18	14	12	10	8	< 8 kg/qcm.

2. *Porige Steine (Luftziegel, Tuffziegel)* und *Hohlsteine*. Zur Gewichtsverminderung werden dem Ton leichte Stoffe (Lohe, Braunkohlengrus, Sägespäne u. dgl.) beigefügt, welche beim Brennen der Steine verzehrt werden und im Steininneren gleichmäßig verteilte Poren zurücklassen — *poröse* Steine. Die Steine haben etwa die halbe Tragkraft gleichgroßer Schwachbrandnormalsteine, sind aber einerseits wegen ihrer Wasseraufsaugung, anderseits wegen Auswitterungen nicht überall verwendbar.

Hohlsteine dienen in noch höherem Grade als porige Ziegel zur Gewichtsverminderung und bedingen zudem ein schnelles Austrocknen der Mauer. Die prismatischen Aussparungen verlaufen zweckmäßig nur der Länge oder der Quere nach, also nicht von Lagerfläche zu Lagerfläche, da hierbei starker Mörtelverlust und verschiedenes Setzen des Mauerwerks eintreten würden. Wandstärken > 1,5 cm, gut 2,0—2,5 cm; 1 cbm dünnwandiger Lochsteine wiegt 1000, dickwandiger 1200 kg; ein einzelner Stein hat ein Gewicht von rund 2,0—2,4 kg. Zulässige Belastung im Mauerwerk 3—6 kg/qcm.

Die Steine spielen heute eine wichtige Rolle für leichte Decken — namentlich die Steineisendecken und verwandte Bauarten. Handelt es sich hier nur um Ausfüllmasse, so können auch die sehr leichten *porösen* Lochsteine Verwendung finden. Besonders geformte dielenartige Hohlziegel von beträchtlicher Länge, die zwischen eisernen oder Verbundträgern eingefügt, zur Bildung leichter Decken dienen, führen den Namen Hourdis.

Hierher gehören auch kastenförmige Hohlsteine von größeren Formaten, vielfach als Doppelsteine ausgebildet, wie die *Aristersteine*, bei denen zur Verminderung der Winddurchlässigkeit der Hohlraum durch einen eingepreßten Mörtelpfropfen geschlossen wird, oder die Allguhst-Steine (Balz-Steine), allseitig geschlossene Falzziegel (12 × 25 × 14). Der Vorzug solcher Steine liegt in der Verminderung des Arbeitsaufwandes und in einem im Gegensatz zu den gewöhnlichen Lochsteinen guten Wärmeschutz.

Als besondere Formsteine sind bei den beiden Gruppen 1 *und* 2 *zu nennen*: Pfeiler-, Gewölbe-, Brunnen-, Kamin-, Stalldeckensteine und die Gesimsformsteine, Ecksteine (zum Zwecke der Wahrung eines normalen Mauerverbandes), Kehl- und Wulststeine, Wassernasen usw. Viele dieser Steine werden als Voll-, daneben auch als Hohlsteine hergestellt; viele zählen auch wegen ihres besonders guten Materials und ihrer Herstellung zur nächsten Gruppe. Ihre Ausgestaltung im einzelnen ist eine Frage der Baukonstruktionslehre.

3. *Verblender.* Es sind dies aus besonders bildsamem, gleichmäßigem Tone sorgfältig hergestellte, schön- und gleichfarbige, vielfach auch besonders nachgearbeitete Steine, in der Regel mit Hohlräumen. Die normale Abmessung eines ganzen Steines beträgt 252 × 122 × 67 mm. Abweichungen von diesen Maßen sind nur in sehr geringem Umfange gestattet. Da die Lagerflächen oft allzu glatt sind, versieht man sie gern mit Rillen. Für 1 qm Verblendung, aus ganzen und halben Steinen hochgeführt, werden 75 Stück Verblender und 0,052 cbm Mörtel gebraucht, desgl. aus halben und Viertelsteinen 50 Stück Viertel- und halbe Verblender, sowie 0,04 cbm Mörtel.

Die *Außenseiten der Verblender* können mit einem feinen, farbigen Ton überzogen werden, der beim Brennen eine matte, gesinterte, wachsglänzende Oberfläche erzeugt *(Engobe)*, oder eine *Glasur* (in der Regel ein feiner Ton mit Zinn- oder Bleiasche — als Flußmittel — und Farbmitteln) erhalten; eine Glasur ist für den Bestand der Steinoberfläche nur alsdann von Vorteil, wenn sie keinerlei Haarrisse zeigt, ist aber alsdann, gleich der Engobierung, ein guter Schutz gegen Nässe, Ansatz von Flechten, Moosen u. dgl. sowie von Schmutz und Staub. Die Glasuren werden auf den bereits fertig gebrannten Stein entweder aufgestrichen oder aufgegossen und verlangen ein nochmaliges kurzes Brennen des Steines bis zum Schmelzen der Glasurschicht. Als Farbspender dient Borax für Weiß, Smalte für Blau, Spießglanz und Mennige für Gelb, Braunstein für Braun, Chromoxyd oder Kupferasche für Grün; auch lassen sich diese Glasurfarben untereinander zu oft irisierenden oder auch geflammten Glasuren usw. vermischen. Besonders wertvolle und gut haltbare Verblender sind die schlesischen, die sächsischen, die Rathenower und eine Anzahl rheinischer Fabrikate.

4. *Klinker* sind vollkommen gesinterte (d. i. verglaste, aber nicht geflossene) Steine, aus stark kalk- und sandhaltigem Rohmaterial bei hoher Brenntemperatur erzeugt; sie klingen hell, saugen kein Wasser auf und sind nur mit hydraulischem Mörtel zu vermauern. Abmessung dem Normalformat entsprechend und dann rund 3,5 kg schwer oder 21 × 10 × 5,5 cm (16 Schichten auf 1 m); daneben Trottoirklinker: 20 × 20 × 5—7 cm vom Gew. = 4,0—5,0 kg; Pflastersteine: 20 × 20 × 10—15 cm vom Gew. = 4,5—6,5 kg; Fliesensteine: 20 × 10 × 7 bis 8 cm vom Gew. = 3,2 kg.

Die Herstellung der Klinker ist an das Vorkommen geeigneten Tones geknüpft: Oldenburg, Holstein, Dömitz in Mecklenburg, Rheinland und Westfalen, Hannover, Brandenburg, Schlesien, Sachsen und Bayern. Hervorragendes Material liefert die Insel Bornholm, sehr wertvolle, hochdruckfeste Klinker liefert Schweden (Skromberga Klinker). Auch hier werden neben Maschinensteinen auch Handstrichziegel erzeugt.

$k_d > 350$ kg/qcm, i. M. = 400 kg/qcm, manchmal auch > 1000 kg/qcm, z. B. die vorgenannten schwedischen Steine von Skromberga.

Klinkermauerwerk in Zementmörtel 1 : 3 kann mit 35 kg/qcm auf

Druck belastet werden. Diese zulässige Spannung vermindert sich jedoch nicht unerheblich, wenn es sich um dünne Pfeiler usw. handelt. Für ein Verhältnis $d : h$

$\frac{\text{Stärke}}{\text{Höhe}}$ = ...	0,30	0,25	0,20	0,15	0,10	< 0,10
wird nur zugelassen eine Druckspannung von...	35	25	20	15	10	< 10 kg/qcm.

1 cbm Klinkermauerwerk wiegt i. M. 1900 kg (1800—2000 kg).

Klinker finden Verwendung im Grund- und Wasserbau, zu Brückengewölben, überhaupt zu allem schwer belasteten Mauerwerk, weiter zur Straßenbefestigung in Form von Klinkerpflaster. Dieses, ausgezeichnet durch gute Haltbarkeit und Geräuschlosigkeit beim Befahren, hat sich besonders in Holland und Amerika bestens bewährt[1]) und ist auch in Deutschland — namentlich im Nordwesten — mit gutem Erfolge verwendet; hier werden besonders die rot brennenden Marschtone benutzt; einen besonders guten Ruf genießen die Bockhorner Pflasterklinker aus Ostfriesland. Sonst sind im allgemeinen für Pflasterklinker die sog. Steinzeugtone am geeignetsten.

Eine *Abart von Klinkerpflaster* sind *Keramitziegel*, die in vielen Städten Ungarns sich gut bewährt haben und jetzt auch in Deutschland hergestellt werden; zu ihnen wird ein möglichst quarzfreies, stark kalkhaltiges Tonmaterial verwendet, das nach dem Brennen ein Raumgewicht von in der Regel über 2,5 hat. Ganz ähnlich ist Rostolitpflaster.[2])

5. *Dachziegel.* Die Zahl der hier in Frage kommenden Formen ist eine sehr große. Neben ebenen Platten kommen solche von verschiedenartig gekrümmter Form vor. Zu den ebenen Platten sind zu zählen die einfachen Dachplatten, Falzziegel, Biberschwänze — in neuester Zeit nach der Norm: 36,5 × 15,5 × 1,5 cm zu bilden (bisher vielfach 45 × 18 × 1,5 cm) —, ferner Strangziegel, Turmziegel, Muldenfalzziegel, Doppelfalzziegel, Rautenfalzziegel usw., während für gebogene Ziegel Dachpfannen oder S-Ziegel, First-, Grat- und Kehlziegel, Mönch- und Nonnenziegel u. a. m. zu erwähnen sind — Einzelheiten, die vorwiegend in das Gebiet der Baukonstruktionslehre gehören.

Ein guter Dachziegel soll hart, vor allem aber dicht und wasserundurchlässig sein, auch nicht abblättern. Auch muß die Form des Steines gut innegehalten sein, damit der Verband ein sicherer wird und trotz ausreichender Luftdurchlässigkeit der notwendige gute Zusammenschluß der Ziegel in der Dachfläche gewahrt wird.

Gewöhnliche Dachziegel verlangen doppelte Deckung und das Verstreichen der Fugen mit Mörtel. Gute Falzziegel hingegen gestatten den größten Teil des Daches nur einfach zu decken und verhindern durch

1) Die amerikanischen Pflasterklinker haben Abmessungen: 6,4 × 10,2 × 21,6 cm und ein Gewicht von rund 3,0 kg. Da die Ziegel hochkant gestellt werden, so findet der Huf der Pferde genügenden Halt in den Fugen zwischen den einzelnen Steinen.

2) W. Eckardt u. E. Hotop G. m. b. H. Berlin.

ihre Form und ihr Ineinandergreifen das Eindringen von Regen und Schnee in den Dachraum, zum mindesten in störendem Maße; bei geringerem Gewicht machen sie also das Verstreichen unnötig. Dasselbe gilt von den Strangfalzziegeln, die ihren Namen daher haben, daß sie unmittelbar auf der Strangpresse fertig hergestellt werden, also kein Nachpressen — wie die normalen Falzziegel — erfordern. Zum Schutze gegen die Witterungseinflüsse und zur Belebung ihrer Farben werden die Dachziegel oft engobiert, noch öfter glasiert. Daneben kommen sie auch als *graugedämpfte* Steine zur Verwendung. Diese durchaus wetterbeständige, oft metallisch glänzende Färbung erhalten die Dachsteine — und das gilt naturgemäß auch für andere Tonerzeugnisse — einfach dadurch, daß man in die Brennkammer, in der die bereits gar gebrannten Steine stehen, grünes Laub- oder Strauchwerk einbringt (oder Teer oder auch minderwertiges Öl) und alle Zu- und Abfuhrwege der Luft verschließt. Alsdann wird das hierbei sich bildende Kohlenwasserstoffgas bei Berührung mit den glühenden Ziegeln zersetzt und Kohlenstoff als fest haftender, graphitartiger, unwandelbarer Überzug auf der Steinoberfläche niedergeschlagen und zugleich das den Stein sonst entfärbende Eisenoxyd in die schwärzliche Eisenoxydulverbindung übergeführt. Hieraus ergibt sich die blaugraue Färbung mit silbrigem Anflug.

6. *Schamottesteine, feuerfeste Steine und Platten* werden aus feuerfestem, sorgfältig ausgewähltem Rohmaterial[1]) hergestellt und bis zur vollen Weißglut gebrannt. Man unterscheidet zwei Hauptarten: entweder weich und porig und alsdann besonders hohe Temperaturen und plötzlichen Wechsel vertragend, oder fester, klingend und weniger für letztere Beanspruchung geeignet. Vermauerung mit feuerfestem Mörtel (fetter Ton und trockner Schamottegrus), Feuerzement, Klebesand — vom Westerwald oder aus der Eifel — oder Pyrosin. Die deutschen Schamottesteine sind den ausländischen in jeder Beziehung gleichwertig. Deutsches Format: 25 × 12 × 6,5; Gew. = 3,5 kg; englische Form: 23 × 11 × 6 cm; Gew. = 2,7 kg. Je nach der Qualität (Feuerbeständigkeit) werden unterschieden: *Kesselqualität* (der Normalstein für gewöhnliches feuerfestes Mauerwerk), *Kalkofen-*, *Schweißofen-*, *Zementofen-*, *Kupolofen-* und *Stallofenqualität*, entsprechend dem Schmelzpunkte der Segerkegel von Nr. 32 (1770°) bis zu Nr. 34 (1810°). Daneben werden Platten in vielen Abstufungen von 16 × 20 × 3 bis 63 × 94 × 7 cm geliefert. Zur Vermauerung von 1000 Schamottesteinen werden etwa 500 kg Mörtel erfordert.

Hierher gehören als Abart: die *Bauxitsteine*, aus einer stark mit Eisenoxyd, daneben mit Kieselsäure durchsetzten Tonerde gewonnen,

1) Die Zusammensetzung des Rohtones ist je nach den zur Verfügung stehenden Stoffen und dem Verwendungszwecke des Steines sehr verschieden; als Magermittel wird häufig fein gemahlener, vorher gebrannter feuerfester Ton selbst benutzt. Es hat sich gezeigt, daß im allgemeinen die Steine um so feuersicherer sind, je mehr feuerfesten Ton sie enthalten. Hiermit steigt aber auch das Schwindmaß, das unter Umständen bis zu 12½ % gehen kann.

die sich u. a. in Nassau, Steiermark, Irland usw. findet und mit etwa $^1/_6$ ihres Gewichtes feuerfestem Ton vermischt wird. Verwendung bei Öfen der Metallindustrie.

Gesichert in seinem Bestande wird das der Erhitzung ausgesetzte Schamottemauerwerk durch Überziehen der Feuerfläche mit einem Putz aus Karborundum (75—85%), angemacht mit Schamotteton und Wasser (bei sauren Steinen auch unter Hinzufügung von Wasserglas). Die Masse wird auf das lufttrockne, feuerfeste Mauerwerk dünn aufgestrichen und wandelt sich beim Beheizen der Öfen in einen glasurartigen Überzug, der das darunter liegende Steinmaterial gegen mechanische und chemische Einflüsse gut schützt.

7. *Ziegelfliesen* und *Wandplatten*. Ziegelfliesen, auch bei Buntfärbung Mosaikplatten genannt, sind aus fettem, bis zur Sinterung gebranntem Ton hergestellt, dem man als Magerungsmittel gebrannten Ton, Feldspat und ähnliches zusetzt. Sie werden unter sehr hohem Druck durch Stempelpressen geformt. *Mehrfarbig* können sie in der Art hergestellt werden, daß zunächst das Ornament aus farbigem Ton in eine Form (nach einer Schablone) gepreßt und in ihr mit dem aus weniger plastischem Ton bestehenden Grunde durch starke Pressung vereinigt wird, oder auch auf dem umgekehrten Wege; alsdann werden in die Grundplatte — aus fast pulverförmigem Tone bestehend — Vertiefungen, dem später aufzunehmendem Mosaikornament entsprechend, eingepreßt, dann mit ebenfalls trocknem bunten Tonpulver ausgefüllt, und endlich werden durch starken Druck Farbschicht und Untergrund zu einer einheitlichen Platte verbunden. Die künstlerisch wertvollen Platten zeichnen sich durch sehr geringe Abnutzung, bleibende Farbenfrische, vollkommene Wetterbeständigkeit und hohe Druckfestigkeit aus.[1]) Die Form der Platten ist vier-, sechs- oder achteckig, mit entsprechenden Zwischenstücken; ihre Größe schwankt zwischen 20 × 20 bis 14 × 14 bei etwa 2 cm Stärke. Die Oberfläche ist oft genarbt, geriffelt usw.

Als *Wandplatten* kommen meist glasierte Platten, aus Steingutton hergestellt, in Frage, die, etwa 1,5 cm stark, oft wertvollen künstlerischen Schmuck darstellen. Als Wandplatten werden auch verwendet die sog. Spalthalben (auch Spaltviertel), d. h. Halbsteine, die auf ihren beiden Längsflächen glasiert sind, im allgemeinen zum Aufmauern kleiner abwaschbarer Zwischen- und Scheidewände (z. B. in Abortanlagen) benutzt werden, zudem aber auch nach Zerteilung des Steines gute und bestens einbindende Wandbekleidungsplatten darstellen.

---

1) Erwähnenswert sind u. a. die Platten von Villeroy & Boch (die Mettlacher Platten), von der Marienberger Mosaik-Plattenfabrik in Sachsen, von Kaufmann in Niedersedlitz-Dresden, von Utzschneider & Jaunez in Saargemünd und Zahna i. S., von March & Söhne in Charlottenburg, von den Fabriken in Großhesselohe, Nymphenburg, Groten bei Bremen, den Bunhofener Werken u. a. m.

Bunte Fliesen sind nicht in reinem Zementmörtel zu verlegen, da dessen Alkalien in sie übergehen und namentlich die Ränder verfärben; als Mörtel ist hydraulischer Kalk, Traßmörtel, verlängerter Zementmörtel usw. zu verwenden.

8. *Terrakotten* werden wegen der feineren Formen aus sehr bildsamem, ihres Wertes halber auch sehr gleichmäßigem besten Ton hergestellt, der mit ganz einheitlicher grauer, roter oder gelber Farbe brennt. Wegen guten Durchbrennens sind die Erzeugnisse hohl und fast überall von gleicher Wandstärke. Formung in der Regel in Gipsmodellen, Brennen, nach sehr vorsichtiger Trocknung, in Gasöfen oder Kapseln. Verwendung für figürliche und ornamentale Darstellungen des Ziegelrohbaus, wie für Kunstgegenstände. Festigkeit und Dauerhaftigkeit gut.

9. *Ofenkacheln.* Sie werden von Hand aus dem äußeren Blatte und der inneren wulstigen, vierkantigen Zarge hergestellt oder gleich in einem Stücke durch Maschinen gepreßt, alsdann getrocknet, gebrannt, auf der Außenseite glasiert und nochmals gebrannt. Je nach dem Aussehen, namentlich der Rißfreiheit und der Gleichmäßigkeit der Glasur, werden Gütesorten unterschieden; ferner Einteilung in: glatte, gestreifte, gemusterte, vertiefte (Kopfkacheln, gut wegen erhöhter Wärmeausstrahlung); zudem: einseitige, Eck-, Gesims-, Leisten- und Frieskacheln.

10. *Tonrohre.* Muffenrohre — verwendet für die Kanalisationsleitungen der Städte — sind im Inneren und Äußeren durch eine braungelbe, sehr fest haftende und wetterbeständige Glasur geschützt, die durch Einstreuen von Kochsalz in die Brennkammer bei Beginn der Sintertemperatur der Rohre erzeugt wird; indem hier das Kochsalz verdampft und sich mit den glühenden Tonwaren unter Ausscheidung von Natrium auf deren Oberfläche zersetzt, entsteht hier eine „Salzglasur" — ein Natrontonerdekalksilikat —, die eine vollkommene Wasserdichtheit des Rohres zur Folge hat, auch säure- und laugenbeständig ist. Die Herstellung der Rohre erfolgt, mit der Muffe beginnend, auf Röhrenpressen. Man unterscheidet: *gerade Tonrohre* mit Muffen; übliche Durchmesser sind: 16, 21, 24 usf. um je 3 cm fortschreitend bis zu 60 cm. Aber auch darüber hinaus kommen Rohre mit größeren Durchmessern bis zu 100 cm vor. Normalrohrlänge 1,0 m bzw. 0,8 m.

Abzweigrohre, *Gabeln*, in der Regel einseitig mit Abzweigung unter 45°, aber auch 90° versehen, deren Durchmesser zum Zwecke des Anschlusses der Hausleitungen meist 16 cm ist. Normallänge 60 cm.

Übergangsrohre, seltener verwendet, zum Übergang von einem Durchmesser in den nächstfolgenden. Normallänge 1,0 m.

Bogen- oder *Knierohre* mit Krümmungen von 22,5°, 30°, 45°, 60° und 90°.

Doppelkrümmer, *Rohre mit Reinigungsöffnungen*, *gelochte und geschlitzte Rohre* u. a. m.

Neben den zylindrischen Muffenrohren kommen auch solche in *Eiform* vor, und zwar gerade Stücke und solche mit ein oder zwei Abzweigungen.

Ferner sind hier zu erwähnen:

Tonrohre von rechteckiger Form zu Rauchrohranlagen, Lüftungs- und Heizungskanälen sowie Schornsteinaufsätze.

Sohlschalen für Kanäle mit Zentriwinkeln von 120° und 90°, Halbmessern von 100—300 mm und einer Baulänge von 0,50 m.

Tonplatten (Knauffsche) zum Belegen der unteren Teile der Betonkanalwandungen, 15 cm breit, 32,7 cm lang und 2,0 cm stark. Gew. = 1,9 kg.

Dränrohre, unglasiert, sind ohne Muffen stark porös oder mit Einschnitten zum Aufsaugen des Wassers versehen. Normallänge etwa 30 cm; gebräuchliche Durchmesser: 4, 5, 6,5, 7,5, 10, 13, 16, 18 und 21 cm.

Klosettbecken, *Geruchsverschlüsse*, *Krippen*, *Tröge* usw.

2. Gegossene Schlackensteine und Pflastersteine keramischer Herstellung.

a) **Gegossene Schlackensteine** werden unmittelbar aus Hochofenschlacke verschiedener Industrien durch Gießen in eiserne Formen oder Rahmen und eine sehr gleichmäßige Abkühlung gewonnen. Im allgemeinen eignen sich bei Verwendung der Eisenhochofenschlacke saure Schlacken wegen ihres gleichmäßigen Erstarrens besser als basische; eine Rauhhaltung der Oberfläche wird durch eine untere, feine Sandschicht in den Formen gesichert. Der sehr zähe, nicht spröde, gut wetterbeständige Stein wird als Bordstein, zur Trottoirbefestigung und namentlich als Pflasterstein verwendet, und zwar mit normalen Abmessungen.

Als bestens im Straßenbau bewährt sind die *Mansfelder Kupferschlackensteine* hervorhebenswert. Sie werden in den Hüttenwerken Eisleben, Helbra und Hettstedt in der Art hergestellt, daß die Kupferhochofenschlacke vom Ofen her unmittelbar in eiserne Wagen fließt und von ihnen aus den gut vorgewärmten Steinformen sofort zugeleitet wird.

Um die Schlacke weniger spröde zu machen, findet nicht selten eine Vermischung mit Ton, Asche, Sand u. dgl. statt, durchgeführt meist in besonderen drehbaren Öfen. Die langsame, für die Bewährung der Steine maßgebende Abkühlung kann durch sofortige Überdeckung der überwalzten oder gepreßten Steine mit einer Asche- oder Sandschicht von mindestens 20 cm Höhe bewirkt oder in Kühlöfen zur Ausführung gebracht werden. Auch werden, um auch im Inneren des Steines eine langsame Abkühlung zu sichern und somit hier den Stein dicht und körnig zu erhalten, die Steine nicht einzeln, sondern zusammenhängend in längeren Strängen gegossen und erst nach vollkommener Abkühlung getrennt (D. R. P. 77634). Ob die gegossenen Steine fehlerfrei sind, wird im Werk durch eine Fallprobe an jedem einzelnen Steine nachgewiesen.

Schlackenpflaster zeichnet sich im allgemeinen durch geringe Abnutzung, dauernde Rauhigkeit, große Beständigkeit und ziemlich geräuschloses Befahren vorteilhaft aus.

b) Für auf **keramischem Wege** gewonnenes Kunstpflaster kommen in Frage:

α) die *Vulkanol-Pflasterplatten* (Steinwerke C. Vetter, Würzburg), hergestellt aus 96% Herdsteingrus und tonigem Bindemittel. Die Formlinge werden in Generatorgasöfen gebrannt. Abmessung: 28 × 21 × 6 bis 8 cm.

β) *Granulit-Pflaster*, aus gemahlenem Feldspatgestein durch Zusammenschmelzen gewonnen. Farbe gelblich. Abmessung: 14 × 14 × 13 bzw. für Kleinpflaster 16 × 16 × 8. Derartige Steine sind (allerdings nur aus zusammengeschmolzenem Granitpulver hergestellt) in den Vereinigten Staaten schon seit langem eingeführt.[1])

γ) *Granitguß-Pflaster*. Pulverisierter Naturstein wird mit Feldspat, Kaolin und Wasser verarbeitet, unter hohem Druck gepreßt und bis zu 1650° C gebrannt.

δ) *Wurlitzit* (B. Heß in Wurlitz bei Hof). Hergestellt aus gemahlenen Serpentinabfällen, die mit tonigen Bindemitteln in Porzellanöfen zusammengeschmolzen werden. Der über 2750 kg/qcm druckfeste Stein hat sich in verschiedenen Großstädten als Pflasterstein gut bewährt und namentlich durch seine geringe Abnutzung und das geräuschlose Befahren vorteilhaft ausgezeichnet.

Endlich sei, hieran anschließend, noch eines keramisch aus Schieferabfällen gewonnenen ziegelartigen Kunststeins gedacht:

Kunststeine aus Kohlenschieferabfällen. Diese werden mit Ton unter Wasserzusatz zerkleinert, innig gemischt, auf Ziegelpressen verformt und bei nicht zu hoher Temperatur gebrannt. Es entstehen porige Mauerziegel von guter Wetterbeständigkeit, ausreichender Druckfestigkeit und geringer Fortpflanzung von Wärme und Schall.

---

1) Eine durchaus ähnliche Herstellungsart führt auch zu zusammengeschmolzenen Kunststeinen als Nachahmung von Naturgesteinen. Hierbei wird der Kunststein dadurch gewonnen, daß beliebige Silikate (Silikatschlacke, Bruchstücke von Gesteinen) mit tonigem Sande, Flußspat usw. bei 2000° C im Regenerativofen bis zur Leichtflüssigkeit geschmolzen werden, und daß man in diesem Zustande zerkleinerte Natursteine zufügt; diese schmelzen nur wenig und bilden Körner bzw. Bruchstücke in der flüssigen Masse, mit denen man je nach Art und Größe nunmehr beliebige Naturgesteine nachahmen kann.

3. Das Holz.

A. Der anatomische Aufbau, die Wachstumsverhältnisse, Form- und Stoffbestandteile des Holzes.

Der Aufbau des Holzes trägt in gleicher Weise der statischen Beanspruchung des Baumes in der Natur wie seiner Ernährung Rechnung. Um den inneren Aufbau des Holzes erkennen und beurteilen zu können, werden in der Regel drei verschiedene Schnitte durch den Stamm des Baumes gelegt (Abb. 37):

1. Der *Quer-* oder *Hirnschnitt*, ein Schnitt senkrecht zur Längsachse des Stammes — er zeigt das *Hirnholz.*

2. Der *Radial-*, *Spiegel-* oder *Spaltschnitt*, ein Längsschnitt, geführt durch einen Durchmesser des Stammes — er zeigt das *Längsholz.*

3. Der *Sehnen-* oder *Tangentialschnitt*, ebenfalls ein Längsschnitt, aber durch eine Sehne des Hirnschnitts hindurch gelegt und hier einen der Jahresringe tangential berührend — er zeigt ebenfalls den *Höhenaufbau des Holzes.*

Q Quer- oder Hirnschnitt.
S Spiegel- od. Radialschnitt.
F Sehnen- od. Tangentialschnitt.

Abb. 37. Darstellung der drei Hauptschnittrichtungen.

In Abb. 37 läßt Q den Hirn-, S den Radial- und F den Sehnenschnitt erkennen.

Der Hirnschnitt (Abb. 37 u. 38) zeigt in der Mitte des Stammes das Mark, das weicher sein kann als das Holz, ferner die von ihm nach der Rinde auslaufenden Markstraßen oder Spiegel, die beim Nadelholz als feine, bei manchen Laubhölzern bis zu 1 cm breite Linien, bei dem Radialschnitt aber meist als glänzende oder spiegelnde Bänder erscheinen. Im Innern der Rinde des Baumes und der sich hier zunächst an-

M Mark, *K* Kernholz, *S* Splintholz, *CB* Kambial- und Bastzone, *R* Rinde.
Abb. 38. Querschnitt durch das Stammholz der Kiefer.

schließenden weichen Bastzone (Kambialzone) liegen die dem Alter des Baumes entsprechenden Jahresringe. Diese sind gebildet durch das meist hellere und weichere *Winterholz*, das sich vom Dezember an allmählich ansetzt, also zu einer Zeit entsteht, in der wenig Wasser durch den Baum zum Verdunsten gebracht wird und sein Saftgehalt groß ist, und durch das härtere, dunklere *Sommerholz*, dessen Wachstum unter dem Mindestmaß von verfügbarem Safte vor sich geht. Bei den ringporigen *Laub*holzarten ist eine größere Breite der Jahresringe im allgemeinen ein Zeichen besonderer Güte des Holzes, weil hier die stärkere Ausdehnung der Jahresringe durch eine vermehrte Ausbildung von härterem Sommerholz bedingt ist. Bei den Nadelhölzern ist das Gegenteil der Fall; hier finden die breiteren Ringe ihren Grund in stärkerem Ansetzen von schwammigem Winterholze (oft Frühjahrsholz — wenn auch nicht ganz richtig — genannt).

Die jüngsten Jahresringe sind die lebenstätigsten und saftreichsten; sie bilden den „Splint" gegenüber dem härteren Innenteil des Baumes, dem Kern. Ist das im Laufe der Zeit sich bildende Kernholz schwerer als das Splintholz, so ist das eine Eigenschaft, die der Baum von Anfang an seines Wachstums besitzt, und die sich bei dem jungen Splintholze in dessen höherem Gewichte nahe der Achse bereits deutlich und stets zu erkennen gibt.

Der *Radialschnitt* zeigt die Jahresringe als in der Regel verschieden gefärbte, annähernd parallel und geradlinig verlaufende Streifen. Je nach der größeren oder geringeren Regelmäßigkeit des Verlaufes dieser Streifen kann man auf einen geraden, normalen oder weniger regelmäßigen Verlauf des Wachstums des Baumes schließen. Die Markstrahlen verlaufen in diesen Schnitten als einzelne Flecken oder Streifen, „Spiegel" genannt, die unter Umständen, namentlich bei den Nadelhölzern, allerdings sehr klein und kaum erkennbar sind.

Der *Sehnenschnitt* trifft, je nachdem er näher oder entfernter von der Achse geführt wird, einen größeren oder geringeren Teil der Jahresringe. Da letztere niemals genaue Zylinderflächen darstellen, vielmehr von Wachstumswindungen und der allgemeinen Entwicklung des Baumes beeinflußt sind, so wird der Sehnenschnitt, namentlich in seiner Mitte, sehr mannigfaltige Gestaltungen durch die schiefe, oft windschiefe Lage der Ringe zum Schnitte zeigen, wie das z. B. bei den Dielenhölzern deutlich in die Erscheinung tritt.

Das Holz baut sich aus zahllosen kleinen *Zellen* auf, deren Kenntnis, namentlich zur Beurteilung der Festigkeits- und Wachstumseigenschaften des Holzes, notwendig ist. Diese Zellen haben die Aufgaben: Leitung von Wasser, Stützung und Aussteifung des Stammes in statischem Sinne und Ernährung des Baumes. Demgemäß unterscheidet man auch: Leitzellen oder Gefäße, Stützzellen oder Holzfasern und Nährzellen. Oft ist die Länge der Zellen so groß, daß sie als feine Rinnen oder Ritzen im Längsschnitte mit bloßem Auge wahrnehmbar sind. Die äußere Umgrenzung der rundlichen oder vieleckigen Zellen bildet die aus mehreren Schichten bestehende Zellhaut. Die Zellen enthalten entweder nur Luft, oder solche und Wasser oder nur eine wässerige Lösung von anorganischen, besonders aber organischen Stoffen, dem Zellsafte, oder alle drei.

Leitzellen dienen als Weg für das von den Wurzeln nach den Zweigen aufsteigende Wasser mit den in ihm gelösten Nährsalzen und Farbstoffen sowie für den ausschließlich dem Boden zu entnehmenden Stickstoff bzw. für die Leitung von Luft. Sie sind im Splint mit Wasser, im Kern mit Luft gefüllt. Die Leitzellen liegen, abgesehen von den wagerecht gerichteten Markzellen, in der Längsrichtung des Stammes. Sie sind untereinander durch mit Membranen überspannte Öffnungen in den Seitenwandungen, den „Tüpfeln", verbunden. Die Zellenden mehr oder weniger abgeschrägt, greifen in gutem Verbande übereinander und vermögen hierdurch bei den Nadelhölzern, deren Hauptbestandteil — bei deren verhältnismäßig geringem Wasserbedarf — sie bilden, die Stützzellen zu ersetzen. Im Gegensatze hierzu sind bei den Laubhölzern, deren Wasserverbrauch wegen der starken Verdunstung durch die Blätter ein erheblich höherer als beim Nadelholz ist, neben den Leitzellen noch besondere „Gefäße" vorhanden, entstanden durch Durchbrechung der oberen und unteren Enden der Leitzellen und deren

Durchwachsung. Diese Gefäße stellen sich demgemäß als mehr oder weniger lange Röhren dar, die den Wasseraufstieg sehr erleichtern. Meist sind sie nur dem bewaffneten Auge als kreisförmige Lücken im Hirnholze erkennbar, zuweilen aber auch so weit, wie z.B. beim Winterholz von Eiche und Esche, daß sie deutlich in die Erscheinung treten.

Die *Stützzellen* sind schmale, langgestreckte und zugespitzte Zellen mit dicken Wandungen und engem, leerem Hohlraum; sie dienen der inneren Versteifung des Holzes und bedingen in erster Linie die Festigkeit der Laubhölzer. Bei den Nadelhölzern fehlen sie ganz und werden hier durch die an erster Stelle genannten Gebilde ersetzt.

Die *Nähr-* oder *Speicherzellen* dienen der Ernährung der anderen Zellen und zur Aufspeicherung der Nährstoffe während der Winterruhe. Im Kernholze ist der Inhalt dieser Zellen abgestorben.

Aus dem innigen Verbande der Zellen bildet sich das *Holzgewebe*. Bei ihm können vorwiegend langgestreckte Gefäße, Leit- und Stützzellen *zwischeneinander* geschoben sein, hierdurch die große Festigkeit des Holzes in seiner Längsrichtung begründend, oder es kann ein *Nebeneinanderschieben* — namentlich der Nährzellen — stattfinden, wie es zur Bildung der Markstrahlen führt. Soweit solche Gewebe im lebenden Holze liegen, haben sie die Aufgabe, die in den Blättern erzeugten und im Bast abwärts geleiteten Nährstoffe dem Holzkörper in wagerechter Richtung zuzuführen und zudem vermittels der in ihnen liegenden Luftkanälchen den Gasaustausch des Holzinneren mit der Atmosphäre zu bewirken. Beim Wachsen des Holzes spalten sich an vielen Stellen die Zellscheidewände der Länge nach; es entstehen hierdurch langgestreckte Lücken zwischen je zweien solcher Zellen. Die so entstehenden Spalten sind im Splint mit Luft, die den zum „Atmen“ notwendigen Sauerstoff liefert, gefüllt, führen im Kern leimartige Stoffe oder bilden sich hier zu Harzgängen aus.

Das *Holz der Nadelbäume* unterscheidet sich von dem der *Laubbäume* vorwiegend dadurch, daß ihm weite Gefäße gänzlich fehlen, daß es vielmehr, abgesehen von dem fein verteilten und keine sichtbaren Strahlen bildenden Markgewebe, aus gleichartigen zwischeneinander geschobenen Leitzellen besteht (vgl. S. 92). Zudem sind ihm besonders eigen die Harzgänge, die — zwischen den Zellen in der Längsrichtung verlaufend — unregelmäßig verstreut sind.

Beim *Wachstum* des Baumes liefert das Erdreich Wasser, in diesem aufgelöst mineralische Salze (die spätere Asche) und Stickstoffverbindungen, während Blätter und Nadeln Kohlensäure aufnehmen. Diese wird unter Einwirkung des Wassers in Formaldehyd und Sauerstoff, der an die Luft zurückgeht, umgewandelt ($CO_2 + H_2O = HCHO + O_2$); aus ersterem bildet sich Zucker, der im Stamme in Stärke und Zellulose umgebildet wird, deren letztere zur unmittelbaren Neubildung von Zellen im „Kambiumringe“ führt. Die inneren Kambiumzellen wandeln sich dann in Holzzellen (Neuholz) um, die äußeren in

Bast. Zugleich mit der Ernährung atmet der Baum; er nimmt Sauerstoff auf und atmet Kohlensäure und Wasserdampf aus, ein Vorgang, der allerdings gegenüber der eigentlichen Wachstumsernährung erheblich zurücktritt.[1]) Die vorwiegend dem Zellaufbau dienende Zellulose ($C_6H_{10}O_5$) besteht aus 44% Kohlenstoff, 6% Wasserstoff und 50% Sauerstoff. An der Luft ist Zellulose bei gewöhnlicher Temperatur durchaus beständig; bei gleichzeitiger Anwesenheit von Luft und Wasser oder in Berührung mit Fäulnis erregenden Stoffen tritt eine chemische Zersetzung ein, durch die die Zellulose braun und weiterhin schwarz wird und ihre Festigkeit verliert; in gleicher Weise zersetzen sie holzzerstörende Pilze unter Abscheidung von Wasser und Kohlensäure. An *organischen Verbindungen* finden sich — wenn auch in geringer Menge — im Holz Eiweiß, Stärke, Zucker, Gerbsäure, Harze, Öle usw. Von ihnen sind die Eiweißkörper für den Bestand des Holzes deshalb wenig günstig, weil sie — in Gegenwart von Pilzen — die Fäulnis des Holzes bedingen, während Gerbsäure, Öl, Harze holzerhaltend einwirken, erstere durch Überführung der Eiweißstoffe in unlösliche oder unangreifbare Verbindungen, letztere durch Erschwerung des Wassereindringens von außen her. Die mineralischen Bestandteile — Lösungen u. a. von K, Na, Ca und Fe — setzen als Verbrennungsrückstand des Holzes die Asche zusammen, die beim Bauholze weniger als $^1/_2$% des Trockengewichtes ausmacht.

B. Die wichtigsten technischen Eigenschaften des Bauholzes.

Das *Raumgewicht* des Holzes wird in erster Linie bestimmt durch seinen Wassergehalt; daneben spielen Standort, Wachstum, Lage des Holzes im Stamm (nahe der Wurzel, nahe der Krone, Splint- und Kernholz) eine, wenn auch untergeordnete Rolle. Im allgemeinen ist bei derselben Holzart das schwerere Holz dem leichteren vorzuziehen und durch erhöhte Festigkeit ausgezeichnet. Der Wassergehalt des grünen Holzes beträgt bei: Fichte 45, Erle 42, Kiefer 40, Tanne 37, Ulme 34, Rotbuche 32, Eiche 30 und Lärche 26% des Gewichtes. In lufttrocknem Zustande haben diese Hölzer immer noch etwa 10—15% Gewichtsteile an Wasser. Nach den preußischen Vorschriften vom 24. Dezember 1919 ist das *Eigengewicht* der Bauhölzer für 1 cbm wie folgt anzunehmen:

Kiefer (Föhre)	700	Gelbkiefer	800
Fichte (Rottanne)	600	Eiche	900
Tanne (Weißtanne)	600	Buche	800
Lärche	650	Australische Harthölzer	1100
Pechkiefer	900		

1) Dies zeigt sich auch darin, daß am Tage nur eine CO_2-Aufnahme und O-Abgabe und erst in der Nacht eine schwache O-Einnahme und CO_2-Abgabe festgestellt ist.

Bei lufttrocknem Holze sind diese Gewichte um rund 50 kg/cbm geringer einzuführen. Für die weniger häufig benutzten, namentlich handwerksmäßig verwendeten Hölzer (z. B. Erle, Ulme, gelbe Kiefer und Weißbuche) kann man in lufttrocknem Zustande rund 700 kg/cbm rechnen.

Das Schwinden und Quellen des Holzes. Mit dem Verluste seiner Feuchtigkeit zieht sich das Holz räumlich etwas zusammen, während es bei der Aufnahme von Wasser sich ausdehnt, „*Schwinden*“ und „*Quellen*“. Die hierdurch bedingten Formänderungen vollziehen sich beim Schwinden in der Art, daß zunächst ein größerer Teil des Wassers ausgetrieben sein muß, ehe ein erhebliches Zusammenziehen stattfindet. Dies ist darin begründet, daß zunächst die Feuchtigkeit innerhalb der Holzzellen und erst alsdann die der Zellwandungen herausgeht und erst dem letzteren Vorgange das Schwinden folgt; umgekehrt nehmen beim Quellen zunächst die Zellwandungen begierig das Wasser auf, so daß hier von vornherein die Formänderungen einsetzen. Die Schwindmaße sind bei den einzelnen Hölzern sehr verschieden, abhängig vom Aufbau der Zellen und den etwaigen Füllstoffen dieser. Für die einheimischen Bauhölzer kann man das lineare Schwindmaß im Mittel in der Längsrichtung zu rund 0,1%, in der Richtung senkrecht zur Faser zu 4,5—6%, in dem Umfange zu 10—20% rechnen. Sehr stark schwinden (senkrecht zur Faser) Buche (8%) und Eiche (7,6%), gering Kiefer (4,5%). Aus der anatomisch ungleichen Bauart des Holzes, namentlich der durch sie bedingten größeren Feuchtigkeit der inneren gegenüber den äußeren Zellen folgt, daß Holz beim Austrocknen in seinem äußeren Teile sich stärker als in seinem inneren zusammenziehen muß, zumal sich am Anfange die Feuchtigkeit aus den offenen, größeren, äußeren Poren auch *schneller* verflüchtigen wird wie aus den feineren und festeren im Inneren. Hieraus folgt einmal die Ausbildung von Kernrissen am Balken mit rechteckigem Querschnitte, zum anderen die Wölbung von Brettern in der Art beim Schwinden, daß sie zylindrische Flächen bilden, deren konvexe Seite der Stammachse zugekehrt ist. Hierbei schwinden zu gleicher Zeit in ihrer Dicke das Brett oder die Bohle in der Richtung des Umfanges stärker als nahe der Mitte. Ebenso wird sich ein Mittelbrett aus dem Herz des Stammes gegen die Außenkanten verjüngen, sonst aber unverändert bleiben. Auf den Schwindungsformänderungen beruht auch die Notwendigkeit, bei hölzernen Rohren den ganzen Kern durch Ausbohren zu beseitigen, da nur alsdann die äußeren Fasern nicht mehr gehindert werden, sich gleichmäßig nach dem Mittelpunkte des Rohrquerschnittes zusammenzuziehen.

Dem Schwindmaß angepaßt ist das *Maß des Quellens*, nur ihm gegenüber meist ein wenig größer (bei Buche, Ulme, Kiefer, Tanne), seltener ein wenig kleiner (bei Erle z. B.), oft auch gleich (bei Eiche, Fichte, Lärche); im allgemeinen kann das Quellungsmaß parallel zur Faser bei den Bauhölzern zu 0,2%, senkrecht zur Faser zu 7,0% im Mittel gerechnet werden. Der schädlichen Wirkung des Quellens ist durch konstruktive Maßnahmen zu steuern. Da Fußbodenbretter z. B. durch Wasseraufnahme sich nach der Splintseite zu wölben, werden sie zweckmäßig mit der Kernseite nach oben verlegt, wenn auch hiermit die Gefahr der „Splitterbildung“ etwas zunimmt. Schalbretter für Gewölbe usw. sind mit Fugen zu verlegen, um nicht durch Quellen der Gefahr einer Verschiebung ausgesetzt zu sein, Bretterverkleidungen erhalten entweder Feder und Nut mit ausreichendem Spielraum oder Fugen, die mit Deckleisten abgedeckt werden, die nur einseitig befestigt werden dürfen; Parkettfußböden dürfen nur auf vollkommen trockner Unterlage verlegt werden und müssen durchaus trocken sein, da sonst ein Werfen bzw. die Ausbildung breiterer Fugen die unausbleibliche Folge ist. Größere Holzflächen werden vor dem Windschiefwerden dadurch geschützt, daß man Hirn- oder Gradleisten anordnet oder mehrere Brettschichten in winkelrechter Faserrichtung übereinander leimt („gesperrtes“ Holz). Naturgemäß wird das „Arbeiten“ des Holzes, das mit sehr großer Kraft vor sich geht, bei vielen dieser Maßnahmen dadurch weiter wirksamst zurückgehalten, daß man möglichst gradfaseriges Holz verwendet und „drehwüchsiges“ Holz, das sich namentlich bei Fichten und Kiefern nicht selten findet, von der Verwendung ausschließt.

Das **Austrocknen der Hölzer** wird befördert durch Entrinden des unteren Stammteiles einige Monate vor dem Fällen, durch allerdings nur teilweise gestattete Entrindung des gefällten Stammes[1]), durch Ablagern des zerteilten, zum mindesten roh bearbeiteten Holzes an der Luft in geschützter Lage, und zwar je nach der Holzart bis zu mehreren Jahren. Der Rest an Wasser in lufttrocknem Zustande (10—15%) kann erst durch künstliche Trocknung beseitigt werden (Heizkammern oder Kanalöfen mit durchstreichender Luft und Temperaturen bei Eiche 40°, bei sonstigem Laubholz 30—40°, bei dünnem Nadelholz 80 bis 95°, bei starkem Nadelholz 50° C).

Die **Härte des Holzes** ist im allgemeinen eine Funktion seines Gewichtes. Hart sind von den mehrfach genannten Arten: Eiche, Pechkiefer, Rotbuche, Ulme; mittelhart: Erle, Lärche, Kiefer; weich: Fichte, Tanne; naturgemäß zeigen sich je nach den Wachstums- und Klimaverhältnissen Abweichungen. Mit der Härte geht auch die *Spaltbarkeit* angenähert parallel. Sie ist am geringsten in der Fläche der Spiegel und im Sehnenschnitte meist $1^1/_3$mal so hoch wie im Spiegelschnitt.

Die Elastizitäts- und Festigkeitsverhältnisse des Holzes. Über die elastischen Verhältnisse des Holzes sowie seine Festigkeit bis zum Bruche und die als zulässig zu erachtenden Spannungsgrößen gibt für die wichtigsten Bauhölzer die untenstehende Tabelle Auskunft; natur-

1) Wollte man den Stamm ganz entrinden, so würde der Splint zu stark gegenüber dem Kern austrocknen und demgemäß eine Längsrißbildung im ersteren eintreten.

gemäß sind die in ihr enthaltenen Zahlen nur angenäherte (Mittel-) Werte.

Holzart	Elastizitätszahl in kg/qcm auf			Festigkeitsgrenze in kg/qcm auf						Zulässige Beanspruchung[2] in kg/qcm auf					
	Zug ∥ Faser	Druck[1]) ∥ Faser	Biegung	Zug ∥ Faser	Druck ∥ Faser	Druck ⊥ Faser[1])	Biegung	Schub ∥ Faser	Schub ⊥ Faser	Zug ∥ Faser	Druck ∥ Faser	Druck ⊥ Faser[1])	Biegung	Schub ∥ Faser	Schub ⊥ Faser
Rotbuche . .	180 000	169 000	128 000	720	450	—	720	85	250	100	80	—	100	10	50
Eiche	108 000	103 000	100 000	950	400	144	670	75	250	100	80	36	100	10	50
Fichte, Tanne	92 000	99 000	111 000	600	280	—	490	40	240	90, 80	50	—	90, 80	8	40
Kiefer	90 000	96 000	108 000	900	300	50	600	50	250	100	60	12	100	10	50

Für Knickberechnungen empfiehlt sich ein Mittelwert der Elastizitätszahl von 100000 kg/qcm. Naturgemäß ist es notwendig, zulässige Belastung und Güte des Holzes in Übereinstimmung zu bringen, d. h. z. B. bei drehwüchsigem, leichtem Nadelholz mit breiten Jahresringen die oben angeführten Zahlen herabzumindern. Das gleiche gilt von sehr nassem Holz, bei dem sich sogar Verminderungen von 10—30 %, bei Wasserbauten sogar von 40% empfehlen. In gleicher Weise können aber auch z. B. für lufttrocknes, völlig astreines Kiefern- und Fichtenholz die Zahlen um rund 20% heraufgesetzt werden. Auch spielt bei Bemessung der zulässigen Belastung naturgemäß die Frage eine Rolle, ob es sich um eine nur vorübergehenden Zwecken dienende Anlage oder einen dauernden Bau handelt, da im ersteren Falle die Beanspruchung erheblich höher sein kann als im zweiten. Zudem ist es, wie bei dem Abschnitte Holzprüfung noch besonders betont wird, nicht ohne Bedeutung, wie die Jahresringe zur Beanspruchungsrichtung verlaufen. Dies hat namentlich Bedeutung für gebogene und auf Schub senkrecht zur Faser beanspruchte Holzteile. Während im ersteren Falle die Lage am günstigsten ist, bei der die Kraftebene tangential zu den Jahresringen liegt, sich aber am ungünstigsten eine Lage erzeigt, bei der auf der Zugseite die Kernzone liegt (wegen der starken Ausschieferung hier), ist bei Belastung auf Schub senkrecht zur Faser gerade die Holzlage am günstigsten, bei der unmittelbar die Kernfasern den Druck erhalten oder ein um den Kern herumgruppierter allseitig symmetrischer Querschnitt vorliegt. Namentlich bei der Biegung ist daran zu denken, daß das Holz gewissermaßen aus aneinander gereihten, härteren Sommerholz- und weicheren Winterholzplatten besteht und die Ausbiegung um so kleiner, die Tragfähigkeit um so größer sein wird, je mehr von den Hartholzplatten mit der Richtung der Kraftebene parallel liegen.

1) Vgl. Druckvers. mit Holz von Dr. Trauer, Eisenbau 1919, Heft 7, und Lang, Das Holz als Baustoff 1915.

2) Für Bauten vorübergehender Art können diese Zahlen um 25 v. H. erhöht werden.

Im allgemeinen kann man auf Grund von besonderen Untersuchungen des Berliner Materialprüfungsamtes damit rechnen, daß, wenn der Wert der Druckfestigkeit des Holzes = 100 gesetzt wird, alsdann die anderen Arten der Festigkeit die folgenden Größen zeigen:

Beanspruchung auf:	Zug	Biegung	Schub ‖ Faser
Buche	400	200	29
Eiche	270	177	26
Fichte	210	160	22
Kiefer	270	163	23
oder im Mittel:			
bei Laubholz	310	191	28
„ Nadelholz	230	162	22,5

Nach *Winklers* Angaben ist die Schubfestigkeit ⊥ Faser durchschnittlich bei Nadelholz 6,5, bei Eichenholz 3,3, bei Buchenholz 4,8, nach Bauschinger bei Fichtenholz 4,6mal so groß wie die Schubfestigkeit parallel zu den Fasern.

Man kann mithin von einer Festigkeit angenähert auf eine andere schließen.

Die **Wärmeausdehnung** des Holzes ist gering. Die lineare Ausdehnungszahl beträgt rund 0,00000035, d. i. etwa $^1/_4$ von dem des Eisens. Demgemäß kann die Ausdehnung des Holzes durch Temperatureinflüsse in der Regel als unschädlich bewertet werden.

Die **Dauer des Holzes** hängt ab von dessen Art und dem Orte der Verwendung; namentlich kommt für letzteren der Wechsel zwischen Trockne und Nässe, sowie beim Eingraben in die Erde deren Art in Frage; während sich Holz in ton- und lehmhaltigem Boden leidlich hält, wird es in trocknem Sandboden, noch mehr in kalkigem Boden bald zerstört. In fließendem Wasser und stets von ihm bedeckt, halten sich die Eiche und imprägnierte Buche fast unbegrenzt, die Kiefer und Erle etwa 100, Buche und Lärche etwa 80, Fichte 50 Jahre. Im Freien, Wind und Wetter ausgesetzt, halten sich: die Eiche etwa 100, die Ulme 75, Kiefer und Lärche 60, die Fichte 50, die Buche 35 und die Erle 25 Jahre. Diese Zahlen erhöhen sich namentlich bei der Kiefer, Lärche (je 90) und Buche (55) nicht unerheblich, wenn die Hölzer, im Freien stehend, vor den atmosphärischen Einflüssen geschützt sind, und steigen weiter bei geeigneter Imprägnierung.

C. Die Zerstörung des Holzes und Schutzmittel hiergegen.

Das Holz kann zerstört werden:

a) **Durch Faulen,** d. h. durch eine Zersetzung der eiweißhaltigen Bestandteile des Holzsaftes, wahrscheinlich unter Mitwirkung kleinster Lebewesen bzw. von Pilzen. Hier sei zunächst die *Blaufäule* erwähnt, hervorgerufen durch einen Pilz und alsdann eintretend, wenn das gefällte Holz lange mit Rinde lagert. Hierbei verfärbt sich der Splint bei der Kiefer blau, bei Tanne und Fichte schwarz, bei Eiche braun. Derartiges Holz ist baulich noch durchaus verwendbar, muß aber sofort verarbeitet werden und kann nur an Stellen Verwendung finden, an denen es vollkommen trocken liegt und allseitig von Luft umspült wird. In der Regel handelt es sich beim Faulvorgange um die *nasse Fäule* (Rotfäule), wobei das Holz in eine mürbe, feuchte, braune Masse umgewandelt wird, im Gegensatz zur Trockenfäule (Modern, Stocken), der Bildung einer hellen, zerreiblichen Masse, und der Humifizierung — eine bei Berührung mit Mörtel oder frischem Mauerwerk beginnende Umänderung, der Braunkohlenbildung vergleichbar. Die Rotfäule ergreift sowohl das Holz auf dem lebenden Stamm, als auch nach seiner Verwendung, namentlich im Wechsel von Naß und Trocken; sie beginnt häufig als Kernfäule von innen.

Abgesehen von der Verwendung nur guten, trocknen Holzes und der Fernhaltung von Feuchtigkeit usw. von diesem während des Lagerns (soweit erreichbar!), sind als Vorkehrungen gegen ein Faulen zu nennen:

α) *Anstriche* mit Leinölfirnis, guter Ölfarbe, Holzteer, Steinkohlenteer, mit Harz, Holzteer mit trocken gelöschtem Kalk vermengt, Avenarius-Karbolineum (1 kg reicht für 4—6 qm aus), Antinonnin (eine geruchlose, gelbe, schmierige Masse, die in zweiprozentiger Lösung verwandt wird). Bei allen Anstrichen ist auf gut *lufttrocknes* Holz zu achten, da es sonst „erstickt".

β) *Durchtränkungen* (Imprägnieren) mit Metallsalzen, Kreosotöl und ähnlichen Stoffen, namentlich bei Rotbuche und Kiefer ausgeführt. Als Mittel kommen in Frage:

Kreosotöl (Karbolsäure haltendes Teeröl, mit 6—10% Säure). Verbrauch bei Kiefernholz 140—200, bei Eiche etwa 80, bei Buche rund 300 kg/cbm. Bei Eisenbahnschwellen vielfach beliebt. *Nach Austrocknen und Entlüften der Schwellen wird das Öl in die Schwellen eingepumpt.*

Zinkchlorid, wiederum für Schwellen besonders beliebt, die erst gedämpft, ausgepumpt und alsdann mit der Zinkchloridlösung ($2\,ZnCl_2 + 30\,H_2O$) von 65° C unter etwa 7 Atm. Druck imprägniert werden. Materialverbrauch 180 kg/cbm.

Kupfervitriol (Boucherisieren). Lösung: $1{,}5\,CuSO_4 + 100\,H_2O$; durch den frisch geschlagenen Baum vom Wurzelende aus hindurchgetrieben; selteneres Verfahren, vorwiegend für Telegraphenstangen u. dgl. angewandt.

Eisenvitriol + schwefelsaure Tonerde, darauf Chlorkalzium + Kalkmilch (Hasselmanns Verfahren, sehr gut für Schwellen).

Quecksilberchlorid (Sublimat, 1:150 gelöst), einfache Durchtränkung, mit Vorsicht wegen der Giftigkeit des Stoffes auszuführen; für Eisenbahnschwellen verwendbar.

Daneben finden, wenn auch in beschränktem Maße und für besondere Zwecke, Anwendung Lösungen aus Kochsalz, Mutterlaugen aus der Kaliindustrie, Borax, Wasserglas, Fluornatrium, Kieselfluornatrium, Eisen und Aluminiumsalzen.

Das Imprägnieren macht das Holz härter und schwerer.

Besondere Bedeutung haben in neuerer Zeit wegen des verminderten Verbrauches an Imprägnierungsflüssigkeit die *Sparverfahren* bekommen, bei denen nach der Tränkung das überflüssige Tränkungsmittel dem Holz wieder entzogen wird. Zu nennen sind hier das Northeimer-Verfahren, das Heise-Verfahren, das Rüping-Verfahren und die aus ihm abgeleiteten Rüping-Rütger- und Heidenstam-Rüping-Imprägnierungsarten. Letztere beruhen nach Vorgang von Rüping darauf, daß zunächst Preßluft in die Holzporen, alsdann Öl unter hohem Druck eingepreßt wird, ohne daß die Preßluft entweicht. Letztere treibt schließlich das überflüssige Öl aus den Holzporen heraus. Die abgeleiteten Verfahren (Rütger) machen die Rüping-Methode durch Vorschiebung eines Trockenprozesses (Erhitzung der Hölzer in heißem Öl unter geringer Luftleere und Verdampfung des Wassers im Holz) auch für frische Hölzer, namentlich für Rammpfähle, bestens verwendbar, während nach Heidenstam durch eine kurze Entlüftung der Kessel und sofortige Füllung mit Öl die Preßluft nur aus dem Splintholz entweicht, im Kernholz aber zunächst verbleibt.[1])

γ) Durch *Ankohlen* (üblich bei Zaunpfählen, Leitungsmasten usw.), wenig dauerhaft und in der Wirkung fraglich, durch Umdämmen mit Ton, durch Teeren, Umkleiden mit Eisenblech usw. verbessert.

Endlich kann dem Faulen auch durch Beseitigung der Saftstoffe mittels Auslaugen oder Dämpfen gesteuert werden. Im ersteren Falle kommen die Stämme, entrindet, in fließendes Wasser, mit dem Wurzelende stromauf, so daß eine allmähliche Auslaugung der Saftstoffe vor sich gehen kann, während beim Dämpfen Stämme oder Teile von ihnen in Dampfkessel kommen, in denen sie unter Druck so lange Wasserdämpfen ausgesetzt werden, bis der verdichtete Dampf vollkommen klar abläuft. Hierbei werden Fäulniserreger getötet und nebenbei das Holz so stark erweicht, daß es leicht gebogen und gepreßt werden kann — ein Zustand, den man besonders in der Möbelfabrikation ausnützt.

b) **Durch Schwamm- und Pilzbildungen.** Als gefährlichster Feind des Holzes sei hier an erster Stelle der Hausschwamm (Merulius domesticus oder lacrimans), auch als Tränen- oder Aderschwamm bezeichnet, genannt. Er hat eine vollkommene Zerstörung des Holzes zur Folge und ist deshalb so gefährlich, weil er sich sehr rasch ausbreitet und seine unheilvolle Wirkung auch auf von seinem Herde weiter entfernte Holzteile ausdehnt.

Der Holzschwamm entsteht aus den rostbraunen Sporen, d. h. den Fruchtkörpern eines zur Reife gelangten Holzschwammes, die durch die Luft verbreitet werden und sich besonders gern an Holz ansetzen, das schon durch andere, wenn auch weniger gefährliche Holzpilze vorerkrankt ist. Von den Sporen, deren Lebensfähigkeit etwa ein Jahr beträgt, gehen feine Keimfäden aus, die in die Holzzellen eindringen, sich

1) Genaueres s. u. a. in Troschel, Handbuch der Holzkonservierung, Julius Springer, Berlin 1916, und Malenovic, Die Holzkonservierung, Hartleben 1907.

im Inneren des Holzes ausbreiten und hier (Abb. 39) ein hautartiges Gewebe — das „Myzel“ — bilden, das nun immer weiter wächst, selbst durch Mauern und Gewölbefugen, ja selbst durch Beton hindurchdringt, sich oft fächerartig verbreitet, in jedem Falle aber kräftige, strauchartig verästelte Stränge erzeugt, die besonders lebenskräftig sind. Während die feineren blattartigen Teile des Myzels zu ihrem Bestehen feuchter Luft bedürfen und bei Trockenheit absterben, überdauern die Stränge längere Trockenzeiten und bedingen die Zählebigkeit des Hausschwammes. Tritt der Hausschwamm ans Licht oder trifft ihn eine auch nur spärliche Lichtquelle, so gelangt er zur Reife, hierbei stärkere hautartige Formen sehr verschiedener Gestaltung annehmend, meist bräunlich-gelb gefärbt und mit weißem Rande, vgl. Abb. 40. Die Lebensbedingungen des Hausschwammes sind Feuchtigkeit, Lichtmangel, Luftstillstand. Durch Zersetzung der Zellulose erzeugt er Wasser, befeuchtet damit das Holz und schafft sich somit selbst seinen eigenen Nährboden. Da sein Wachstum durch Alkalien gefördert wird, ist jegliche Verunreinigung des Holzes durch die Bauarbeiter zu vermeiden. Die Erkennung des Holzschwammes ist schwierig. Die Entscheidung über sein Auftreten sollte daher dem fachmännischen Botaniker überlassen bleiben. Immerhin können als *verdächtige Anzeichen* angesehen werden: kleine, schwarze, hier und da auf ungestrichenem Holze auftretende Punkte mit schimmeligem Anfluge, pinselartiges Heraustreten einzelner Farbteilchen bei mit Leimfarbe gestrichenem Holze (meist von gelblicher Farbe), dumpfer Klang des Holzes, leichtes Einbiegen dieses bei Druck, die gewölbte Oberfläche von Dielungen,

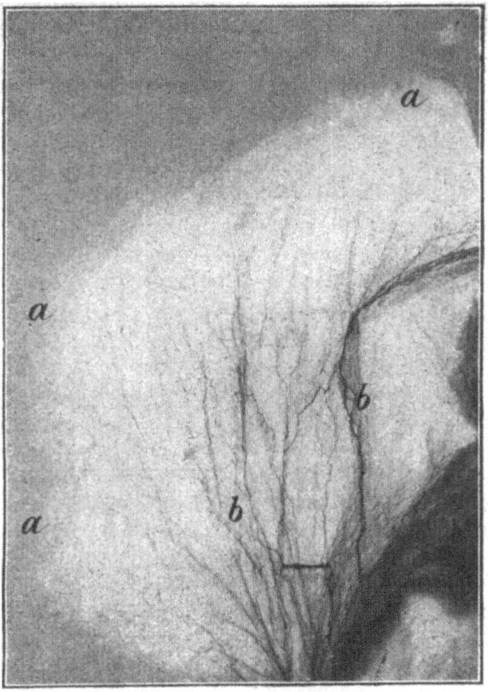

a Äußerste Grenze des feinen Myzels.
b Gröbere Stränge des Myzels.

Abb. 39. Hausschwamm-Myzel.

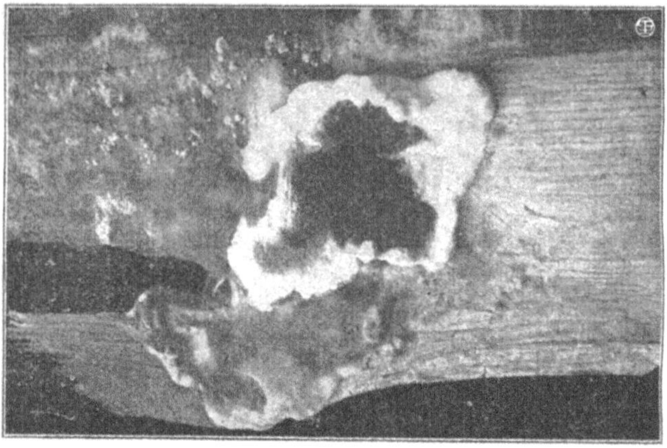

Abb. 40. Echter Hausschwamm im Reifezustand.

außergewöhnlich starkes Schwinden, große, offene Fugen, daneben aber vor allem starke Durchfeuchtung des Raumes, verbunden mit starkem modrigen, ekelerregenden Geruche. Aus den Lebensbedingungen des Holzschwammes ergibt sich, daß er besonders gern angreift: Balkenköpfe, die nicht von Luft umspült sind, Ortbalken, eine Kollerbalkenlage, das Holzwerk in der Nähe der Öfen (namentlich, wenn bei dem Setzen eine starke Durchfeuchtung der Dielen usw. eingetreten), Holzteile unter Ausgüssen, in Waschhäusern, Stallungen usw. Auch wirkt sehr gefährlich die Verwendung von Schutt in Deckenfüllungen, ein allzu frühes Belegen der Fußböden mit luftundurchlässigen Stoffen (Linoleum, Fliesen, fugenlose Estriche), ein starkes Heizen noch feuchter Wohnungen.

Als *Mittel, den Hausschwamm zu verhüten*, ist in allererster Linie die Vermeidung seiner Lebensbedingungen im Bau zu nennen, ferner die Verwendung nur trocknen, gesunden, kernigen, unter Umständen ausgelaugten oder imprägnierten Holzes, die Vorsicht gegen Verschleppung durch Arbeitsgeräte, bereits angegriffenes Holz usw., der Ausschluß gefährlichen Füllmaterials für Decken, die Schaffung eines ausreichenden Luftumlaufs unter Fußböden, an Balkenköpfen, Ortbalken, überhaupt an allen gefährdeten Stellen, und wo dies nicht erreichbar, die Ersetzung von Holz durch Eisen oder Verbundbauteile, die Vermeidung zu zeitigen Luftabschlusses des Holzes, ein gutes Austrocknen des Baues usw.

Ist aber einmal der Schwamm eingedrungen, so ist seine Beseitigung mit allen Mitteln zu bewirken. Da der Schwamm nur lebensfähig ist bis zu einer Temperatur von etwa 50° C, so kann bei geringer Pilzbildung ein Absterben dieser durch Überleiten trockner, auf 100° erhitzter Luft versucht werden. Besser ist aber die vollkommene Aufdeckung der Angriffsstelle, die Beseitigung alles angegriffenen Holzes, bis auf 1 m in das gesunde Holz hinein, die Fortnahme des Mauerputzes im weiteren Umkreise der Gefahrstelle, ein Auskratzen der Mauerfugen, ein Abwaschen aller Mauerteile mit verdünnter Salz- oder Karbolsäure, mit Kreosotöl, Preolith u. dgl., das Aufbringen eines Zementputzes, unter Umständen sogar — namentlich bei ausgedehntem Schwammherde und weniger guten Mauersteinen — die Ersetzung des umliegenden Mauerwerkes durch Klinkermauerwerk in Zementmörtel, endlich die Ersetzung des angegriffenen Holzes durch imprägniertes oder sonstwie geschütztes, vollkommen einwandfreies, trocknes Holz. Diesem Schutze dienen in erster Linie die bereits auf S. 99 erwähnten Fäulnis verhindernden Mittel: Kreosotöl, Steinkohlenteer, Antinonnin und Karbolineum. In jedem Fall ist der vollkommensten Ausrottung des Hausschwammes größte Sorgfalt zuzuwenden; auch alle Werkzeuge, die zur Arbeit verwendet wurden, die Wagen, auf denen das angegriffene Holz transportiert wurde, sind zu desinfizieren und letzteres durch Verbrennung zu vernichten.

Als *weitere gefährliche Pilzbildungen* am Holze sind zu nennen:

α) Der Kellerhausschwamm, auch Warzenhausschwamm genannt (Coniophora cerebella) (Abb. 41). Er findet sich häufig in Gebäuden und bedingt zunächst eine Vorerkrankung, das „Angehen" des Holzes, erkennbar an dessen bräunlicher Verfärbung. In weiterer Folge bildet sich ein grauweißlich oder gelblich gefärbter, oft stark verästelter, korallenartig wachsender Schwamm, der schließlich in ein papier- oder watteartiges Gebilde mit warzen- oder krustenförmiger Oberfläche übergeht.

β) Der Porenhausschwamm (Polyporus vaporarius) (Abb. 42). Er entwickelt sich besonders gern auf durch den unter *α*) genannten Schwamm vorerkranktem Holze, das er vollkommen zerstört und in eine durch Längs- und Querrisse zerteilte braune, kohlenartige,

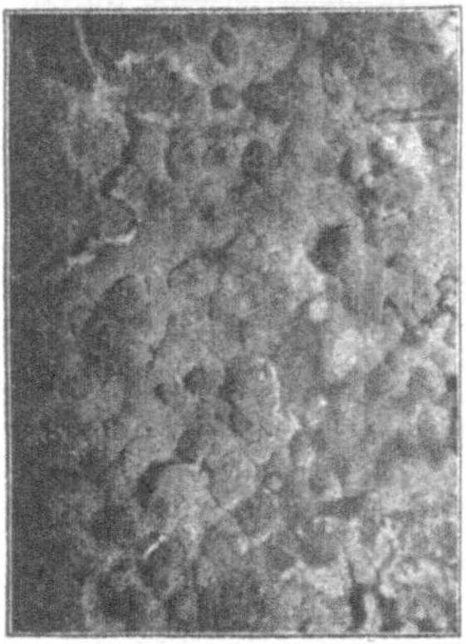

Abb. 41. Kellerschwamm.

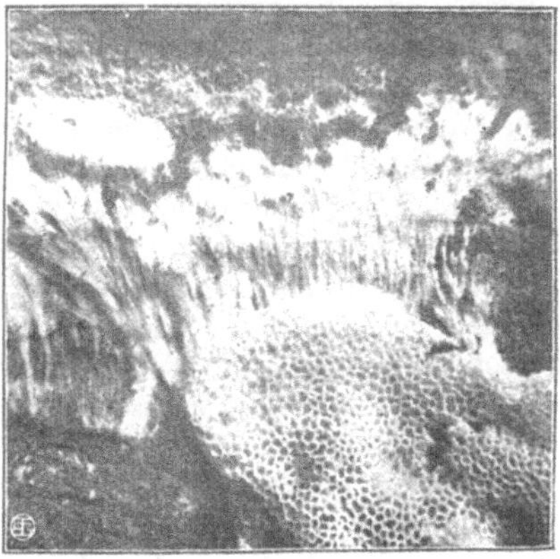

Abb. 42. Porenschwamm.

Abb. 43. Blätterschwamm.

morsche Masse umwandelt, die leicht zu Pulver zerreibbar ist. In dieser Hinsicht gleicht er also in seiner Wirkung dem Hausschwamm vollkommen, kommt ihm auch in seiner Zerstörungskraft am nächsten.

γ) Der wilde und der kleine Hausschwamm (Merulius sylvester und Merulius minor). Beide sind lange nicht so gefährlich wie der echte Hausschwamm und bedingen Trockenfäule des Holzes.

δ) Der Blätterschwamm (Leucites) (Abb. 43), in verschiedenen Arten vorkommend, greift das Holz bereits im Freien, auf dem Lager- oder Zimmerplatze, an und kann somit bereits mit dem Bauholze in den Bau gelangen; er breitet sich im Inneren des Holzes — namentlich von Tannenholz — aus, das äußerlich noch durchaus gesund erscheint.

c) **Durch Feuer.** Vollkommen unverbrennliches Holz zu erzeugen, ist bisher noch nicht gelungen; einen guten Schutz gegenüber dem Angriffe des Feuers bilden sowohl eine *glatte Bearbeitung*, einschließlich des Rundhobelns aller Kanten (bewährt bei Speicherbauten), als auch eine Verkleidung mit 8 mm starker Asbestpappe oder einem Mörtelputz, zweckmäßig auf Drahtziegelunterlage. Als Anstriche, die eine schwerere Entflammung des Holzes bzw. nur dessen Verkohlung bewirken, kommen in Frage: Wasserglas mit Kreide oder Ton vermengt, gebrannter Kalk mit Chlorkalziumlösung gelöscht, gesättigte Lösungen von schwefel- und phosphorsaurem bzw. borsaurem Ammoniak u. a. m. Auch kann gut getrocknetes Holz in Kessel, mit Kalkmilch gefüllt, gebracht und mit schwefliger Säure unter erheblichem Drucke durchtränkt werden (Moores Verfahren); endlich sind zu nennen: die Feuerschutzmasse von Hulsberg & Co., Charlottenburg, sowie das Verfahren der Gautschin-Gesellschaft ebendaselbst.

Naturgemäß kann man auch das Holz mit Rabitzputz, mit Hohlsteinen aus Schlackenbeton, Bimsbeton, mit porösen oder Hohlziegeln usw. sowie mit Hartgipsdielen zum Feuerschutze verkleiden. Hölzer, die brennbare Gase abgeben, wie die harzreichen Nadelhölzer, gewähren einem Schadenfeuer größere Verbreitung als Harthölzer. Besonders schwer brennt Eichenholz, ebenso Teakholz, sehr widerstandsfähig — sogar in ungeschütztem Zustande — sind die australischen Harthölzer.

d) **Durch Wurmfraß.** Die Larven einer ganzen Anzahl von Insekten, Käfern, Schmetterlingen, Wespen usw. leben im Holz der Bäume, manche auch im bereits zur Verarbeitung gelangten Bau- und Tischlerholz. Da sie sich hier vor allem an Stärkemehl nähren und dieses vorwiegend im Splint sich befindet, so ist erklärlich, daß letzterer vorwiegend das Lebensgebiet jener Insektenlarven darstellt. Im besonderen verdient die Larve des Bohr- oder Klopfkäfers Erwähnung, die in Balken, Möbeln usw. Gänge unter Schonung der Oberfläche hineinfrißt.[1] Gegen den Angriff der Larven schützt man Holz durch Anstrich von Karbolineum und Antinonnin.

Für Wasserbauten an der See ist ein sehr gefährlicher Feind des Holzes die *Bohrmuschel* oder der *Bohrwurm* (Teredo navalis), der sich an der Außenseite des Holzes festsetzt und von hier aus tiefe Kanäle in das Holz bohrt, die diesem seine Tragfähigkeit nehmen und zur Zerstörung führen. Als Gegenmittel hat sich die Imprägnierung der Holzteile mit Kreosotöl, namentlich aber mit Sotor (von Avenarius, Stuttgart, u. a. auch durch das Rüping-Verfahren), das Einfüllen von Kupfersulfat in schräg in die Pfähle gebohrte Löcher und deren Abstöpselung, endlich das Bedecken der Holzoberfläche mit breitköpfigen Nägeln aus Eisen erzeigt. In Deutschland kommt der Bohrwurm nur in der Nordsee vor, tritt aber hier nur im Salzwasser, also nicht in den Flußmündungen auf. An der deutschen Nordseeküste hat der Parasit stellenweise großen Schaden angerichtet; hier hat sich in neuerer Zeit die Bekämpfung (namentlich durch Sotor und Benagelung) als sehr wirksam erwiesen und der schädigenden Einwirkung fast allgemein Halt geboten. Ähnliches wie vom Bohrwurm gilt auch von der wesentlich kleineren und deshalb weniger verderblichen *Bohrassel*, die sich auch an der Ostseeküste findet.

D. Kurze Beschreibung der bautechnisch wichtigsten Hölzer.

1. Nadelhölzer.

a) Die *Kiefer* (Föhre, Weißkiefer), bis 50 m, wenn auch selten, hoch, mit einem Stammdurchmesser bis 1 m; das harzreiche Holz zeichnet sich durch deutlich abgesetzte Jahresringe infolge der roten Färbung des Sommerholzes aus. Als Bau-, Nutz- und Werkholz sehr geeignet; verwendet allgemein im Hochbau zu tragenden Konstruktionen, nur für weit freiliegende Balken wegen allzu großer Elastizität und Durchbiegung sowie wegen des starken Harzgehaltes für Fensterkreuze usw. nicht geeignet; bei Wasser- und Grundbauten und für Eisenbahnschwellen bewährt; in trocknem Zustande leicht vom Wurm angegriffen.

---

1) Zur Abtötung der Larven bei Möbeln dient am besten das Einträufeln von Salzsäure in die Bohrlöcher oder ein mehrfaches Überstreichen mit Seifenlauge, versetzt mit Kochsalz. Auch kann man in geschlossenen Behältern einzelne Stücke Dämpfen von Benzin aussetzen, ein Verfahren, das allerdings wegen der Feuers- und Explosionsgefahr große Vorsicht verlangt.

Abarten sind:

Pechkiefer (*Pitch-pine*), ein kanadisches Kiefernholz, von großer Schwere und Dichte, sehr geringer Abnutzung und besonders gleichmäßigem Wuchse; im Innenausbau (Fußböden, Treppen, Türen, Fenster usf.), sowie als Pflaster, zu Eisenbahnschwellen, Leitungsmasten usf. mit Vorteil verwendet.

Gelbe Kiefer (*Yellow-pine*), ähnlich wie das vorgenannte Holz, namentlich zu stark begangenen Fußböden mit großem Vorteil verwendbar; überhaupt gleich der Pechkiefer ein guter Ersatz für Eichenholz.

Oregonkiefer (*Cochin-pine*), gleichmäßiges Holz, durch besonders große Abmessungen ausgezeichnet.

b) *Fichte* (Rottanne), bis 60 m hoch und bis fast 2,0 m stark, der „trocknen Rotfäule" als lebender Baum ausgesetzt, mit hellerem, weißem, grobfaserigem, weichem, leicht spaltbarem, wenig Wasser — auch im Splint — durchlassendem Holze; gut haltbar im Trocknen und vollkommen unter Wasser, nicht verwendbar im Wechsel; allgemein verwendetes Bauholz (auch für Tischlerarbeiten).

c) *Tanne* (Weißtanne, in sehr vielen Spielarten vorkommend), bis 40 m hoch und von einem Stammdurchmesser bis 2,5 m, mit ähnlichen Eigenschaften und gleich allgemeiner Verwendung wie die Fichte, aber nicht so häufig wie diese sich findend. Holz heller und zum Teil seidenglänzend.

d) *Lärche*, in Abmessungen und Eigenschaften der Kiefer nahestehend, mit rötlichem Kern- und gelbem Splintholz, dichtfaserig, hart, zäh, vom Wurm nicht angegriffen, höchst dauerhaft (auch im Wechsel, hier dem Eichenholze nahekommend), ein vorzügliches, nur leider sich wenig findendes Bauholz, das sich als solches bei vielen Bauten früherer Zeiten bestens bewährt hat.

Als *Tischlerhölzer*, zum Teil sogar Hölzer der Kunsttischlerei, seien kurz erwähnt: Zeder, Zypresse und Eibe (oder Taxus). Das Eibenholz ist außerordentlich hart, fein, dichtfaserig, fest und schwer und wird häufig als Ersatz für Ebenholz zu Klaviaturen, Griffen usw. verwendet.

2. Laubhölzer.

a) Die *Eiche*. Hier sind zwei Hauptarten mit im allgemeinen gleichen Eigenschaften zu nennen, die Sommer- oder Stieleiche (mit kahlen Blättern und Stielen, die nicht die halbe Blattbreite an Länge erreichen) und die Winter- oder Steineiche (Blätter unterseits behaart, mit längeren Stielen und etwas härterem Holze). Höhe bis 40 m, Durchmesser bis 3,0 m. Das bräunliche, bei der Sommereiche etwas hellere Holz ist sehr hart, fest, zäh, schwer, aber auch teuer, verändert sich wenig, ist gut bearbeitbar, wird aber leicht rissig und ist vom Wurm angreifbar; in allen Lagen, auch im Wechsel, von größter Dauer; mit hellglänzenden Spiegeln im Längsschnitte; geschätztestes Bauholz für Hoch-, Wasser-, Brückenbau usw., für landläufige Konstruktionen (Balken usw.) naturgemäß zu teuer und durch Nadelholz zu ersetzen.

b) *Rotbuche*, etwa 30 m hoch und 2 m stark. Das harte, schwere, braunrote Holz hält sich nicht im Wechsel, wird wurmstichig, stockt (an gelben Flecken erkennbar) und wirft sich leicht; unter Wasser und im Trocknen gut haltbar; verwendet als Zimmermanns-, Drechsler- und Tischlerholz, *imprägniert* auch zu Brückenbohlen, Eisenbahnschwellen, zu Holzpflaster, auch im Wasser- und Seebau und hier ebenso wertvoll und beständig wie Eichenholz, dabei aber erheblich billiger als dieses.

c) *Erle* (Schwarzerle), mit Höhen bis 30 m und einem Durchmesser bis zu 65 cm; das rötliche Holz ist sehr gut unter Wasser verwendbar und hier der Eiche nahekommend, hält sich aber wenig im Trocknen oder im Wechsel. Verwendung zu Grund- und Wasserbauten, sowie wegen seiner großen Politurfähigkeit und schön braunroten Farbe zu Tischlerarbeiten, hier als Mahagoni-Ersatz verwendet.

d) *Ulme* (Rüster), bis 30 m hoch und 1 m stark; das im Kern rotbraune, im Splint hellgelbe, langfaserige, dichte Holz ist zäh, sehr dauerhaft auch im Wechsel und tritt bezüglich seiner vielfachen Verwendung in Wettbewerb mit Eichenholz. Daneben ein geschätztes Tischlerholz wegen seiner schönen Farbe. Abart: Flatterulme mit besonders schöner Maserung, ein geschätztes Parkettholz.

e) *Weißbuche* (Hain- oder Hagebuche, Heister), bis 12 m hoch, aber selten stärker als 0,6 m. Das gelblich-weiße Holz hat ein sehr dichtes, gleichmäßiges Gefüge, ist sehr hart, zähe, schwindet wenig, reißt nicht, ist aber auch schwer bearbeitbar, namentlich in vollkommen trocknem Zustande. Verwendung zu Drechsler- und Stellmacherarbeiten, weniger als Bauholz.

f) *Esche*, im Kern bräunlich, im Splint hell gefärbt, hart, zähe, sehr elastisch und gut bearbeitbar; vorwiegend ein Stellmacher- (Wagen-) und Tischlerholz.

g) *Pappel*, ein helles, vorwiegend für Tischlerarbeiten verwendetes, weicheres Holz (Fußböden, Vertäfelungen, Parkett, Tischplatten usw.). Das Astwerk ist für Faschinenbauten des Wasserbaus wertvoll.

h) *Linde*. Das nur im Trocknen sich haltende, sehr weiche Holz wird, da es sich wenig wirft, zu Blindböden, Reißbrettern, Tischplatten usw. verwendet.

i) *Ahorn*, dem Lindenholz nahestehend. Verwendung zu Bildhauerarbeiten und in der Tischlerei. Das Holz läßt sich sehr gut hobeln und polieren, ist hell, daneben oft geflammt und geadert.

k) *Birke*, ein für die technische Verwendung untergeordnetes Holz von geringerer Haltbarkeit. Seine Rinde ist korkartig, wasserundurchlässig und kann als Isolationsunterlage für Balken auf Mauern benutzt werden. Verwendung vorwiegend als Brennholz.

l) *Weide*. Verwendet werden baulich in erster Linie die Zweige und Äste für Faschinenbauten, für Flechtzäune usw. Da das Holz außerordentlich stark quillt, werden künstlich getrocknete Weidenholzkeile benutzt, um durch ihr Quellen Steine zu zersprengen bzw. einzelne größere Blöcke aus dem Felsmassiv zu lösen.

m) *Akazie* (Robinie), ein sehr wertvolles, farbenschönes, gut haltbares, zähes Holz; ein wertvolles Tischler-, seltener Bauholz, in letzterem Falle namentlich auch für Grund- und Wasserbauten. Da die Bäume, selbst auf schlechtem Boden, sehr schnell wachsen und ein weit verzweigtes Wurzelwerk besitzen, finden sie auch als Anpflanzung zum Zusammenhalt von Sanddämmen, Dünen, daneben als Hecken Verwendung.

n) *Kastanie.* Das gelblich-weiße, graublau geflammte Holz ist weich und schwammig und wird als Tischler- und Bildhauerholz verwendet.

o) *Platane.* Das dem Holz des Ahorns ähnliche Holz findet wie dieses fast ausschließlich zu Tischlerarbeiten Anwendung.

p) *Obstbäume.* Hier kommen fast ausschließlich Tischlerhölzer in Frage:

Nußbaum. Splint grau-weiß, Kern rötlich-gelb bis schwarzbraun. Das sehr feste, kurzfaserige und dichte, ausgezeichnet polierbare Holz gehört zu den wertvollsten Möbelhölzern und wird zu Decken- und Wandtäfelungen besonders gern benutzt.

Kirschbaum- und *Pflaumenholz*, hellgelb bzw. rötlich gefärbt. Hochwertvolle Möbelhölzer.

Birnbaum, sehr gleichmäßig im Gefüge, benutzt zur Herstellung von Holzschnitten, für Formen, Modelle usw.

q) *Ausländische Laubhölzer.* Auch diese Hölzer kommen fast ausschließlich als Kunsttischlerhölzer, mit Ausnahme der australischen Harthölzer, zur Verwendung. Genannt seien:

Das *gelbliche Sandelholz* (Ambraholz) mit roter Aderung, das blutrote bis schwärzliche *Blau-*, *Blut-* oder *Kampescheholz*, das *rote Sandelholz* mit gelbrotem Kern und dunkelrotem Splint (letztere beiden Hölzer auch Farbhölzer, blau bzw. rot), das dichte, schwarze, harte, Jahresringe nicht mehr zeigende echte *Ebenholz* (ein kostbares Drechsler- und Kunsttischlerholz für Griffe, Klaviaturen, Mosaikarbeiten usw.), das *Pockholz* (Guajakholz), grünlich-braun mit schwarzen Streifen, sehr hart, für Lager, Griffe, Walzen, Hämmer usw. verwendet, das oft lebhaft braune, rot und schwärzlich gefärbte *Palisanderholz*, ein besonders wertvolles Furnierholz, *Mahagoniholz*, frisch gelbrot, durch Politur dunklerrot werdend, eines der geschätztesten Tischlerhölzer, in sehr vielen Spielarten vorkommend, das *Teakholz* (Holz einer indischen Eiche), hellbraun bis dunkelbraun, ein wertvoller Ersatz von Eichenholz, sehr dauerhaft und unangreifbar, das *Hickoryholz*, ein amerikanischer Nußbaum, ein vorzügliches Stellmacher-, Werkzeug- und Tischlerholz, und endlich die *Eukalyptus-* und ihnen verwandten *Hölzer.* Diese Australien und den hinterasiatischen Inseln entstammenden Hölzer sind außerordentlich feste, wenig abnutzbare, astfreie, nicht splitternde, elastische, in jeder Verwendungsstelle dauerhafte Hölzer, die — ausgezeichnet polierbar — zu Tischlerarbeiten, namentlich für Parkett, Dielungen, Treppenbeläge, Geländer, daneben auch für Holzpflaster, Eisenbahnschwellen usw. als Bauholz Verwendung finden. Als bekanntere Arten seien erwähnt: Karri, Jarrah, Tallow und Moa. Inwieweit diese Hölzer unserer heimischen Eiche überlegen sind, möge die nachfolgende Zusammenstellung erkennen lassen:

	Druckfestigkeit	*Abnutzung durch Abschleifen*
Eiche	500 kg/qcm	6,9 ccm
Moa	950 „	1,2 „
Tallow	860 „	2,9 „

E. Die Bearbeitung des Bauholzes und das Bauholz als Handelsware.

Gutes Bauholz muß trocken, möglichst gerade gewachsen, gesund, namentlich frei von faulen oder morschen Stellen sowie durchgewachsenen Ästen sein; es muß hell klingen, risse- und fleckenfrei sein, angenähert gleichmäßige Jahresringe zeigen (besser, als wenn die Ringe bald eng, bald weit sind). Hierbei ist zu berücksichtigen, daß ein Einzelstehen der Bäume, desgleichen ein harter, trockner Boden auf die Festigkeit und Dauer des Holzes günstigen Einfluß haben.

Die *Bearbeitung des Holzes* findet zunächst mit dem Beil in roher Weise durch Behauen der Kanten statt — „waldkantiges Holz", nach besserer Bearbeitung als Kantholz bezeichnet. Eine weitere Zerteilung und geradflächige Behandlung erfolgt durch Hand- bzw. maschinell betriebene Sägen (Rahmensägen mit Vertikal- bzw. Horizontalgatter, je nach der senkrechten oder wagerechten Schneiderichtung), Bandsägen oder Kreissägen. Zur Einarbeitung von Vertiefungen, Nuten, Federn usw. von Hand aus dienen das *Stech-* und *Stemmzeug* (Meißel, Hohleisen, Viererеisen, Geißfuß usw.), von denen das erstere nur durch den Druck der Hand des Arbeiters, das letztere durch Eisenhämmer oder schwere Holzschlägel getrieben wird. Zur maschinellen Einarbeitung von Profilen, Einschnitten, Kehlen, Nut und Feder usw. finden Fräsmaschinen, d. s. Kreissägen mit besonders profilierten Sägeblättern, Anwendung. Ferner dienen der Holzbearbeitung: *Stemmaschinen* zur Herstellung von Zapfenlöchern u. dgl., *Hobelmaschinen* (Lang- und Querhobelmaschinen), Bohrmaschinen, Kopiermaschinen (genau nach einem Modell mittels Hebelübertragung auf die Messer arbeitend), Zinkenschneidemaschinen, Drehbänke, Schleifmaschinen usw.

Farbe, Maserung und Glanz des Holzes werden durch *Polieren* besonders hervorgehoben. Hierbei werden harzige, in Weingeist u. a. aufgelöste Stoffe auf die Oberfläche des Holzes als dünne Schicht aufgebracht, die mit deren Hilfe bis zum Spiegelglanz geglättet wird. Vor Beginn des Polierens wird zunächst die Holzfläche unter Verwendung von Bimssteinpulver u. dgl. ganz eben abgeschliffen und dann unter Verwendung eines Wollballens od. dgl., der äußerlich mit einer Leinwandhülle umschlossen ist, die Politur aufgebracht. Durch die feinen Poren dieser Hülle dringt die Politurmasse gleichmäßig und fein verteilt hindurch. Ein Ankleben des Ballens wird durch öfteres Anfeuchten desselben mit Leinöl während des Blankreibens der Holzfläche verhindert. Zur *Glanz*politur dient in der Regel eine Lösung von 1 Teil Schellack in 7—8 Teilen Weingeist mit einem kleinen, die Härte der Politur vergrößernden Zusatze von Mastix, während eine *matte* Politur durch Vereinigung von 10 Teilen Wachs mit 4—7 Teilen Terpentinöl und 2 Teilen Weingeist bewirkt wird.

Der *Wiederauffrischung matt gewordener Politur* dient eine Lösung von 2 Teilen Stearinsäure in 3 Teilen Terpentinöl, die vermittels Seidenlappen kräftig in die Holzfläche eingerieben wird.

Bauhölzer. Unter „Festmeter" versteht man 1 cbm zusammenhängende, unter „Raummeter" 1 cbm geschichtete Holzmasse.

Bauholz kann „unbearbeitet" sein und als Rundholz, als entrindeter Stamm oder als Schalholz, d. i. kreuzweise gespaltenes Rundholz, in den Handel kommen. Balken mit der Axt beschlagen, also ohne scharfe Kanten, benennt man wald- oder baukantig, mit der Säge geschnitten scharf- oder vollkantig. Wird aus einem Stamm ein Balken hergestellt, so spricht man von Ganzholz, bei 2 bzw. 4 Hölzern von Halb- oder Kreuzholz. Günstige Querschnitte sind für die Tragfähigkeit:

$$b : h = 1 : \sqrt{2}, \text{ d. h. } b = \sim 0{,}7\,h,$$

wenn b die Balkenbreite, h die Balkenhöhe bedeuten.

Die im Jahre 1898 vom Verbande deutscher Baugewerksmeister unter Zustimmung der staatlichen Verwaltungen und bautechnischen Verbände angenommenen *Normalabmessungen für Bauhölzer und Schnitthölzer* sind die folgenden:

α) *Bauhölzer.*

Breite in cm	8	10	12	14	16	18	20	22	24	26	28
Höhe in cm	8	10	12	14	16	18	20	28	24	25	28
	10	12	14	16	18	20	22		26	28	30
		14	16	18	20	22	24		30		
				20	22	24	26				

β) *Schnitthölzer* (für Bretter, Bohlen, Pfosten, Latten).

Längen: 3,5, 4,0, 4,5, 5,0, 5,5, 6,0, 7,0 und 8,0 m.

Stärken: 1,5, 2,0, 2,5, 3,0, 3,5, 4,0, 4,5, 5,0, 6,0, 7,0, 8,0, 9,0, 10,0, 12,0 und 15,0 cm.

In der Praxis sind zudem vielfach die nachstehenden Bezeichnungen und Maße eingeführt:

Ganzholz (13/18, 16/18, 16/21 cm oder 5/6, 6/7, 7/8 Zoll); Kreuzhölzer (8/8, 8/10, 10/10, 12/12, 10/13, 13/13, 13/16); Zangen (Halbhölzer) (8/16, 10/16, 8/18, 8/20, 10/20); Riegel (12/12, 12/14, 14/14, 14/16); Kopfbänder (10/12, 12/12, 12/14, 12/16, 16/18); Streben (12/16, 14/16, 16/18, 18/18, 20/20); Eck- und Bundstiele (12/12, 14/14, 16/16, 18/18, 20/20); Zwischenstiele (10/12, 12/14, 12/16, 14/16, 16/18); Schwellen

(12/14, 12/16, 14/16, 16/18, 16/20); Ganze Balken (16/24, 18/20, 18/21, 18/22); Streichbalken (9/20, 9/22, 9/24, 10/24, 10/26, 11/26); Unterzüge (20/20, 22/26, 22/28, 24/30, 26/30); Pfetten oder Rähme (10/12, 12/16, 14/16, 16/18, 18/20); Sparren (10/12, 12/14, 12/16, 14/18, 14/20).

Die Holzlängen gehen in der Regel von 5—7 m und steigen in geradzahligen Dezimetern; üblich sind: 5,2, 5,4, 5,6, 6,2 und 6,4 m.

Unter Bohlen versteht man Schnitthölzer von 5—10 cm Stärke; unterschieden werden je nach der Lage im Stamm Zopf- und Stammbohlen, von denen die letzteren die besseren sind. Bei Verwendung von *Bohlen* als *Fahrbahn* im *Brückenbau* kommen Eichen- und Buchenbohlen in Frage; erstere empfehlen sich bei geringem Verkehr (da man nur hier von ihrer langen Dauer Nutzen ziehen kann), letztere bei starkem Verkehr (ihre Abnutzung läuft alsdann mit ihrer Zerstörung durch atmosphärische Einflüsse parallel).

Bretter sind 1,5—4,5 cm, *Schalbretter* 2,0—2,5 cm stark, *Latten* zeigen 7—5 cm Breite und 3—2 cm Stärke.

Als *Spalthölzer* kommen Schindeln und Stakhölzer der Decken in Frage.

Holzschindeln: $L = 40$—60 cm je nach Lattungsweite aus möglichst kienigem, astfreiem Holz durch Spaltung, auch mit Hilfe der Maschine herzustellen. Stärke 4—6 mm, Breite beliebig, je nach Holzstärke. Deckung möglichst dreifach. Alsdann kann auf seitliche Nutung der Schindeln verzichtet werden.

Die *Preise des Holzes* schwanken oft nicht unerheblich, namentlich mit den Transportkosten und der Art der Beförderung, aber auch der Länge der Hölzer. Die Preise für Fichtenholz sind um etwa 10—20% geringer als für Kiefer, für Eiche etwa doppelt so hoch als für Kiefer.

Besondere Anwendungsgebiete des Holzes umfassen:

Eisenbahnschwellen. Abmessungen: in der Strecke $2{,}50 \times 0{,}25 \times 0{,}16$ m $= 0{,}1$ cbm bzw. am Stoße $2{,}60 \times 0{,}32 \times 0{,}16 = 0{,}128$ cbm.

Brückenbohlen. Eiche oder Buche, seltener Kiefer und Fichte — vgl. die vorstehenden Ausführungen. Neben erstklassigen vollkantigen Bohlen kommen auch weniger gute (II. und III. Klasse) in den Handel mit einer Preisverringerung von rund 20 bzw. 40%.

Holzpflaster, auf einer Straßenstrecke nur in ganz gleichartiger Güte und Art zu verwenden; Holzart: Fichte, Kiefer, Buche, Pitch-pine, Yellow-pine, sowie die auf S. 109 genannten australischen Holzarten. Tränkung mit Teeröl (besonders geeignet wegen Dichtmachung der Oberfläche) oder Zinkchlorid; Abmessungen: $b = 7$—10 cm; $h = 12$ bis 18 cm; $l = 18$—30 cm, also recht verschieden. Das Pflaster wird in heißem Teer oder Asphalt verlegt, und zwar auf einer wasserdichten, sorgfältig abgeglichenen Unterbettung und mit Teer, Asphalt oder Zementmörtel 1: 2 vergossen, bei einer Fugenweite von 5 mm.

Leitungsstangen, meist Fichtenholz, 4—6,5 m lang und am Zopfende 10—12 cm stark.

Faschinenreisig, am besten Weiden- oder Pappelholz von höchstens 5 cm größter Stärke, daneben, wenn stets unter Wasser, auch Nadelholzäste.

Pfosten zu gewöhnlichen Einfriedigungen, ungeschälte Fichtenstangen, 1,5—2,5 m lang, 12—14 cm stark.

F. Die technische Prüfung des Bauholzes.

In erster Linie wird das Holz auf seine Festigkeitsverhältnisse, dann auf das Raumgewicht und den Quell- und Schwindvorgang geprüft. Zur Prüfung wird in der Regel lufttrocknes Holz verwendet. Die *Druckfestigkeit* wird an Würfeln bestimmt, und zwar, wenn es sich um die Durchschnittsfestigkeit des Stammes handelt, an solchen, bei denen die Diagonale der Druckfläche mit einem Durchmesser des Stammes zusammenfällt. Sind Splint- und Kernholz verschieden, so empfiehlt es sich, für beide getrennt mit Hilfe kleinerer Würfel die Druckfestigkeiten zu ermitteln; hierbei werden die Probekörper so herausgeschnitten, daß zwei Seiten der Druckfläche möglichst tangential zu den Jahresringen verlaufen. Zur *Bestimmung der Elastizitätszahl* benutzt man prismatische Körper mit quadratischem Querschnitte und von der Höhe gleich dem Dreifachen der Quadratseite. Bei ihnen wird die elastische Formänderung aber nur im mittleren Drittel gemessen, um von den störenden Einflüssen örtlicher Art frei zu bleiben, die sich infolge des Kraftangriffes an den Prismenenden und der Nachgiebigkeit des Holzmaterials hier einstellen.

Zur Bestimmung der *Biegefestigkeit* dienen prismatische Stäbe mit quadratischem Querschnitte; hierbei läßt man die Schnittlinie von Kraftebene und Querschnitt mit der Tangentenrichtung an die Jahresringe zusammenfallen, um hierdurch ein allmähliches Absplittern von Schichten und damit eine Unsicherheit der Bruchspannung zu vermeiden. Die Belastung auf Bruch findet durch eine Einzellast in der Mitte des als Träger auf zwei Stützen (an seinem Ende auf Rollen) gelagerten Stabes statt; die Berechnung der Bruchspannung erfolgt nach der Navierschen Theorie, also unter Annahme geradflächig verbleibender Querschnitte und einer konstanten Elastizitätszahl. Der *Scherversuch* wird an kleinen, einseitig eingespannten Probestücken zweischnittig ausgeführt, und zwar radial und tangential zu den Jahresringen: hierbei soll die Breite der Scherbacke höchstens 1 cm betragen, um einen vorzeitigen Bruch der Probe durch Biegungsbeanspruchung tunlichst zu vermeiden. Im allgemeinen ist die Scherfestigkeit tangential zu den Jahresringen etwas größer als in radialer Richtung. Dem *Zugversuche* dienen prismatische Stäbe mit quadratischem Querschnitte und verstärkten Köpfen, bei denen ganz besonders darauf zu achten ist, daß die Zugrichtung mit der Faserrichtung, soweit erreichbar, zusammenfällt. Eine Zugprüfung, bei der der Probestab so aus dem Holze herausgeschnitten wird, daß seine Faserrichtung senkrecht zur Zugkraft liegt, kommt nur in ganz seltenen Fällen in Frage. Wichtig ist die Härteprobe des Holzes, d. h. die Bestimmung seines Widerstandes gegen Verdrückungen senkrecht zur Holzfaser — ein Vorgang, der bei sehr vielen Baukonstruktionen eine besonders bedeutsame Rolle spielt. In der Praxis sind die hier in Frage kommenden Untersuchungen in der Regel in der Art durchgeführt worden, daß man auf ein längliches oder quadratisch geformtes Holz von oben aus durch einen Stempel den Druck ausübt und festlegt, bei welcher Belastung ein Einpressen elastischer Art, alsdann ein solches mit dauernden Formänderungen bzw. die Zerstörung eintritt. Für mehr wissenschaftliche Untersuchungen ist hierfür auch die Brinellsche Kugeldruckprobe herangezogen worden.[1])

Die *Prüfung über das Verhalten gegen Feuchtigkeit* sucht einmal (in gleicher Art wie bei Bestimmung der normalen Festigkeitszahlen) die Verminderung des Widerstandes des Holzes bei Wasseraufnahme, dann aber sein Verhalten beim *Schwinden und Quellen* zu ergründen. Hierbei erfolgt die Bestimmung des Schwind- und Quellmaßes durch lineares Ausmessen, und zwar entweder der Kantenlängen vorher genau gemessener prismatischer Stäbe oder — besser — besonderer auf ihn bezeichneter Maßlängen.

Die Bestimmung des *Raumgewichts*, insofern nicht ohne Bedeutung, als bei gleicher Festigkeit dem leichteren Holze, bei gleicher Holzart dem schwereren Material der Vorzug gebührt, findet entweder stereometrisch oder nur mittels des Eintauchverfahrens aus der Bestimmung der verdrängten Wassermenge statt. Hierbei ist der Versuch allerdings schnell auszuführen, um kein Wasser in den Versuchskörper eindringen zu lassen, oder dessen Oberfläche mit Firnis zu überziehen.

Eine brauchbare, einwandfreie Untersuchungsart, die über die größere oder geringere Neigung des Holzes, zu faulen, Aufschluß geben könnte, ist bisher noch nicht gefunden worden; vorgeschlagen ist hier eine Impfung des Holzes mit holzzersetzenden Pilzen, ein Eingraben in verschiedene, zum Teil verseuchte Bodenarten usw. Da jedoch alle diese Prüfungen sowie auch das Verhalten des Holzes an baulicher Verwendungsstelle stets an örtliche Bedingungen gebunden sind, so steht nicht zu erwarten, daß einmal die Versuche zu Gesetzmäßigkeiten führen werden, und zum anderen, auch wenn sich solche zeigen sollten, sie auf die Praxis allgemeine Anwendung finden können.

---

1) Hier kommen im besonderen umfassende Untersuchungen von Janka (Die Härte des Holzes von Dr. Janka, Wien 1915) in Frage, aus denen er die gesetzmäßige Beziehung ableitet:

$$H = \text{Härte} = (2\sigma - 500) = (2 \times \text{Druckfestigkeit} - 500).$$

4. Die baulich verwendeten Metalle, namentlich das Eisen.

Das Eisen.

1. Die Eisenerze und Zuschläge.

Alles bautechnisch verwendete Eisen wird aus den *Eisenerzen* durch Ausschmelzen gewonnen. Als solche kommen vorwiegend in Frage:

Magneteisenstein, Eisenoxyduloxyd ($FeOFe_2O_3$), eines der ausgiebigsten Eisenerze mit oft über 60% Eisen, meist nur wenig durch Si und P verunreinigt, schwarzbraun bis -grün in der Farbe, mit deutlich metallischem Glanze. Fundorte: in Deutschland wenig verbreitet (in Thüringen, am Harz, im Erzgebirge und in Schlesien), größere Lager in Nordböhmen, Norwegen (Arendal), in Nordschweden (Grängersberg, Dannemora, Gellivara), Ural, Kanada, Vereinigte Staaten.

Roteisenstein. Eisenoxyd (Fe_2O_3), selten mehr als 60% Fe enthaltend, rötlich bis rot-schwarz; es kommt in kristallinischer, derber und erdiger Form vor. Abarten: der kristallisierte graue Eisenglanz, der knollige, im Inneren faserige rote Glaskopf, das oolithische Roteisenerz — die wichtigste, meist vorkommende Art. Beigemengt findet sich oft Quarz, Kalk, Apatit (wertvoll wegen des Phosphorgehaltes), auch Schwefelkies. Vorkommen: in Deutschland im Sieg-, Dill- und Lahngebiete, Saarbrücken, Erzgebirge, ferner in Nordspanien, Nordafrika, Belgien, Luxemburg, England, Insel Elba, Nordamerika (am oberen See, Hauptgewinnungsgebiet für die amerikanische Eisenindustrie).

Brauneisenstein, ein Eisenhydroxyd ($2\,Fe_2O_3 + 3\,H_2O$), meist nur bis 45% Eisen enthaltend, oft stark phosphorhaltig. Fundorte: Luxemburg, Lothringen, Oberschlesien, Siegerland, Nordharz, Lahntal, Taunus, Westerwald, Hunsrück, Gegend von Peine, österreichische Alpenländer, Spanien, Nordafrika, Nordamerika. Abart: *Minette*-Erz, dicht bis erdig, stark phosphorhaltig, aus Lothringen, Luxemburg, Frankreich (Gebiet von Brié) und Belgien. Brauneisenstein bildet meist die Grundlage der „Thomasbetriebe". Strich braunrot.

Hierher gehört auch das in dauernder Neubildung begriffene *Rasenerz* (Wiesen- oder Sumpferz), nahe der Oberfläche in selten stärkerer Schicht als 0,5 m anstehend und sich vor allem in der Norddeutschen Tiefebene findend.

Spateisenstein, kohlensaures Eisen, Eisenspat ($FeCO_3$), selten bis 40% Eisen enthaltend. Das sehr wertvolle Erz findet sich in Steiermark, Kärnten, Siebenbürgen, Karpathen, Spanien und Frankreich, in Deutschland an einigen Stellen, im Ruhrtale, im Siegerland, bei Osnabrück, am Stahlberg bei Schmalkalden. Das Erz hat gelbbraune Farbe und zeigt hellgelben Strich.

Abarten sind:

Toneisenstein, mit Ton verwachsen, in Deutschland in der Zwickauer und Saarbrückener Gegend, daneben untergeordnet in Schlesien und im Ruhrbecken; größere Lager in England und Frankreich.

Kohleneisenstein, mit Kohle verbunden, ein mattschwarzes Gestein. Fundorte: Westfalen und Rheinland, England, Schottland.

Die Erze werden meist in der Form, wie sie der Bergbau liefert, verhüttet, nur hin und wieder zerkleinert, von taubem oder wenig eisenhaltendem Gestein befreit und dort, wo die Erze erhebliche Mengen von Schwefelverbindungen führen, „geröstet". An diese Aufbereitung schließt sich in manchen Betrieben das Möllern, d. h. die lagenweise Zusammenmengung der Erze mit ihren Zuschlagstoffen, ein Vorgang, der aber in der Regel erst in den Fördergefäßen zum Hochofen oder erst bei dessen Beschickung vollzogen wird. Die den Erzen zugeführten Zuschläge bezwecken, die erdigen und steinigen Beimengungen der Erze und die Asche der Brennstoffe in leicht schmelzbare Verbindungen — die Schlacken — überzuführen. Nur bei wenigen Erzen, die ohne Zuschläge eine geeignete Schlacke bilden, kann dies unterbleiben.

Als *Zuschläge* kommen in Frage:

Kalk- (oder Magnesia-) *Zuschläge*, wenn die Erze zu viel Kieselsäure und Ton enthalten; verwendet werden möglichst reine Kalksteine oder kalkhaltende Eisenerze, bei denen dann zugleich das Eisen gewonnen wird (z. B. Kalkminetten).

Ton- oder *Kieselsäure-Zuschläge*, wenn die Erze zu reich sind an Kalk oder Magnesia. In Frage kommen hier: Ton, Tonschiefer, Sandsteine, bessere Schlacken oder Eisenerze mit entsprechender Zusammensetzung.

Erstarrte Hochofenschlacke aus dem Betriebe selbst, wenn die Erze sehr reich an Eisen sind und demgemäß ein „dürrer Gang" des Hochofens zu befürchten steht.

Manganerze u. dgl. zur *Änderung* (Herabsetzung) *des Schlackenschmelzpunktes*. Der gleiche Zweck läßt sich auch durch geeignete Abwägung der Kalkbestandteile zu Ton und Kieselsäure erreichen.

Zuschläge zur *Verleihung bestimmter Eigenschaften an das Eisen* (Schlacken, Manganerze, Phosphate u. dgl.).

Der Vereinigung von Erzen und Zuschlägen wird schließlich der Brennstoff zugefügt und somit die „*Beschickung*" des Hochofens geschaffen. Als Brennstoff kommt heute in Deutschland fast ausschließlich Steinkohlenkoks in Frage.

2. Die verschiedenen Eisenarten und ihre Herstellung.[1])

Das im Baufache zur Verwendung kommende Eisen läßt sich in zwei Hauptgruppen einteilen: a) *das Roheisen*[2]), b) *das schmiedbare Eisen*.

1) Genaueres vgl. in: Gemeinfaßliche Darstellung des Eisenhüttenwesens, herausgegeben vom Verein deutscher Eisenhüttenleute in Düsseldorf. 9. Auflage. Düsseldorf 1915.

2) Vgl. hierzu die vom *Deutschen Roheisensyndikat in Düsseldorf aufgestellten Normen für Roheisensorten*. (Gemeinfaßliche Darstellung des Eisenhüttenwesens siehe Anm. 1.)

Roheisen. Unter dem Roheisen ist alles Eisen zu verstehen, welches unmittelbar aus dem Hochofenprozeß gewonnen ist; es besitzt mehr als 2% Kohlenstoff, schmilzt bei verhältnismäßig niedrigen Temperaturen (1075—1275° C), ist spröde, nicht schmiedbar und leicht schmelzbar. Nach seiner Farbe unterscheidet man a) *graues* und b) *weißes Roheisen.*[1]) Bei der ersteren Art wird beim Erkalten ein mehr oder minder großer Teil des Kohlenstoffes als Graphit ausgeschieden, weshalb die Bruchfläche grau bis schwarz erscheint; bei dem weißen Roheisen bleibt hingegen der Kohlenstoff als Härtungskohle im Eisen gelöst und die Bruchfläche zeigt ein weißes Aussehen; graues Roheisen ist siliziumhaltig[1]), weicher und zäher als das weiße Material, dabei leicht flüssig. Weißes Roheisen — stets mit einem größeren oder geringeren Gehalte an Mangan[2]) — ist hingegen sehr hart und spröde und wegen seiner Zähflüssigkeit nicht zum Gießen verwendbar; es wird hergestellt zum Zwecke der Umwandlung in schmiedbares Eisen.

Einen Übergang zwischen beiden Eisensorten bildet das *halbierte* (melierte) Roheisen; bei diesem tritt außer Graphit auch die weiße Grundmasse klar zutage.

Nach dem *Bruchausschen* unterscheidet man ferner beim weißen Roheisen: mattes (nicht kristallinisches), strahliges und Spiegelroheisen[3]); beim Graueisen: feinkörniges, helles, mit sehr kleinen Graphitblättchen ausgestattetes und grobkristallinisches, dunkelgraues Roheisen. Nach dem bei der Herstellung zur Verwendung gelangten Brennstoffe trennt man: (Holzkohlen-) Koks- und Steinkohlenroheisen, nach der späteren Verwendung: Gießerei-, Bessemer-, Thomas-, Puddel- usw. Roheisen.

Unter der Bezeichnung *Gußeisen* ist in der Regel ein *graues* — ausnahmsweise ein halbiertes —, zur Herstellung von Eisengußwaren bestimmtes, durch Umschmelzen gereinigtes Roheisen zu verstehen; denn nur ein solches Material besitzt neben der erforderlichen Festigkeit die Eigenschaften, leicht flüssig zu werden, beim Erstarren sich auszudehnen und somit die feinsten Vertiefungen der Form gut auszufüllen

1) Graues Roheisen entsteht durch Aufnahme von Silizium, welches die Legierung von Eisen- und Kohlenstoff zerlegt, also die Graphitbildung hervorruft; enthält das Eisen kein Mangan, so genügen schon geringe Mengen Silizium, um es grau zu machen. Je mehr aber Mangan vorhanden ist, in desto höherem Grade wird auch die Wirkung des Siliziums aufgehoben. Daneben ist auch die Zeitdauer der Abkühlung von größter Bedeutung, indem Roheisen bei raschem „Abschrecken" (Gießen in eiserne Formen) weiß, bei langsamem Abkühlen grau werden kann.

2) Mangan befördert die Bindung des Kohlenstoffes; es findet sich deshalb stets im weißen Roheisen. Besitzt das Roheisen kein Mangan, so bedarf es — vgl. die voranstehende Anmerkung — nur geringer Mengen von Silizium, um es grau zu machen.

3) Das sich beim Spiegeleisen zeigende strahlige Gefüge wird durch Mangan begünstigt. Mit zunehmendem Gehalt hieran geht Spiegeleisen in Eisenmangan über.

und infolge seiner Weichheit sich bearbeiten zu lassen. Bei Baukonstruktionen, woselbst stets hohe Ansprüche an die Festigkeit des Eisens gestellt werden, darf für Verwendung zu Gießzwecken nur ein phosphorarmes Roheisen (Hämatiteisen mit nicht über $^1/_{10}$% Phosphor) zur Verwendung gelangen. Je mehr C das Roheisen enthält, um so spröder ist es; je weniger es hiervon aufweist, um so weicher ist es. Auch nimmt die Schmelztemperatur zu mit Verringerung des Gehaltes an Kohlenstoff.

Die *Gewinnung* des *Roheisens* erfolgt mit Hilfe des *Hochofens* (Abb. 44). Dieser ist ein Schachtofen bis 30 m hoch, meist aber von erheblich geringerer Höhe. Seine Einzelteile sind (vgl. Abb. 44) die Gicht (1), der Schacht (2), der Kohlensack (3), die Rast (4), das Gestell (5). Die Beschickung des Ofens erfolgt vermittels senkrechter oder jetzt meist schräger Aufzüge von oben her, von der *Gicht*, die durch einen beweglichen Doppeltrichter verschlossen ist. Dieser wird von dem zur Fortführung der Gichtgase dienenden Abfangrohr (9) durchbrochen.

Abb. 44. Hochofen mit Winderhitzer.

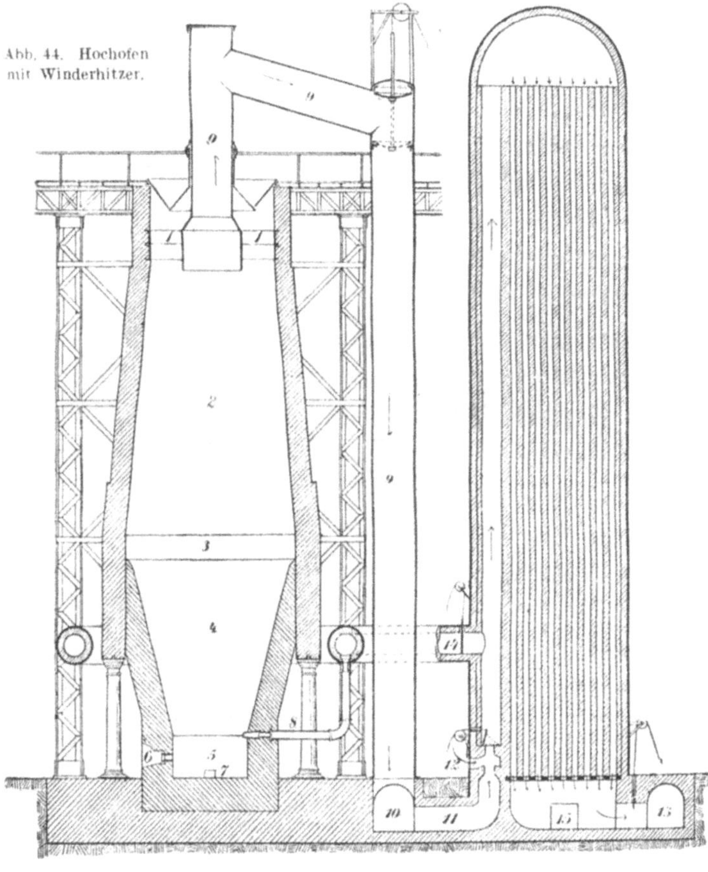

Die Beheizung des Hochofens erfolgt durch stark erhitzte atmosphärische Luft, die von den zu jedem Hochofen gehörenden Winderhitzern (2—4 Stück i. M.) geliefert wird. Ihre Erhitzung findet unmittelbar durch die oben an der Gicht aus dem Ofen abziehenden Gichtgase statt. Diese bestehen vorwiegend aus CO_2, CO und SO_2; vom Hochofen aus gehen sie durch den Gasfang und Gaskanal (9) zunächst in rechteckige Türme, in denen sie durch Kalkmilch von Kohlensäure und Flugasche befreit werden, und gelangen von hier aus in die Winderhitzer (Abb. 44). Diese sind zylindrische, mit feuerfesten Steinen ausgesetzte Türme, in denen die Gichtgase entzündet und zum Glühendmachen der Steinwände benutzt werden. Ist dies erreicht, so werden die Gichtgase in einen anderen Erhitzer geleitet und durch den ersteren — in umgekehrter Richtung — atmosphärische Luft gepreßt, die sich hier nun auch bis zur Gluthitze erwärmt und vermittels eines Düsenringkanals, der sich um den Hochofen in mittlerer „Rasthöhe" herumzieht, endlich den Düsen (8) und durch sie dem Hochofen unter Druck zugeführt wird. Der Wind verbrennt in der Rast den Kohlenstoff des Koks zu Kohlendioxyd (CO_2), das seinerseits in den weiter nach oben liegenden glühenden Koksmengen eine Umwandlung in CO erfährt und alsdann eine Reduktion der oxydischen Eisenerze durch Entziehung von O, sich hierbei selbst wieder in CO_2 wandelnd, herbeiführt. Es entsteht zunächst das reduzierte, schwammige reine Eisen. Gleichzeitig mit der Reduktionswirkung von CO tritt ein weiterer chemischer Vorgang ein, indem sich zwei Teile CO in $C + CO_2$ zersetzen. Der sich hierbei bildende Kohlenstoff (C) lagert sich fein verteilt auf dem glühenden Eisen ab und wird von diesem allmählich aufgenommen. Hierdurch bildet sich eine Kohleneisenlegierung, deren Schmelzpunkt erheblich tiefer liegt als der des reinen Eisens und die demgemäß in tropfbarflüssigen Zustand übergeht. Dieser eigentliche Schmelzvorgang, verbunden mit der Bildung der Schlacken, vollzieht sich im untersten Teil der Rast und im obersten Teil des Gestelles — Schmelzzone —. Hier schmilzt bei etwa 1200° C das Eisen tropfenförmig aus, um sich — stets überdeckt durch die scharf von ihm getrennte, leichtere und deshalb auf ihm schwimmende Schlacke — im untersten Teile des Gestelles anzusammeln. Hierbei schützt die Schlacke zugleich das Eisen vor erneuter Oxydation durch den Gebläsewind.

Im obersten Teil des Ofens werden die hier frisch eingeführten Beschickungsmassen bei einer Abkühlung der Windluft bis auf 180—300° C nur vorgewärmt, so daß das in ihnen enthaltene Wasser verdampft. Der eigentliche Reduktionsvorgang spielt sich im mittleren und unteren Schachtteil in der Rast und dem obersten Gestellteile ab. Das flüssig gewordene Eisen wird durch das Stichloch (7) hin und wieder (alle 4—6 Stunden) abgelassen und fließt von hier in kleine Sandkanäle, die in einer schiefen, an die Hochofenplattform sich anschließenden Ebene eingeschnitten sind; hier erstarrt das Eisen zu armlangen Barren —

„Masseln". Die Schlacke fließt während dieses Vorganges, sobald sie die „Schlackenform" (6) erreicht hat, ununterbrochen ab und erstarrt entweder im Transportwagen zu Klotzschlacke oder wird durch Einleiten in fließendes, kaltes Wasser in Kiesform zerteilt — granuliert —, seltener durch einen Dampfstrahl zu Schlackenwolle ausgeblasen. Ihre Zusammensetzung steht naturgemäß in engster Verbindung mit der Art des erblasenen Roheisens; sie kann silizium- und tonerdereich, *sauer* sein oder einen höheren Gehalt an Kalk und Magnesia aufweisen, *basische* Schlacke. Saure Schlacken erstarren im allgemeinen langsam, dabei zunächst einen teigigen Zustand durchmachend, basische hingegen schnell ohne Zwischenstadium. Schlacke normaler Zusammensetzung ist grau, bläulich oder blaugrünlich, bei starkem Mangangehalt olivgrün, bei erheblicher Beimengung von Eisenoxydul (nicht gut!) dunkelgrün bis schwarz.

Soll Roheisen — wie vorerwähnt in der Regel graues, selten halbiertes — zu *Gußzwecken* verwendet werden, so ist ein nochmaliges Umschmelzen und hierdurch eine Reinigung vorzunehmen. Dieser Vorgang vollzieht sich im sog. *Kupolofen*, einem aus vernieteten, im Inneren feuerfest ausgekleideten Eisenplatten gebildeten Schachtofen. Hier werden die zerschlagenen Masseln mit Brennstoff und etwas Kalkstein und unter Zuhilfenahme eines Gebläses rasch nochmals umgeschmolzen und ein leichtflüssiges reines Roheisen gewonnen, das mit Gießwagen, Gießkellen, Gießeimern usw. alsdann unmittelbar nach seiner Verwendungsstelle zur Ausführung des Eisengusses transportiert wird.

In erster Linie bildet *Roheisen* das Ausgangserzeugnis zur Herstellung der zweiten Hauptart, des *schmiedbaren Eisens*. Je nach der Größe des Kohlenstoffgehaltes unterscheidet man: a) **Schmiedeeisen** und b) **Stahl,** und zwar ist das Schmiedeeisen das kohlenstoffärmere Material mit einem sehr geringen Gehalt an C von 0,04% bis zu höchstens 0,6%, während Stahl 0,06—1,6% C aufweist. Je nach dem Aggregatzustande bei der Herstellung beider Eisenarten, d. h. je nachdem das Eisen im teigigen oder flüssigen Zustande gewonnen wird, unterscheidet man:

α) *Schweißeisen*	bei *Schmiede-*	γ) *Schweißstahl*	bei *Stahl* (b).
β) *Flußeisen*	*eisen* (a),	δ) *Flußstahl*	

Schmiedeeisen ist schmiedbar, schweißbar, schmelzbar (bei 1500° und höher), aber nicht merklich härtbar; *Stahl* hingegen gestattet eine sehr bedeutende Vergrößerung seiner Härte, dadurch bedingt, daß dies mit mäßigem Kohlenstoffgehalte ausgerüstete Eisen durch die plötzliche Abkühlung schnell über die Temperatur hinweggebracht wird, in welcher bei allmählichem Abkühlen die Bildung von Eisenkarbid stattfindet; der gesamte Kohlenstoff wird gezwungen, in der Legierung zu verharren und so eine Wirkung hervorzurufen, die ihm den Namen „Härtungskohle" verschafft hat. Wird gehärteter Stahl wieder erwärmt, so wandelt sich die Härtungskohle wieder in Eisenkarbid um und die Härte verschwindet, je nach der Höhe der nachträglichen Erwärmung. Die Schmelztemperatur des Stahles liegt auf 1400—1500°. Da die Grenze, bei welcher eine merkliche Härtbarkeit des Eisens eintritt, schwer allgemein festzulegen, auch die Bestimmung des Kohlenstoffgehaltes nicht ohne weiteres ermöglicht ist, so wird für die *Unterscheidung* von *Schmiedeeisen* und *Stahl* in der Technik die Zugfestigkeit des Materials zugrunde gelegt und in der Regel ein Eisen, *dessen Zugfestigkeit* $\geq$ 45 kg/qmm ist, mit dem Namen *Stahl*, ein Material, das geringere Zugfestigkeit besitzt, mit dem Namen *Schmiedeeisen bezeichnet.*[1])

Die *Herstellung* des *Schweißmaterials* erfolgt durch den **Puddelprozeß**. Das Puddelverfahren wurde 1784 durch den Engländer Henry Cort erfunden. Verwendet wird hierbei zurzeit meist weißes Eisen, da gegenüber dem grauen die Puddelarbeit verkürzt und der Verbrauch an Brennstoff herabgesetzt wird; nur dort, wo die Erze allzu manganarm sind, um leicht weißes Eisen zu erzeugen, ist das Verpuddeln von grauem Roheisen üblich. Da bei der Herstellung namentlich in ihrer Mitte und am Schlusse die Temperatur (wegen Verminderung des Kohlenstoffes im Eisen) den Schmelzpunkt des Eisens nicht übersteigt, so erhält man letzteres in Gestalt von kleinen Kristallen, die sehr bald zu Klumpen zusammenschweißen. Die Umwandlung des Roheisens besteht im wesentlichen in der Entfernung von Kohlenstoff, Silizium, Mangan, Phosphor usf. durch Oxydation, teils durch Überführung in Gasform, teils durch Bildung einer Schlacke. Diesen Vorgang nennt man „Frischen".

Bei dem *Puddelprozesse* findet (Abb. 45a u. b) ein geschlossener Flammofen in der Art Verwendung, daß nur die Flamme des Brennstoffes — nicht aber dieser selbst — mit dem Eisen in Berührung kommt. Durch die über das eingeführte Eisen — etwa 300 kg bei jeder Ladung — und eine gewisse, von der letzten Hitze übriggebliebene Schlackenmenge hinwegstreichenden Feuerungsgase findet zunächst eine Oxydation des Siliziums, dann nach Aufrühren der Masse mittels Haken auch des Mangans und eines Teils des Eisens, schließlich des Kohlenstoffes in diesem statt. Je weiter die Entkohlung fortschreitet, desto strengflüssiger wird das Eisen; schließlich überschreitet seine Schmelztemperatur den im Ofen herrschenden Hitzegrad, so daß das Eisen — wie vorerwähnt — zu erstarren beginnt und in Form von Klumpen zusammenschweißt. Die notwendige Gleichmäßigkeit der ganzen Masse wird nunmehr durch Aufbrechen und Umsetzen derselben bewirkt; schließlich werden durch Zusammenrollen zu größeren Klum-

1) Der *deutsche Verband* für die *Materialprüfungen* der *Technik* hat vorgeschlagen, daß das schmiedbare Eisen in *Flußeisen*, *Flußstahl*, *Schweißeisen*, *Schweißstahl* unterschieden werden soll, und daß für die Trennung von Eisen und Stahl die Zugfestigkeit des ausgeglühten Metalles als maßgebend zu erachten sei, und zwar soll *Flußstahl ein Metall mit mehr als 50 kg/qmm*, *Schweißstahl ein Metall mit mehr als 42 kg/qmm* Zugfestigkeit sein.

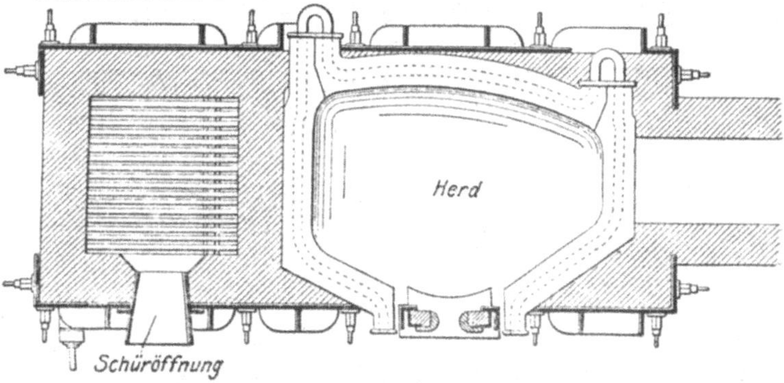

Abb. 45 a. Puddelofen (Grundriß).

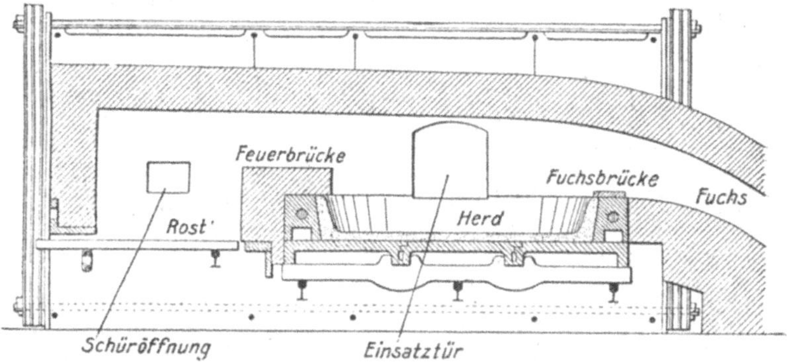

Abb. 45 b. Puddelofen (Längsschnitt).

pen sog. Luppen hergestellt, die besonders stark erhitzt, von den in ihnen befindlichen Schlacken unter dem Dampfhammer befreit und endlich zu Rohschienen ausgewalzt werden, die — bei Herstellung von Schmiedeeisen — ein weiches, sehniges Metall darstellen. Soll Stahl, also ein kohlenstoffreicheres Eisen, erzeugt werden, so darf man die Entkohlung nicht zu weit treiben. Es bleibt dann der zweite Teil der Arbeit — das Umsetzen — ganz weg oder wird doch wesentlich verkürzt; auch erfolgt das Luppenmachen — aus dem gleichen Grunde — unter der Schlackendecke. Da eine kieselsäure- und manganreiche Schlacke die Entkohlung verlangsamt, so wird zum Puddeln von Stahl — hier auch Feinkorneisen genannt — gern graues Eisen allein oder ein Gemenge mit manganreichem Spiegeleisen benutzt.

Ein normaler Puddelofen liefert von hochwertigem Stahl in 24 Stunden bis zu 2000 kg, an sehnigem Eisen bis zu 4600 kg Rohschienen, während neuere Doppelpuddelöfen bis zu 10000 kg Eisen zu erzeugen gestatten. Durch dieses Verfahren wird also entweder *Schweißeisen* oder *Schweißstahl* erzeugt.

Zur Gewinnung von *Flußmaterial* dient einmal das Umschmelzen

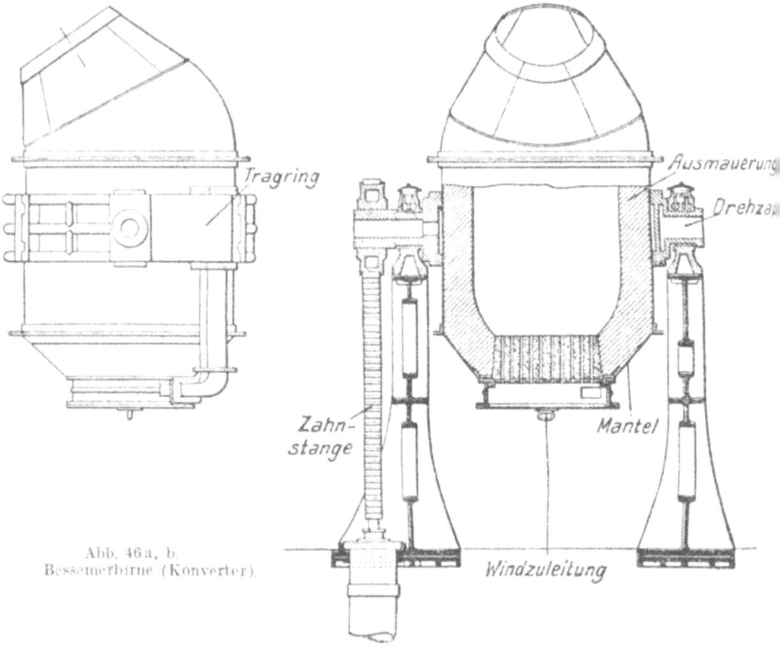

Abb. 46a, b. Bessemerbirne (Konverter).

und Oxydieren des Roheisens unter Verwendung der *Bessemerbirne*, je nach der Art des Roheisens im *Bessemer-* bzw. *Thomasprozesse*, oder das *Verfahren — sauer* bzw. *basisch — im Siemens-Martin-Ofen*, endlich die Heranziehung *elektrischer Energie* und für den *Stahl* zudem *besondere Zusammenschmelzverfahren.*

Das Bessemer- und Thomasverfahren. Für das *Bessemer-* bzw. *Thomasverfahren* findet als Ofen ein um eine wagerechte Achse drehbarer, eiserner, im Inneren ausgemauerter, birnenförmiger Ofen Anwendung (Abb. 46a u. b), der das geschmolzene Roheisen aufnimmt. Die Höhe dieses Ofens („Konverter") beträgt etwa 6—8 m, sein innerer Durchmesser etwa ein Drittel hiervon. In der Regel gehören zu einer Bessemer- bzw. Thomasanlage drei Konverter. Die Füllung eines jeden kann bis 30 t Eisen betragen. Hierbei wird im eigentlichen Bessemerverfahren ein *saures*, siliziumreiches, phosphorfreies, im Thomasprozesse ein basisches, phosphorhaltendes Roheisen verhüttet.

Obwohl *Bessemer* bereits im Juli 1855 seinen Gedanken der Herstellung von Stahl in Massen einer Gesellschaft englischer Fachmänner vortrug, dauerte es doch noch fast ein Jahrzehnt, bis alle Schwierigkeiten zu einer allgemeinen Durchführung des Verfahrens behoben waren. Das heute in allen eisenerzeugenden Ländern verbreitete Verfahren gestattet mit *einer* Birnenfüllung im Zeitraume von etwa 20 Minuten eine flüssige Roheisenmasse von 10—30000 kg in schmiedbares Eisen umzuwandeln. Die durch das Einpressen von heißer Luft vom Boden aus und durch hier ausgesparte Kanäle bewirkte gleichzeitige Verbrennung der übrigen im Roheisen enthaltenen Stoffe, namentlich des Siliziums und Mangans, bewirkt, daß das Roheisen bis zur vollkommenen Umwandlung heiß genug bleibt, um sofort in Form von Blöcken gegossen zu werden; letztere werden dann später den Walzen oder Schmieden übergeben. Der Prozeß verläuft bei einer Temperatur von etwa 1580 bis 1640° C.

Das Roheisen wird entweder unmittelbar dem Hochofen oder einem Kupolofen, in dem es vorher mit Koks umgeschmolzen ist, entnommen, in neuerer Zeit auch durch Roheisenmischer geliefert — größere kippbare Behälter, welche 250—600 t flüssiges Roheisen enthalten und dieses nach Bedarf an das Bessemerwerk abgeben; hierdurch wird zugleich eine wünschenswerte Verminderung des Schwefelgehaltes im Roheisen herbeigeführt, da sich während des ruhigen Stehens dieses im Mischer eine schwefel- und manganreiche Schlacke abscheidet. In neuerer Zeit sind derartige Mischer mit Heizvorrichtungen eingerichtet.

Bei dem Bessemerverfahren besteht die Ausmauerung aus Schamottesteinen, Quarzit- (Dinas-) Steinen, die aus reinem Quarz, wenig Ton und Kalkzusatz hergestellt werden, während im Thomasprozesse zur Bindung des Phosphors und Erzielung einer diesen aufnehmenden Schlacke die Birnenausfütterung aus Dolomit-Kunststeinen besteht. Zu ihrer Herstellung wird Dolomit bis zur Sinterung gebrannt, hierdurch von seiner Kohlensäure befreit und mit Ton unter hohem Druck in Steinform gepreßt. Vor Benutzung der Birne müssen die flüssigen Bestandteile des Tons herausgebrannt werden.[1])

Bei beiden Herstellungsarten wird das Eisen in der Regel vollkommen entkohlt und ein bestimmter Kohlenstoffgehalt durch nachträgliche Hinzufügung von Kohlenstoff, meist in Form von reinem Roheisen — Rückkohlen — erzielt; als Zusatz verwendet man beim Bessemerprozesse meist Spiegeleisen, bei sehr weichen Eisensorten Eisenmangan, während beim Thomasmetall Spiegeleisen oder fester Kohlenstoff (in Form von Pulver oder Ziegeln) Anwendung findet. Je nachdem man mehr oder weniger rückkohlt, entstehen saurer bzw. basischer Flußstahl oder saures bzw. basisches Flußeisen.

---

1) Sowohl in der Bessemerbirne als auch zunächst im Martinofen war es nicht möglich, den vielfach im Roheisen enthaltenen Phosphor auszuscheiden; man erhielt demgemäß phosphorhaltiges, schmiedbares Eisen, das — namentlich bei einem höheren Kohlenstoffgehalte — zu baulichen Zwecken wegen seiner Sprödigkeit nicht verwendbar war. Deshalb wurde auch zum Bessemerverfahren nur phosphorfreies Roheisen verwendet, wie es u. a. England, Spanien, Portugal und das nördliche Afrika liefern. Die Entphosphorung des Eisens in der Bessemerbirne gelang im Jahre 1878 dem Engländer *Thomas*, der der Ausfütterung der Birne eine derartige Zusammensetzung gab, daß die beim Entkohlen des Roheisens ausgeschiedenen Phosphorverbindungen von ersterer „verschluckt" wurden.

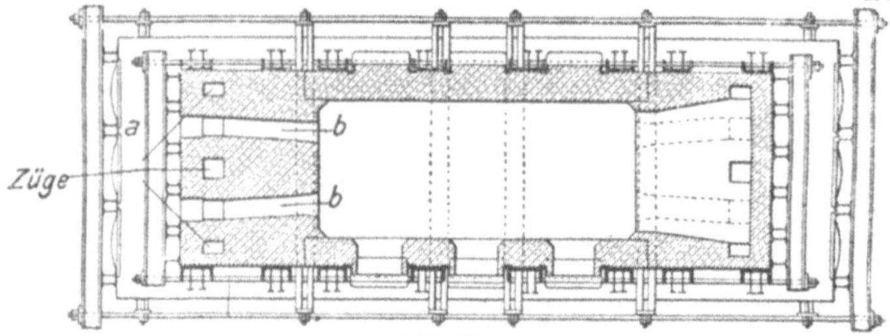

Abb. 47 a.

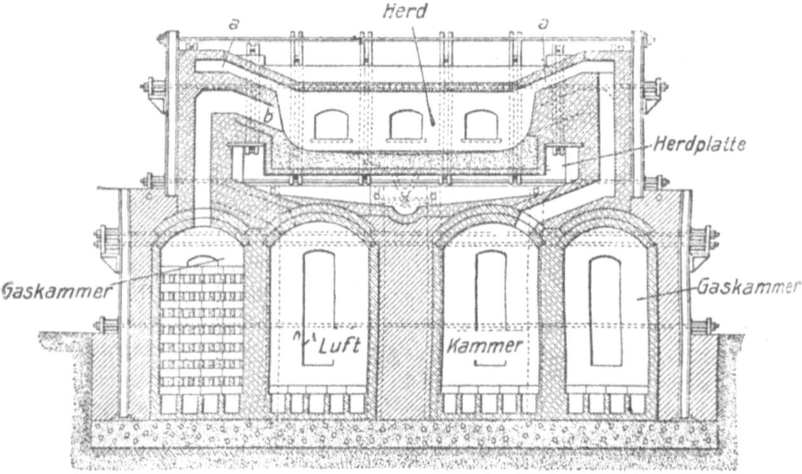

Abb. 47 b.

Unter der *Kleinbessemerei* versteht man die Herstellung von saurem Flußstahl zu Gußzwecken mit Hilfe kleinerer Birnen, die nur 0,5 bis 2,0 t Roheisen aufnehmen.

Das *Martin-Siemens-Verfahren.* Im Gegensatz zu den beiden vorgenannten Verfahren wird *Martin*flußeisen[1]) auf dem Herde eines mit *Siemensscher* Regenerativgasfeuerung[2]) versehenen Flammofens hergestellt (Abb. 47a—c), und zwar durch ein Zusammenschmelzen von flüssigem Roheisen und Schmiedeeisen, wobei meist Abfälle von der Flußeisenverarbeitung Verwendung finden. Es wird also hier ein kohlenstoffärmeres Material in einem kohlenstoffreicheren gelöst; zu gleicher Zeit verbrennt infolge Berührung der Feuergase mit dem

1) Im Jahre 1865 gelang es dem französischen Werke von Martin in Sireuil — unter Anwendung der Siemensschen Gasfeuerung — im Flammofen, durch Mischung von Roheisen mit Schmiedeeisen einen vorzüglichen Stahl herzustellen; hierdurch erklärt sich der Doppelname des Verfahrens.

2) Hier wird im Schmelzraume eines Flammofens ein Strom von noch unverbranntem Gase mit einem Luftstrome zusammengeführt und unter einer sehr gleichmäßigen Hitzeentwicklung zur Verbrennung gebracht.

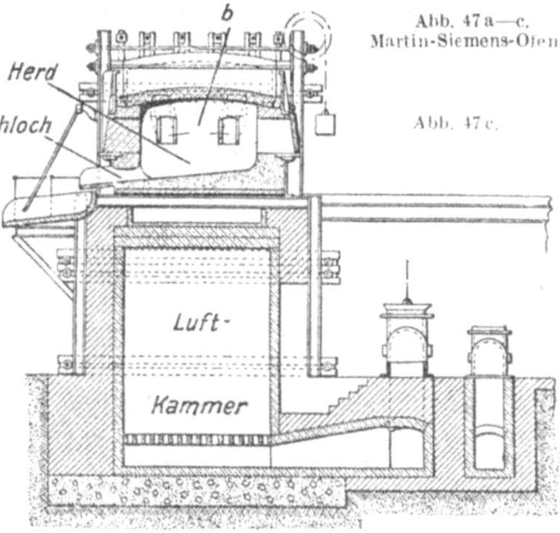

Abb. 47a—c. Martin-Siemens-Ofen.

Abb. 47c.

Eisen eine nicht unbeträchtliche Menge von Kohlenstoff. Je nachdem der Ofen mit basischen (Dolomit- oder Magnesitsteinen) oder kieselsäurereichen (quarzigen) Stoffen ausgefüttert ist und je nach der Eisenart erhält man *basisches* oder *saures Martinflußeisen*. Auch hier wird der Prozeß für gewöhnlich so weit geführt, daß man ein ganz kohlenstoffarmes Flußeisen bekommt, welches alsdann durch Zusetzen von Spiegeleisen oder Eisenmangan mehr oder weniger zurückgekohlt wird, schließlich also Flußstahl bzw. Flußeisen basischer oder saurer Natur wird.

Das *saure* Verfahren findet im Siemens-Martin-Prozeß fast nur noch zur Herstellung von Formguß oder für Stahl Anwendung; für Gewinnung des weichen Flußeisens wird fast nur noch ein *basischer* Herd benutzt, den man durch eine Schicht von Magnesit oder Chromeisensteinen von dem sonstigen sauren, feuerfesten Ofenmauerwerk trennt.

Bei der bisher üblichen Herstellungsart von basischem Flußeisen wird zunächst ein Teil des Eisens — das Roheisen — unter gleichzeitiger Hinzufügung des Schlackenzusatzes — im Ofen geschmolzen und dann auf einmal — oder in einzelnen Absätzen — das Abfallmaterial von Flußeisen hinzugefügt; beide Stoffe werden alsdann zusammengeschmolzen. Da dies Einschmelzen bei den großen Einsätzen recht viel Zeit in Anspruch nimmt und man demgemäß in 24 Stunden nur etwa 3—6 Hitzen durchzuführen vermag, hat man sich bemüht — namentlich bei hohem Roheisengehalte — das Verfahren wirtschaftlicher umzugestalten. Hier sind zu nennen: das vereinigte Bessemer-Martin-Verfahren, das Roheisenerzverfahren, der Bertrand-Thiel-Prozeß, das Talbot-, Molnell-, Surczycki- und Hoeschverfahren. Genaueres hierüber vgl. in: Gemeinfaßliche Darstellung des Eisenhüttenwesens. 9. Aufl. 1915.

Flußeisen ist der zurzeit für Errichtung eiserner Tragkonstruktionen bevorzugte Baustoff, und zwar findet hierfür in *Deutschland fast ausschließlich das auf basischem Wege erzeugte Material Anwendung.* Es hat dies seinen Grund einerseits in örtlichen Verhältnissen, namentlich den vielfach phosphorhaltigen Erzen, anderseits ist es aber vor allem in den

Eigenschaften des basischen Metalls begründet, welches gegenüber dem sauren Eisen im allgemeinen den Vorzug größerer Reinheit, Gleichartigkeit und Zähigkeit besitzt — Eigenschaften, die für das Gebiet der Eisenkonstruktionen ganz besonders ins Gewicht fallen müssen.

Bei dem *Flußstahl* tritt als weiteres *Herstellungsverfahren* das *Tiegelverfahren*[1]) hinzu, welches entweder in einem Umschmelzen des Rohstahles oder in einem Zusammenschmelzen von Roh- und Schmiedeeisen in besonderen Tiegeln besteht und den besten, wenn auch kostspieligsten Normal-Stahl — *Schmiedestahl* — liefert. Zur Erhöhung der Härte wird dem *Tiegelstahl* häufig Wolfram, Chrom, Nickel, Vanadium, Molybdän usw. hinzugefügt, und nach diesen Zusätzen werden Spezialstähle benannt.

Für den Kleinbetrieb stehen die aus Graphit und Schamotteton hergestellten Tiegel in besonderen, selbst drehbaren Öfen, die mit ihnen gekippt werden, während in Großbetrieben eine ganze Anzahl Tiegel (50—100) in einem kanalartigen Flammofen mit Siemensscher Regenerativfeuerung Aufnahme finden. Bei diesen größeren Öfen können bei einem Tiegelinhalt von 30 kg bis zu 7,5 t besten Stahles in einer Tagesleistung gewonnen werden.

Ein weiteres Sonderverfahren besteht in dem *Zementieren* des Stahls. Während die bisherigen Verfahren vom Roheisen ihren Ausgang nehmen und dessen Kohlenstoff verringern, geht man hier vom Schweiß- oder Flußeisen aus und reichert diesen mit Kohlenstoff an. Das vorwiegend Werkzeugstahl — *Zementstahl* — liefernde Verfahren beruht darauf, daß dünne schmiedeeiserne Stäbe in feuersicheren Kästen in reines Kohlenstoffpulver verpackt, luftdicht verschlossen und etwa 10—12 Tage lang einer Hitze von 1200° C ausgesetzt werden. In dieser Zeit reichert sich das Eisen mit C an und wandelt sich in Stahl um. Da die C-Verteilung keine gleichmäßige ist, muß schließlich der Stahl entweder nochmals in Tiegeln umgeschmolzen oder erhitzt und gewalzt werden.

Läßt man den obigen Prozeß nur kurze Zeit, etwa 12 Stunden währen, so wird das Schmiedeeisen nur *oberflächlich verstählt*, d. h. gehärtet, ohne daß der feste Zusammenhang der einzelnen Eisenteile eine Störung erfährt.

Die *elektrische Eisen- und Stahlerzeugung* endlich nutzt die durch den elektrischen Strom erzeugte Wärme aus für die Reduktion des Eisens aus seinen Erzen, für das Erschmelzen von Flußeisen und Stahl sowie für die Legierung des Eisens mit verschiedenen Elementen (Chrom,

1) Das Verfahren, Stahl durch Umschmelzen in Tiegeln gleichförmiger zu machen, rührt von *Benjamin Huntsman* — etwa aus dem Jahre 1730 — her, beschränkte sich aber früher nur auf die Erzeugung kleinerer Blöcke und wurde erst im Anfange des 19. Jahrhunderts von *Krupp* in Essen in einer für die Großindustrie zweckmäßigen Weise entwickelt. Die weitere Ausgestaltung des Verfahrens — durch Zusammenschmelzen von Roh- und Schmiedeeisen — gelang im Jahre 1851 auf der Bochumer Gußstahlfabrik.

Titan, Nickel, Wolfram usw.). Hier kommen in Frage elektrische Hochöfen — wie sie namentlich in Schweden betrieben werden[1]) — zur Erzeugung von Roheisen, ferner Lichtbogen- und Induktionsöfen zur Erschmelzung von Flußeisen und Stahl (Stassano-, Herault-, Girod-, Keller-Ofen bzw. der Ofen von Kjellin und Rochling-Rodenhausen und der zwischen beiden Arten stehende Nathusius-Ofen). Bei allen diesen Schmelzverfahren wirkt der elektrische Strom lediglich als Wärmequelle, vorteilhaft wegen der erreichbaren bedeutend höheren Temperatur und des hohen Reinheitsgrades des Erzeugnisses. Die im Elektrostahlofen verlaufenden Vorgänge ähneln in ihren Grundzügen den im basischen Martinofen vor sich gehenden. Man schmilzt entweder Schrott (Eisenabfälle) ein oder verwendet als Einsatz flüssiges Material, das im Siemens-Martin-Ofen oder der Birne bereits gefrischt worden ist. Für die Frage der Wirtschaftlichkeit spielt auch hier die Höhe des Stromverbrauches die ausschlaggebende Rolle. Bei Verwendung flüssigen Einsatzes sind die Herstellungsverhältnisse wirtschaftlich günstiger. „Elektroeisen" hat vielfach eine sehr hoch liegende Streckgrenze und eine ungewöhnliche Zähigkeit, ist im Bruche sehr gleichmäßig, im Schmiedefeuer, unter der Walze oder dem Hammer ausgezeichnet bearbeitbar und besitzt eine vorzügliche Schweißbarkeit.

3. Die Formgebung des Eisens.

Die *mechanischen Formgebungsarbeiten* des Eisens, welche aus Eisen Gebrauchsgegenstände erzeugen bzw. es befähigen, später den Teil einer Eisenkonstruktion zu bilden, können bestehen in „*Gießen, Schmieden, Pressen und Walzen*". Die hierher gehörende Bearbeitung findet auf der Hütte statt; sie wird ergänzt durch die Herrichtung der Eisenteile zu unmittelbaren Gliedern des Eisenbaues oder fertigen Gebrauchsgegenständen, die in Werkstätten erfolgt.

a) Unter dem **Gießen** ist im allgemeinen ein Verfahren zu verstehen, bei dem Gegenstände durch Eingießen flüssigen Metalles in Formen und nachträgliches Abkühlen und Erstarren gewonnen werden. Daß, soweit es sich um *Roheisenguß* handelt, in der Regel graues Roheisen Verwendung findet, wurde bereits auf S. 119 erwähnt. Bei Baukonstruktionen, bei denen hohe Ansprüche an die Festigkeit des Eisens gestellt werden, darf zu Gußzwecken nur ein phosphorarmes Roheisen (Hämatiteisen) benutzt werden.

Die *Ausführung des Gusses* kann erfolgen durch *Modellformen* oder *Schablonieren* in Sand oder Lehm. Der in der Regel verwendete Formstoff ist ein feuchter, etwas bildsamer (tonreicher) und für die beim Gusse entstehenden Gase gut durchlässiger, besonders aufbereiteter

1) Vgl. Gemeinfaßliche Darstellung des Eisenhüttenwesens. 9. Auflage, 1915, S. 116. Roheisen auf elektrischem Wege zu gewinnen, wird nur bei sehr billiger elektrischer Energie, also bei Ausnutzung billiger Wasserkräfte, der Gewinnung durch Einschmelzen Wettbewerb machen können.

Sand. Bei Herstellung größerer verwickelter Gußstücke, besonders in Stahlguß, eignet sich Sand nicht. Man verwendet alsdann feuerbeständige Stoffe — Masse — d. i. ein Gemisch aus Schamottemehl und fettem, ungebranntem, feuerfestem Ton oder Lehm.

Bei der *Modellformerei* findet ein Abbild des zu erzeugenden Gegenstandes Verwendung, das in der Regel aus Holz, bei häufiger Verwendung aus Metall besteht. Bei dem Gusse der Vorbilder ist darauf zu achten, daß das Eisen beim Erkalten schwindet; für Roheisen beträgt dieses Maß nach jeder Richtung hin rund $^1/_{100}$, für Stahl $^1/_{80}$.

Drückt man das Modell nur in dem auf dem Boden der Gußhalle liegenden Formsande ab, so entsteht ein Gußkörper, der nur an seiner unteren Fläche und seinen Seiten geformt ist, oben aber eine zwar im allgemeinen ebene, aber nicht glatte Fläche aufweist — „*Herdguß*"; bedingt aber das Modell eine ringsum geschlossene Form, so findet sein Einformen vermittels zweier aufeinander gesetzter, eiserner Rahmen, mit Sand gefüllt, statt — „*Kastenguß*". Die beiden zum Kastenguß verwendeten Rahmen passen genau aufeinander und werden durch Stifte, Ösen und Haken an einer Anzahl von Stellen zum einheitlichen Formkasten verbunden. Vielfach haben die Rahmen zum besseren Festhalten der Formmasse vorspringende Ränder, Rippen und sonstige Versteifungen. In der Regel wird in der Art vorgegangen, daß das Modell zunächst auf ein Formbrett gesetzt und der eine Kastenteil darübergestülpt und mit Formsand unter leichtem Druck vollgestampft wird; alsdann wird das Ganze umgekippt und in gleicher Weise (nach Fortnahme des Modellbrettes) der zweite Kastenteil aufgesetzt und mit Sand gefüllt. Zur Einführung des flüssigen Eisens ist ein Einguß anzuformen, der so beschaffen sein muß, daß die in ihm sich bildende Gußmasse später leicht vom eigentlichen Gußstück getrennt werden kann. Daneben sind „Pfeifen" (zylindrische oder konische Durchbohrungen durch den Sandkörper vom Gußhohlraum nach außen gehend) einzubauen, um der durch den Guß verdrängten Luft und den sich bildenden Gasen einen Abzug zu gestatten. Um ein Zusammenschmelzen von Sand und Eisen beim Eingießen des Metalls in die Hohlform zu verhindern, sind alle Innenflächen dieser mit feinem Holzkohlenpulver zu bestreuen oder mit Graphitmehl (in Wasser angemengt) zu bestreichen.[1]) Soll das Gußstück Hohlräume erhalten, so ist das Einsetzen diesen entsprechender, besonderer Kerne in die Kästen notwendig, die meist aus Masse (oft mit innerem Eisengerippe) gebildet sind und vor der Verwendung sehr gut getrocknet werden müssen. Im Hinblick auf den Auftrieb des flüssigen Eisens ist ihr Abstützen gegenüber der Kastenwand oder Decke durch eiserne Kernstützen notwendig. Nach allen diesen Vorbereitungen werden endlich die Kastenhälften zum Gußkasten vereinigt und das flüssige Metall durch den Einguß in die Form eingeführt.

1) Alsdann ist allerdings ein Trocknen der Kästen vor dem Gießen — meist in besonderen Trockenkammern erforderlich.

Unter *Hartguß — Kapsel- oder Schalenguß* — wird eine, auch an fertige Formen gebundene, Art des Gießens verstanden, bei der die Form ganz oder zum Teil aus Eisen besteht. Hierbei kühlt sich das graue oder halbierte Roheisen an der Berührungsstelle durch die schnelle Wärmefortleitung sehr schnell ab und wandelt sich hierbei in weißes, hartes Eisen um — Hartguß. Dieser Guß findet statt bei Walzen, Rädern, Panzerplatten, bei den Herzstücken der Weichen usw.

Mit Hilfe von *Schablonen*, welche den Umriß des Gußkörpers darstellen, können *Umdrehungskörper* geformt werden. Hier wird — z. B. bei Säulen usw. — aus dem verwendeten Formsande oder dergleichen[1]) durch die Schablone allmählich ein Hohlraum herausgeschält, bis er die dem Gußstück entsprechende Form besitzt; verwendet man Lehm (bzw. bei größeren Körpern einen in Lehm gemauerten Kern mit Lehmverputz) zur Formung, so wird erst ein Kern durch Abdrehen hergestellt und getrocknet, dann über diesem ein dem Gußstück entsprechender Überzug, wiederum unter Verwendung einer Schablone, erzeugt und schließlich — nach Trocknung des Überzuges der „falschen Eisenstärke" — ein Mantel aufgesetzt; ist auch dieser trocken, so hebt man ihn in einzelnen Stücken vorsichtig ab, beseitigt die mittlere Schicht und ersetzt sie, nach Wiederaufbringung des Außenmantels, schließlich durch das Gußmetall. Dieses, wenn auch genaue, so doch ziemlich langwierige und teure Verfahren kann dadurch vereinfacht werden, daß man Kern und Mantel unabhängig voneinander abdreht und dann erst übereinander setzt. Die Formmethode findet zurzeit fast nur noch bei verwickelten Maschinenteilen, beim Glockenguß usw. Anwendung.

Nach dem zur Herstellung von *Gußwaren* verwendeten Material unterscheidet man:

1. *Roheisengußgegenstände* aus grauem oder — seltener — halbiertem Roheisen hergestellt. Eine Abart ist der oben erwähnte „Hartguß", bei dem sich eine harte Schale von weißem Eisen bildet, während das Gußstück im Inneren grau, weich und zähe verbleibt.

Der Umwandlung ihrer Form nach bereits fertiger Gußstücke, aus weißem Roheisen und etwas Schmiedeeisen gemischt, in weiche, zähe, schmiedbare Gegenstände dient das *Tempern*, ein Verfahren, welches auf der nachträglichen Oxydation des im Gußstücke enthaltenen Kohlenstoffes beruht, sich aber nur bis zu Eisenstärken von 25 mm anwenden läßt. Hierbei werden die Gußgegenstände in Roteisensteinpulver verpackt und mehrere Tage lang unter Abschluß der Luft geglüht. Die zunächst an der Oberfläche eintretende Oxydation erstreckt sich allmählich ins Innere, so daß das ganze Stück schließlich einen so geringen Gehalt an Kohlenstoff enthält, daß der vorher harte und spröde

1) Es kommt in Frage: Formsand oder Masse oder Formerlehm (Gemisch von Lehm, magerem, trocknem Sande und Spreu, Tierhaaren u. dgl.). Durch scharfes Trocknen der Lehmformen verkohlen die organischen Stoffe und hinterlassen Poren, die für gute Ausführung des Gusses sehr erwünscht sind.

Gegenstand sich tatsächlich schmieden läßt. Da eine solche Wirkung nur bei mit Kohlenstoff legiertem Roheisen eintritt, nicht aber bei ausgeschiedenem Graphit, so kann *nur weißes Eisen getempert* werden. Durch den Zusatz von Schmiedeeisen wird einerseits die Gefahr des Zerspringens des Gußeisenstückes erheblich verringert, anderseits der Kohlenstoffgehalt desselben herabgedrückt und somit die Zeit des Temperns verkürzt.

2. *Flußeisengußwaren*, d. h. die aus Flußeisen in fertiger Form durch Guß hergestellten Gebrauchsgegenstände.

3. *Stahlgußwaren* — wie unter 2, nur aus Flußstahl gewonnen: Stahlformguß.

Für *Stahlguß*gegenstände findet — abgesehen vom Werkzeug-, Geschütz- usw. Stahl — fast ausschließlich Flußstahl Verwendung, welcher entweder in Martinöfen bereitet ist oder mittels besonderer kleiner Konverter — Kleinbessemerei (vgl. S. 124) — erblasen wird; als Formmaterial wird in der Regel Masse benutzt.

Als *Handelsfabrikate* aus *Gußeisen* sind zu nennen:

1. *Säulen.* Diese können in kleineren Abmessungen gemeinsam mit Kopf und Fuß, sonst in drei getrennten Stücken (Kopf, Fuß, Schaft) gegossen werden. Hierbei kommt für die Säule bzw. ihren Schaft „stehender“ oder „liegender“ Guß in Frage, je nachdem die Gußform senkrecht oder wagerecht angeordnet wird. Im allgemeinen ist der stehende Guß vorzuziehen, weil bei ihm Gußblasen leichter nach oben entweichen können, das Eigengewicht des Metalls den Guß verdichtet und durch den Auftrieb des flüssigen Eisens kein seitliches Verdrücken des Gußkernes zu befürchten steht. Hingegen ist der stehende Guß teurer. Wird nichts Besonderes vereinbart, so werden Säulen liegend gegossen, was auch, bei guter Ausführung, ohne Bedenken ist.

2. *Rohre.* Hier sind bemerkenswert die deutschen Normalien für gußeiserne Muffen- und Flanschenrohre, gemeinschaftlich aufgestellt vom Verein deutscher Ingenieure und dem Verein deutscher Gas- und Wasserfachmänner; festgelegt sind normale Wandstärken für Wasserleitungsrohre mit einem Betriebsdrucke von 10 Atm. und einem doppelt so hohen Probedrucke; für die meist vorkommenden Druckverhältnisse (4—7 Atm.) kann demgemäß eine Verringerung der Wandstärke eintreten, wie anderseits deren Erhöhung bei Verwendung der Rohre zu besonders stark beanspruchten Leitungen notwendig ist. — Die Änderungen der Wandstärke können sich nur auf den inneren Durchmesser erstrecken, der äußere ist feststehend. Gewichtsabweichungen bei geraden Rohren von $\pm 3\%$ sind nicht zu beanstanden.

3. *Formstücke* für *gußeiserne Muffenrohre.* Hier sind als Benennungen zu erwähnen:

A- und B-Stücke mit geraden seitlichen Abzweigungen mit Flanschen- und Muffenabschluß; auch in Form von AA- bzw. BB-Rohren mit zwei gegenüberliegenden Abzweigungen erhältlich.

C-Stücke mit einer oder zwei (CC-Stück) Abzweigungen unter 45° nach oben.

E-Stücke für den Übergang vom Flanschen- zum Muffenrohre.

F-Stücke für den Übergang vom Muffen- zum Flanschenrohre.

J-Stück, gerades Muffenrohr mit abgebogenem Ende (∢ $22^1/_2$, 30, 45, 60 und 90°).

L-Stücke, Krümmer mit R = 5 D; ähnlich K-Stück mit R = 10 D.

R-Stücke, Übergangsrohr von einem größeren zum kleineren Durchmesser.

Ü-Stücke, Überschieber zur Zusammenfassung zweier gerader, glatt endigender Rohrenden.

4. *Flanschenformstücke.* Hier sind zu nennen: Krümmerrohre, unter 90° gebogen, und gerade Abzweigungen mit gleichem und verschiedenem Durchmesser, erstere Form auch mit zwei gegenüberliegenden, gleichartigen Abzweigungen.

Ein jedes der Form entnommene Gußstück muß nachgeputzt werden; hierbei sind der verlorene (angegossene) Kopf am Einguß sowie die Windpfeifen, etwaige Nähte, anhaftender Sand usw. zu entfernen, unter Umständen unter Heranziehung des Sauerstoff-Schneideverfahrens. Alsdann wird das Gußstück glatt geputzt durch Feilen von Hand aus, durch das Sandstrahlgebläse, durch pneumatische Werkzeuge usw. Es empfiehlt sich, die Gußstücke, um sich von etwaigen Sprüngen zu überzeugen, in ungestrichenem Zustande anliefern zu lassen; alsdann werden sie meist nur mit Graphit geschwärzt und glatt gebürstet.

Viele gußeiserne Gebrauchsgegenstände — namentlich Leitungsrohre aller Art und Konstruktionsteile für die Kanalisation — werden später in der Regel mit Steinkohlenteer oder Asphalt und Teer gestrichen, der auf das auf 200° C erhitzte Rohr heiß (100° C) aufgebracht wird. Hierbei empfiehlt es sich, den Teer (8 Teile) zum Zwecke der Säuretilgung mit gebranntem gepulvertem Kalk (2 Teile) zu versehen und zur besseren Streichfähigkeit ihm noch (1 Teil) Terpentin oder Petroleum zuzusetzen.

b) Eine *zweite Art der Formgebung* des Eisens besteht in der **Schmiedearbeit** bzw. im **Pressen** *des Eisens in Formen.* Neben dem *Ausschmieden* kleinerer Gebrauchsgegenstände von Hand aus kommt für Schmiedearbeit an Bauwerkseisen entweder der Dampfhammer oder die hydraulische Schmiedepresse zur Anwendung; namentlich die letztere ist wegen ihrer genauen Arbeit, ihres wirtschaftlichen Betriebes und der gegenüber dem Dampfhammer weit vollkommeneren Preßwirkung heute allgemein bevorzugt. Mit der Arbeit des Ausschmiedens ist zugleich eine Verbesserung des Materials verbunden, da bei Schweißmaterial etwaige noch im Eisen enthaltene Schlackenteilchen entfernt, bei Flußeisen Undichtigkeiten im Material, Poren usw. beseitigt werden.

Im allgemeinen ist die Verwendung geschmiedeter Teile bei den

Bauten eine untergeordnete: sie erstreckt sich vorwiegend auf Anschlüsse besonderer Stabprofile (namentlich Rundeisen), auf Bolzenverbindungen, einzelne Gelenkausbildungen, verwickelte Verbindungsstücke u. dgl.

Für das *Pressen* kommen einerseits Verbindungsmittel, wie Niete, Schrauben, Bolzen, Muttern u. dgl., anderseits Bleche — Tonnen- oder Hängebleche, Wellbleche, Riffelbleche usf. — in Frage. Zu ihrer Herstellung dienen Sondermaschinen oder besondere mechanische Vorrichtungen, in der Regel Wasserdruckpressen. Hierbei erfolgt die Formgebung mit Hilfe zweier „Gesenke", eines oben an den Preßstempel angeschlossenen und eines unten auf dem Ambosse fest aufruhenden.

Auf die durch Schmieden und Pressen erzeugten *Gebrauchsgegenstände*, *Bleche* usw. wird im Anschlusse an das *Walzverfahren* und dessen Erzeugnisse im Zusammenhange eingegangen werden.

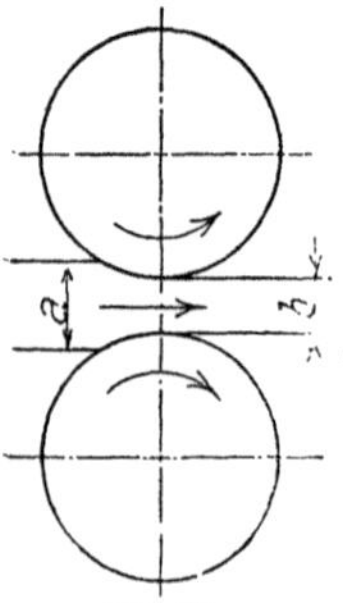

Abb. 48 a. Duo-(Zwillings-) Walzwerk.

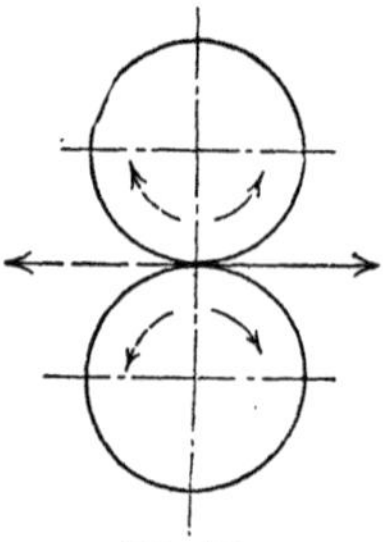

Abb. 48 b. Kehrwalzwerk.

c) Die *dritte und wichtigste Formgebung* des Eisens findet durch **Walzen** statt.

Das *Walzen* des Eisens — zu gleicher Zeit eine Verdichtung, Streckung und eine Formgebung des Eisens — liefert die wichtigste Gebrauchsform für den Eisenkonstrukteur. Je nachdem die verwendeten Walzen die Form eines Zylindermantels zeigen — also glatt sind — oder mit Furchungen — Kalibern — versehen werden, entstehen durch den Walzprozeß Bleche, Flacheisen oder Form(Profil-)eisen. Hiernach unterscheiden sich: Blech- und Stabwalzwerke.

Als Walzwerkarten sind zu nennen: Das nur mit zwei Walzen ausgerüstete Zwillingswalzwerk, auch *Duowalzwerk* genannt (Abb. 48a). Es bedingt stets ein Zurückgehen des Walzstückes nach jedem Durchgange *über* die Oberwalze hinweg, um in der Walzrichtung nochmals die Walzen zu durchlaufen. Um den hiermit verbundenen Zeit- und Arbeitsaufwand zu vermeiden, werden solche Duowalzwerke als Rückkehrwalzwerke in der Art erbaut, daß (Abb. 48b) nach jedem Durchgange des Eisens das Walzwerk umgestellt, das Eisen also bald in der einen, bald in der anderen Richtung durchgeführt wird; hierbei ist allerdings die Anordnung eines Schwungrades nicht angängig, daher der Betrieb teuer und infolge Umstellung der Gangrichtung auch zeitraubend. Es finden daher Kehrwalzwerke nur dann Anwendung, wenn die besondere

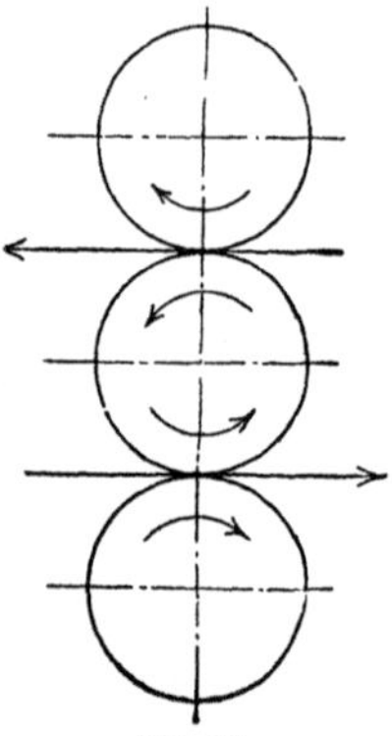

Abb. 49. Triowalzwerk.

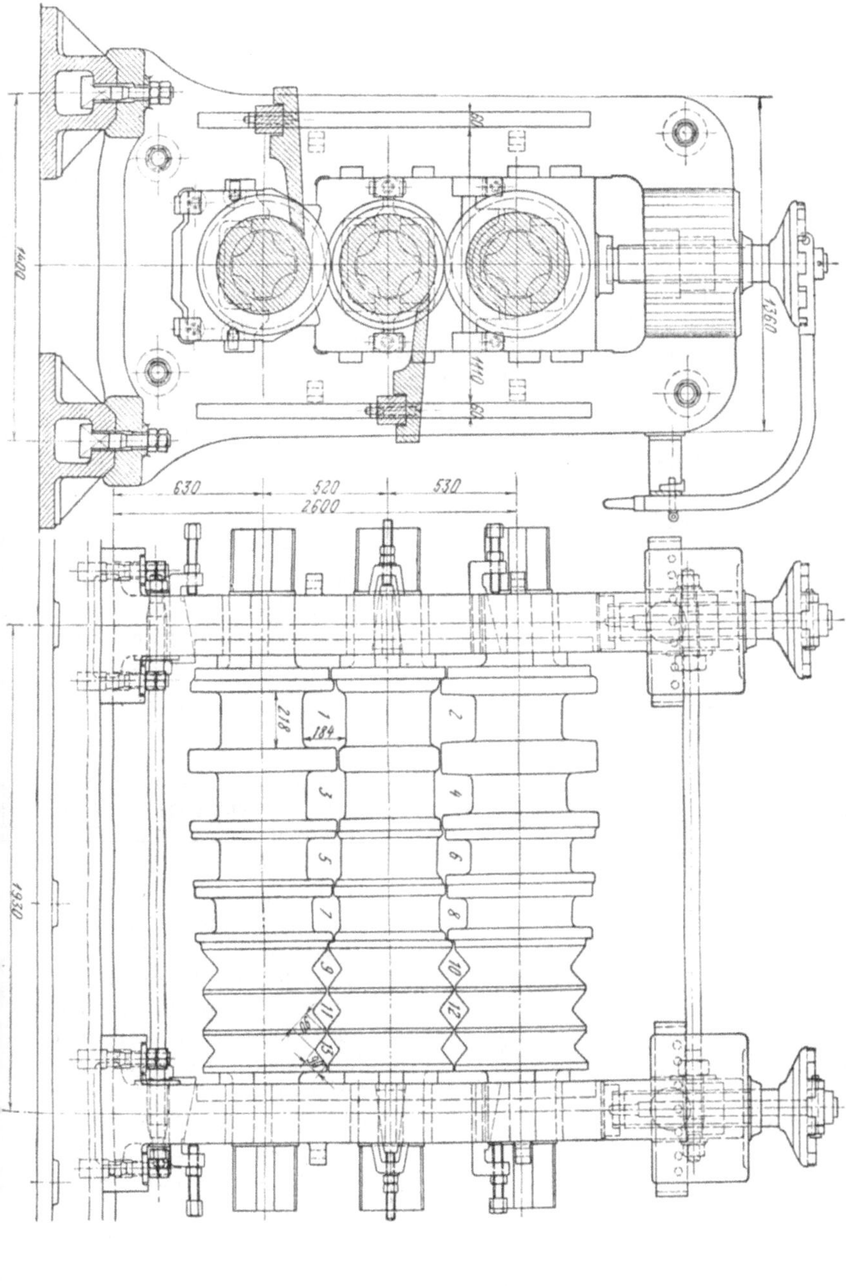
1400
1360
1110
630
520
530
2600
218
184
1930
1
2
3
4
5
6
7
8
9
10
11
12
13

Größe der Blöcke ein Hochheben derselben auf die Oberwalze als unwirtschaftlich erscheinen läßt. Die Regel bildet heute ein *Trio-(Drillings-) Walzwerk* (Abb. 49 u. 50 a, b), bei welchem das Eisen bald oben, zwischen der oberen und mittleren Walze, bald — beim Rückgange — unten, zwischen der mittleren und unteren Walze hindurchläuft. Da hier stets die Gangrichtung der Walzen die gleiche bleibt, so kann ein schweres, die Maschinenleistung unterstützendes Schwungrad verwendet werden. Eine besonders gute und sichere Zusammenstauchung der Walzquerschnitte bedingen die *Universal-Walzwerke* und ihnen nahestehende Sonderarten. Erstere beruhen — angewandt als Stab- und Blechwalzwerke — darauf, daß zwei Walzenstraßen unmittelbar hintereinander folgen, deren erste Walzen mit wagerechten Achsen, deren zweite solche mit senkrechten Achsen aufweisen, so daß in jeder Hauptrichtung (senkrecht und wagerecht) ein gutes Stauchen des Walzgutes stattfindet. Auf dem gleichen Grundsatze beruht einmal das Grey-Walzwerk, benutzt zur Herstellung breitflanschiger I-Eisen, bei dem die erste Walzenstraße die Herausarbeitung von Steg und Flanschen aus dem Block bewirkt, während die zweite die Kanten preßt und den Träger richtet, zum anderen das Göbel-Walzwerk — für Parallelflansch-I-Träger verwendet (Abb. 51a, b) —, bei dem zunächst je zwei, mit den Achsen senkrecht zueinander stehende, aufeinander folgende Walzsysteme (I und II) aus dem Block ein >—<-förmiges Profil herausarbeiten, dessen Flanschen dann später durch ein besonderes Gradwalzwerk senkrecht zum Stege gestellt werden.

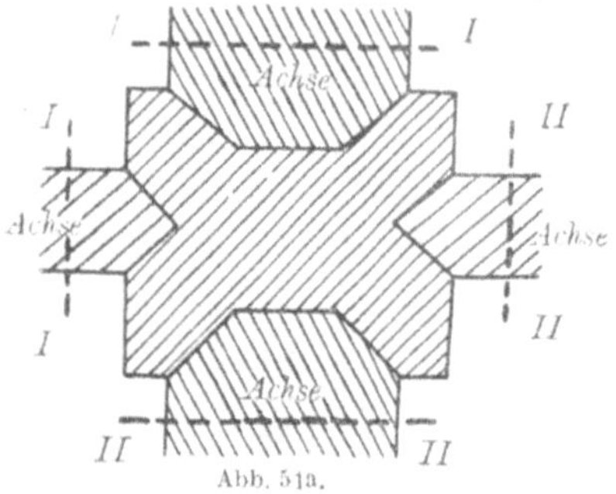

Abb. 51a.

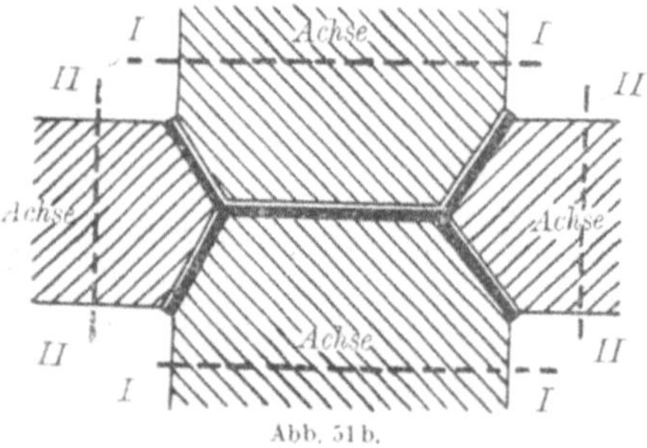

Abb. 51b.

Abb. 51a und b. Göbel-Walzwerk.

Es liegt auf der Hand, daß bei dem Walzverfahren, namentlich bei schwierigeren Querschnitten, eine ganz allmähliche Überleitung des Blockquerschnittes in den des Fertigprofils stattfinden muß. Bei einfachen Querschnitten genügt hierzu (vgl. Abb. 50a, b) *ein* Gerüst, bei verwickelteren sind *mehrere* solcher mit einer ganzen Anzahl Kaliber notwendig (vgl. Abb. 52, schematisch die Entstehung eines Normalprofils I Nr. 20 aus einem Block von 280 mm Quadratseite darstellend). Hierzu sind drei Triogerüste — zwei zum Vorwalzen, eines zum Fertigwalzen — mit 17 Kalibern im ganzen notwendig. Die in der Abbildung eingefügten Zahlen geben in ihrer Reihenfolge die sich aufeinander folgenden einzelnen Walzdurchgänge an. Eine Triostraße mit drei nebeneinander liegenden Walzwerken für mittlere Stabprofile zeigt Abb. 53.

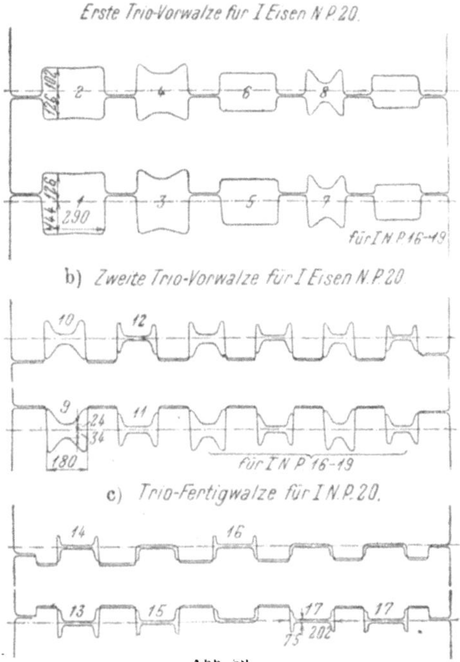

Abb. 52.

Da, wie die Beispiele zeigen, bei den Stabwalzwerken eine sehr erhebliche Querschnittsänderung bedingt ist, um, vom heißen Rechteckblock ausgehend, die verschiedenen Stabformen zu erzeugen, so muß durch die Kaliber der Walzen eine allmähliche Überleitung zum Endquerschnitte angestrebt werden und das Eisen 10—20 verschiedene, allmählich abgestufte Kaliber durchlaufen, ein Arbeitsvorgang, der im allgemeinen in einer „Hitze“ beendet wird, bei schweren Stücken jedoch zwei „Hitzen“ erfordert. Es liegt auf der Hand, daß man bei den ersten Kalibern, Vorkaliber genannt, die Abnahme der Profilquerschnitte größer machen kann als später, da am Anfange das Eisen noch wärmer ist, demgemäß einen stärkeren Druck zu ertragen vermag und eine entsprechend größere Streckung erfahren kann. Bei der Bemessung der weiteren Kaliber kommt es namentlich darauf an, das Eisen in seinen einzelnen Teilen nicht ungleichmäßig zu strecken oder allzu verschiedenartig zu drücken; hierbei wird eine Ausgleichung beider Arbeitsfaktoren dadurch geschaffen, daß dort, wo die Umfangsgeschwindigkeiten einzelner Walzenpunkte größere sind, also eine stärkere Streckung des Eisens zu erwarten steht, der Druck beim Walzen gering gehalten wird. Es hat dies namentlich eine Bedeutung bei den hohen ⊏- und I-Profilen. Ferner bereitet das Walzen hoher gerader Profilstege Schwierigkeiten, da diese einerseits wegen Ausübung eines ausreichenden Druckes seitens der Walzen nur wagerecht geführt werden können, anderseits hierbei infolge der allmählichen Abkühlung die Neigung zur Ausbreitung gegenüber der Streckung zunimmt. Hiergegen wirkt man erstens durch Einfügung sog. Stauchkaliber, die durch Druck von oben, z. B. einen hier senkrecht stehenden Steg, zusammenstauchen, zweitens durch Schaffung von Anläufen an den senkrecht gewalzten Profilteilen, so daß letztere beim Walzen immerhin einen ausreichenden Druck von seiten der Walze her erhalten.

Bei den *Blechwalzwerken* mit glattzylindrischen Walzen (Abb. 54) werden letztere entsprechend der beim Walzen sich vermindernden Blechstärke enger gestellt. Je nachdem es sich um Grobbleche von 5 mm Stärke an oder Feinbleche bis 4,5 mm stark handelt, findet das Walzen auf einem oder zwei bis drei Gerüsten statt. Universalbleche, auf dem Universalwalzwerk gewonnen, werden heute bis zu 1,00 m Höhe ausgewalzt.

Abb. 53. Triostraße für mittleres Stab- und Formeisen

Wegen ihrer Güte bilden sie ein ganz besonders wertvolles und zuverlässiges Konstruktionsmaterial (Knotenbleche, Teile von Gurtungen, Blechbalken usw.).

Als besondere Walzwerkarten — nach der Art ihrer Erzeugnisse — sind noch zu nennen: *Wellblech-, Draht- und Röhrenwalzwerke.* Bei den ersteren — meist Duowerken — sind die Walzenflächen der Wellblechform unmittelbar angepaßt; es werden in der Regel aber nur dünnere und niedrigere Wellbleche gewalzt, stärkere und höhere mit Hilfe hydraulischer Pressen gewonnen. Drahtwalzwerke bestehen aus längeren

Abb. 54. Blechwalzwerk.

Walzenstraßen mit eng hintereinander stehenden Walzwerken, deren jedes eine weitere Verfeinerung des Kalibers bedingt und sofort (vermittels besonderer Leitkanäle) den Draht aus der vorangehenden Walze aufnimmt. Das Eisen wird als quadratischer Stab weißglühend eingeführt und in einer einzigen „Hitze“ fertig gewalzt. Aus dem Endkaliber kommend wird der noch heiße Draht sofort auf einer Haspel zu einem Ringe aufgewickelt. Ein Walzen von Draht findet nur bis zu einem Durchmesser von 3 mm statt. Feinere Drähte werden aus dem Walzdraht durch Ziehen vermittels der *Drahtleier* hergestellt, indem der Draht durch immer enger werdende Löcher hintereinander stehender Stahlplatten hindurchgezogen wird. Da das Ziehen kalt geschieht und der Draht deshalb hart wird, muß er nach etwa sechs Lochkalibern immer wieder erwärmt werden. Die Durchgangsgeschwindigkeit durch die Drahtleier ist verhältnismäßig groß, 25—80 m in der Minute.

Durch Röhrenwalzwerke werden nahtlose Rohre in der Regel durch Ausziehen des Walzblockes hergestellt (Verfahren von Mannesmann, Ehrhardt usw.).

Die Handelsfabrikate des Eisens.

Die Walzwerkserzeugnisse werden als Handelsfabrikate der Eisen- und Stahlwerksverbände eingeteilt in zwei Hauptgruppen: Produkte „A“ und „B“. Erstere werden nur durch den Verband, lieferbar von den einzelnen Werken, verkauft.

Gruppe „A“ umfaßt Halbzeug (rohe, vorgewalzte Blöcke, Knüppel usw.) und das gesamte Eisenbahnoberbaumaterial (Schienen, Schwellen, Laschen, Untertagsplatten, Hakenplatten, Radlenker u. dgl.), während zu Gruppe „B“ zählen: Stabeisen, Bleche, Walzdraht, Röhren, Niete, Schrauben, Nägel, Drahtseile usw.

1. **Stabeisen.** Hier kommen, aus dem Walzprozesse hervorgegangen, in Frage: L-, T-, I-, ⊏-, Z-, Belag-, Quadrant-, Sprossen-, Handeisen usw.

Für die für Baukonstruktionen gebräuchlichsten Stabeisen sind in Deutschland **Normalprofile** eingeführt, welche in dem zuerst im Jahre 1881 seitens der Professoren *Heinzerling* und *Intze* in Aachen herausgegebenen Werke „Deutsche Normalprofile für Walzeisen“[1]) zusammengestellt sind. Neben ihnen finden sich aber — namentlich für I- und L-Querschnitte — noch besondere Formen.

Die *Bezeichnung der Normalprofile* erfolgt durch Nummern, die das Hauptmaß, die Höhe, oder auch die Höhe und die Breite, in „Zentimeterangaben“ enthalten. Hier sind kurz zu nennen:

a) Winkeleisen (L), gleichschenklige und im Verhältnisse von 1: $1^1/_2$ und 1: 2 ungleichschenklige.

b) T-Eisen, breitfüßige, bei denen die Steghöhe gleich der halben Fußbreite ist; und hochstegige, bei denen Fußbreite und Steg gleich sind

1) Das Werk wurde verfaßt im Auftrage des Verbandes deutscher Architekten- und Ingenieurvereine, des Vereins deutscher Ingenieure und seines damaligen Zweigvereins der Hütteningenieure, aus dem bald darauf der selbständige Verein deutscher Eisenhüttenleute hervorging; 1902 trat noch der Verein deutscher Schiffswerften als vierter hinzu.

c) Belageisen, vorwiegend zu Fahrbahnanordnungen im Brückenbau, daneben, wenn auch selten, als Glasdach-Sprossen verwendet.

d) Z-Eisen.

e) [-Eisen.

f) Normalprofil I-Eisen mit Höhen bis zu 60 cm und einem Anlaufe der Flanscheninnenflächen von 14% und kräftiger Ausrundung an den Übergangsstellen zwischen Flansch und Steg. Diese Normalprofile besitzen Flanschbreiten, die namentlich bei den höheren Eisen nur wenig über ein Drittel der Höhe betragen und demgemäß für schiefe Belastung und Biegungsbeanspruchung wirtschaftlich nicht immer vorteilhaft sind. Sie finden in dieser Hinsicht eine Ergänzung durch die — nicht zu den Normalprofilen gehörenden — breitflanschigen I-Träger, die „B-Träger" (Differdinger Träger), die bis 1 m Höhe gewalzt werden können, bei Querschnitten bis 30 cm Höhe gleiche Breite und Höhe, von da an aber eine gleichbleibende Breite = 30 cm aufweisen. Bei ihnen beträgt die Neigung der inneren Flanschflächen 9%.

Eine weitere Entwicklungsform stellen die breit- und parallelflanschigen *Peiner* I-Träger dar, bei denen die Flanschen bis auf den kurzen Anschluß an den Steg innen und außen vollkommen parallel sind, ein Vorteil, der sich für alle möglichen Anschlußverbindungen günstig geltend macht, namentlich ein gutes Anschließen von Nieten und Schrauben hierbei sichert. Bezüglich ihrer Breitenabmessung gilt das gleiche wie für die vorgenannten B-Träger.

g) Quadranteisen, einen Viertelkreis umfassend und mit Außenflanschen versehen, vorwiegend früher für Säulenausbildung benutzt.

h) Einfaches Walzeisen, Quadrateisen, Flacheisen und Rundeisen.

i) Handeisen zur Bildung von Geländern.

k) Besondere Fassoneisen, einmal namentlich für Dachdeckungszwecke, vornehmlich für Glasdächer (Sprossen), für eiserne Fenster, Türen u. dgl., oder auch Schmuck- und Ziereisen, wie z. B. die vom Eisenwerk Mannstädt (Troisdorf bei Köln) in großer Anzahl und Vielseitigkeit gewalzten Sonderprofile, Schutzschienen usw.

l) Spundwandeisen der verschiedensten Systeme (Larsen, Rote-Erde usw.).

2. **Bleche.** a) *Ebene Bleche.* Wie schon auf S. 136 hervorgehoben, unterscheidet man: Feinbleche bis 5,0 mm stark und Grobbleche darüber hinaus bis 25 mm Stärke.

Die Abstufung der *Feinbleche* richtet sich nach der Deutschen Blechlehre und steigt von 0,5 mm an um je $^1/_2$ mm. *Normale* Abmessungen sind: 0,8 × 1,6 m (unter 1,5 mm Stärke) bzw. diese Größe und 1,0 × 2,0, 1,25 × 2,50 m. Die Größtabmessungen sind bei den stärkeren Nummern: 4,00 × 1,50 m, bei den dünneren 2,25 × 1,00 m. Feinbleche finden auch als gelochte Zierbleche Anwendung und werden hierfür in Stärken von 0,75—2,0 mm und Abmessungen bis zu 2,5 m Breite und 6,0 m Länge geliefert.

Vielfach werden, zum Schutze gegen Rost, die Bleche in verzinktem Zustande geliefert für Dachdeckung, Rinnen und Abfallrohre. Das Gewicht dieser Schutzschicht ist für 1 qm zu wenigstens 0,5 kg in Rechnung zu stellen. Für *Grobbleche* gehen je nach ihrer größeren Dicke die Größtabmessungen von $L_{max} = 6{,}0$—10,0 m und B_{max} von 2,0—2,5 (und 3,0) m.

b) *Riffelbleche* sind meist aus Flußeisen hergestellt und auf der Oberfläche mit hervortretenden, rautenförmig verlaufenden, kleinen $1^1/_2$ bis $2^1/_2$ mm hohen Rippen (Riffeln) versehen; ihr Gewicht beträgt etwa 4—4,5 kg/qm mehr als das des entsprechenden ebenen Bleches. Hergestellt in Stärken von 4—15 mm (gerechnet ohne Riffelung) und in Breiten von 100, 110, 120, 130, 140, 150 und 160 cm, Längen von 5 bis 3,0 m und Gewichten zwischen 38—126 kg/qm. Daneben sind aber auch stärkere Riffelbleche bis 25,0 mm Stärke und bis zu 450 kg zu haben. Verwendung zu Belägen und Abdeckungen aller Art. Ähnliche Erzeugnisse stellen die Warzen- und Waffelbleche (1,5—5 mm stark) dar.

c) *Streckmetall* wird hergestellt aus einem weichen Stahlbleche, in das — die einzelnen Reihen gegeneinander versetzt — Schlitze hineingeschnitten werden. Durch ein seitliches Auseinanderziehen und geringes senkrechtes Biegen des Bleches entsteht ein rautenförmiges räumliches Gitter. Verwendet in erster Linie als Bewehrungseinlage in Eisenbetonplatten, als Putzträger und Gitter.

d) *Tonnenbleche* (Wölb- oder Hängebleche), aus Schweißeisen oder Flußeisen und meist mit einem Stich von $^1/_8$—$^1/_{12}$ erzeugt, haben in der Regel Längen von 0,5—3,0 m, Breiten von 0,5—2,0 m, größte Tafelgröße von 4,0 qm und Dicke von 5—10 mm; die längseit verlaufenden ebenen Ränder sind 60—80 mm breit und werden vernietet. Die Verwendung erfolgt meist (bei Brücken, Decken usw.) mit der Zylinderfläche nach unten durchhängend, selten stehend.

e) *Buckelplatten* sind mit ebenem, allseitig herumlaufendem Rande nach Art der Klostergewölbe geformte Platten, die stehend oder hängend verwendet werden. Stich $= {}^1/_{10}$—$^1/_{15}$; Randbreite 40—80 mm; L und $B = 0{,}5$—1,8 m. Form rechteckig, quadratisch, trapezförmig. Verwendung (meist hängend) als Fahrbahnausbildung im Eisenbrückenbau.

f) *Wellbleche* werden (vgl. S. 136) bei dünnen Blechen und niedrigen Wellen in der Regel durch Walzen, bei dickeren Tafeln und hohen Profilen durch Pressen hergestellt. Je nach der Form werden unterschieden flache Wellbleche (Abb. 55a) und Trägerwellbleche (Abb. 55b). Bei den ersteren ist der $\sphericalangle\, \alpha < 180^0$, während Trägerwellbleche sich aus Halbkreisen und zwischen diesen eingeschalteten geraden Stegen zusammensetzen. Für beide Wellblecharten sind in Deutschland *Normalprofile* vom Verein deutscher Eisenhüttenleute aufgestellt.

Sehr häufig werden die Bleche verzinkt geliefert; sie sind alsdann mit 1 kg/qm Mehrgewicht gegenüber schwarzen Feinblechen in Rechnung

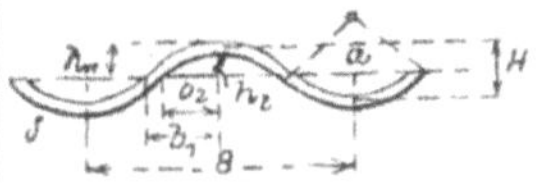

Abb. 55a.
Flaches Wellblech.

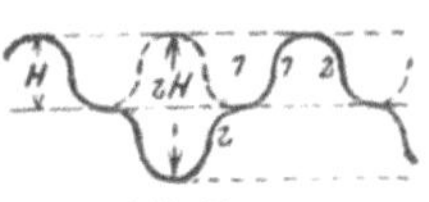

Abb. 55c.

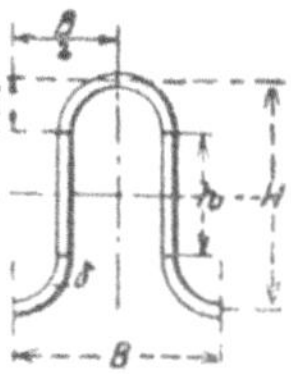

Abb. 55b.
Trägerwellblech.

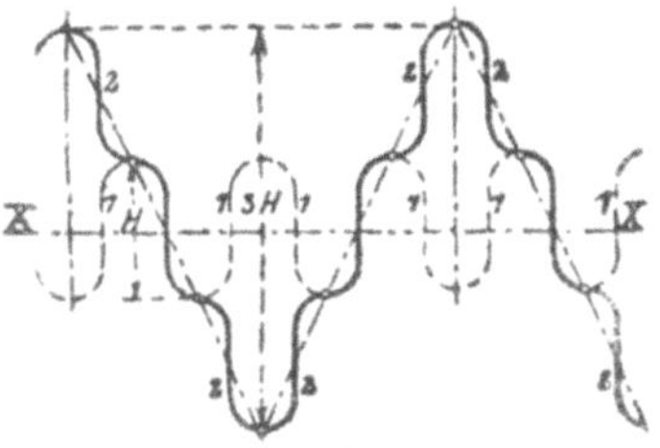

Abb. 55e.

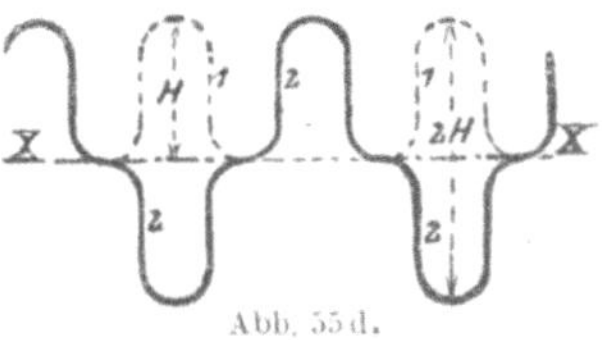

Abb. 55d.

Abb. 55c, d und e. Knutson-Wellbleche und ihre Entwicklung.

zu stellen. Alle flachen und Trägerwellbleche werden auch bombiert, d. h. in ihrer Längsrichtung gekrümmt, geliefert. *Bombiertes Trägerwellblech* trägt bei gleichmäßiger Belastung und bei $^1/_{12}$—$^1/_{10}$ Stich etwa das 8—10fache der zulässigen Last des geraden Wellbleches.

Eine *abgeleitete Form* der normalen Wellbleche stellen die *Doppel- und Tripelwellbleche des Ingenieurs Knutson dar* (D. R. P.), entstanden (Abb. 55c—e) dadurch, daß beim Doppelwellbleche jede zweite Welle des normalen Bleches nach unten, bei Tripelblech abwechselnd nach unten und nach oben gedreht worden ist. Hierdurch entstehen Wellbleche, welche bei gleicher Materialmenge, also auch demselben Gewichte, eine zwei- bzw. dreifache Höhe erlangen. Die Widerstandsmomente wachsen hierbei beim Doppelbleche — sowohl bei der flachen als auch der Trägerform — um rund 65, beim Tripelblech sogar um rund 130%. Neben dieser sehr erheblichen Erhöhung des Widerstandsmomentes liegt der Vorteil der neuen Blechformen in einer erhöhten Verwendungsmöglichkeit von dünneren Eisenplatten zur Wellblecherzeugung — da durch sie eine Anzahl der heute üblichen zwei und mehr Millimeter starken und in der Herstellung teuren Profile durch dünnwandige Bleche ersetzt werden können —, ferner in der trotz größerer Höhe erreichten Kleinhaltung der Berg- und Talkurven und der hierdurch bedingten verhältnismäßig großen Steifigkeit des Wellbleches. Verwendung zu Deckenbauten, für Brückenfahrbahnen (gut wegen der — im Vergleiche zu einem gleich hohen Normalwellbleche — geringeren Betonfüllungsmasse usw.), zu Dachdeckungen, freitragenden Wellblechdächern (bis zu etwa 30,0 m Spannweite wirtschaftlich gegenüber eisernen Fachwerksunterbauten) usf.[1])

1) Die Knutson-Wellbleche werden hergestellt von der vereinigten Königs- und Laurahütte in Oberschlesien. Die Doppelbleche werden bis zu

3. **Befestigungsmittel, Drahtseile usw.** *α) Niete.* Je nach der Kopfgröße bzw. bei Fehlen eines solchen unterscheidet man: Normal- oder Vollniete, halb- und ganzversenkte Niete. Die Niete werden geliefert mit fertig angearbeitetem Setzkopf. Der der Nietwirkung dienende Schließkopf wird aus dem überstehenden Ende des glühend heiß gemachten Nietschaftes an Ort und Stelle bei der Vernietarbeit gebildet. Normalniete gibt es von 6—26 mm Durchmesser, steigend um je 2 mm mittlerer Abmessung; zudem werden noch vielfach benutzt Niete von 13 und 23 mm Durchmesser.

Man bezeichnet bei den meist vorkommenden Kraftnieten den Durchmesser:

13 mm mit Φ	20 mm mit ○	26 mm mit ⊗
16 „ „ ⊖	23 „ „ ∅	

Ist ein Niet oberhalb versenkt, so wird das durch einen weiteren ausgezogenen Kreis angedeutet. Ist der Niet unten versenkt, so wird letzterer gestrichelt. Bei Versenkung oben und unten werden beide Kreise gestrichelt. In gleicher Weise werden auch Schrauben bezeichnet; nur wird hier der Kreis schwarz ausgefüllt.

β) Befestigungsschrauben. Für sie finden scharfgängige, eingängige Schrauben nach System Witworth Anwendung. Zur Schraube gehört der Schaft mit festem Kopf und angeschnittenem Gewinde und die Mutter mit Unterlagsplatte. Genaueres hierüber — wie auch über Niete — ist in den Lehrbüchern über Eisenbau zu vergleichen.

γ) Nägel. Je nach der Herstellung werden unterschieden: geschmiedete, geschnittene und Drahtnägel.

Geschmiedete Nägel bestehen in der Regel aus vierkantigem Stabeisen und werden von Hand aus erzeugt. Eine Abart bilden die Schraubennägel, aus glühend gemachten und dann gedrehten Eisenstäben hergestellt. Da sie außerordentlich fest im Holze haften und sich hier nicht herausziehen lassen, werden sie für besonders wichtige Verbindungsstellen im Holzbau benutzt.

Geschnittene Nägel werden maschinell gewonnen und aus einem Blechstreifen in der Art kalt geschnitten, daß die keilförmige Spitze sich bald an der einen, bald an der anderen Blechseite ausbildet und das Material zwischen je zwei Spitzen zum „Andrücken" des Kopfes Verwendung findet. Abmessungen: 7—13 cm in der Regel lang, aber auch erheblich länger zu erhalten (bis 50 cm). Verwendet zum Nageln von Brettern, Latten und Bohlen.

Drahtnägel (-stifte) von 0,6—24 cm Länge werden aus hartgezogenem, nicht ausgeglühtem Rund- oder Viereckdraht auf besonderen, sehr leistungsfähigen Maschinen geschnitten, die zugleich den Kopf herstellen, den Stift gerade richten und eine Spitze an ihn anschneiden.

Größthöhen von 220 mm und bis zu größten Dicken von 2—3 mm gewalzt. Ein Bombieren der Bleche ist leicht ausführbar.

δ) Drahtseile. Für bautechnischen Gebrauch sind zu unterscheiden: *Förderseile* und *Kabel*, namentlich solche für den Brückenbau.

Für Förderseile wird heute fast ausschließlich Gußstahldraht von 1—3 mm Ø verwendet. Aus den einzelnen Drähten werden zunächst Litzen hergestellt, die um einen geraden, weichen Herzdraht, an dessen Stelle auch eine Hanfseele treten kann, herumgewunden sind; aus den einzelnen Litzen wird dann das Förderseil zusammengesetzt. Hierbei ist die Drehrichtung, in der die einzelnen Litzen zum Seile vereinigt werden, die entgegengesetzte von der, in der sich die Drähte zur Litze zusammenschließen. Nur auf diese Art ist es möglich, die notwendige große Biegsamkeit der Seile zu sichern. Eine besondere Abart sind die — u. a. im Brückenbau verwendeten — *verschlossenen Drahtkabel*, die aus verschieden profilierten Drähten bestehen und aus lauter einzelnen um einen Herzdraht in Ringform herumlaufenden Windungen solcher gebildet werden, also keine Litzenbildung aufweisen. Zur Erhaltung der Biegsamkeit der Kabel sind hierbei die je aufeinander folgenden Ring-Spiral-Windungen in je entgegengesetztem Sinne gewunden. Die Querschnitte der einzelnen Drähte sind so bemessen, daß sie eine möglichst rein metallische Querschnittsfläche des Kabels erzielen, also sich — soweit irgend möglich — aufs innigste berühren. Der sehr geringe zwischen ihnen verbleibende Raum wird in der Maschine die das Kabel windet, mit rostschützenden Mitteln eng ausgefüllt, z. B. mit Mennige u. dgl. Auch diese Kabel bleiben so biegsam, daß sie auf große zylindrische Trommeln aufgewunden und zum Versand gebracht werden können. Der unvermeidliche Stoß der Drähte im Kabel wird bald hier bald dort durch Lötung vollzogen. Wie Versuche zeigen, leidet hierunter die Tragfähigkeit des Kabels nicht, da seine Gesamtfestigkeit stets gleich der Summe der Festigkeiten der einzelnen Drähte ermittelt wurde. Es hat dies naturgemäß seinen Grund darin, daß die starke Zusammenpressung der Drähte im Kabel zwischen ihnen hohe Reibungswiderstände hervorruft, die eine Verschiebung einzelner Drähte aus dem Zusammenhange ausschließen.

ε) Ketten. Ketten für Förderarbeiten und zu Befestigungszwecken werden in der Regel aus Rundeisen geschmiedet. Günstig gegenüber der Gefahr des Verwickelns sind Stegketten, bei denen in die Mitte der Glieder und quer zu ihrer Längsrichtung ein Steg eingeschweißt wird; jedoch wird diesen Ketten nachgesagt, daß sie sich mehr im Betriebe verlängern sollen als Ketten ohne Steg.

4. Die bautechnisch wichtigen Eigenschaften der einzelnen Eisenarten, namentlich ihre Elastizität und Festigkeit.

a) **Kohlenstoffgehalt**: Je höher der Kohlenstoffgehalt, desto geringer ist die Zugfestigkeit des Eisens. Kohlenstoffgehalt bei Gußeisen $> 2{,}0\%$; bei Stahl 0,5—1,6%; bei Schmiedeeisen $< 0{,}5\%$, und zwar zeigt Schweißeisen 0,1—0,5%, Flußeisen 0,05—0,25% C. Phosphor ist im allgemeinen schädlich; er macht Roheisen zwar dünnflüssiger, macht aber das Konstruktionseisen in kaltem Zustande brüchig und spröde. Gleich schädlich ist Schwefel, der das Eisen „rotbrüchig" macht, seine Festigkeit und Schweißbarkeit vermindert.

Eisen mit etwa 1% C ist nur noch in geringem Grade schmiedbar und schweißbar, bei 1,6% hat es seine Schmiedbarkeit vollkommen verloren, kann auch hier nicht mehr geschweißt werden. Silizium wirkt in gleichem Sinne auf die Schmiedbarkeit ein, während ein Mangangehalt bis zu 1% diese erhöht, sie aber bei größeren Mengen wieder herabsetzt. Auf die Schweißbarkeit hat Mangan eine ungünstige Wirkung; sein Gehalt soll deshalb bei kohlenstoffarmem Eisen nicht höher als 0,5 sein, bei kohlenstoffreichem unter 1% bleiben. Silizium hat zwar keine so ausschlaggebende Wirkung auf den Schweißvorgang, soll aber nicht mehr als 0,2% bei Eisen für Schweißarbeiten betragen.

Die *Festigkeit* des Eisens steigt im allgemeinen mit der zunehmenden Menge der Nebenbestandteile bis zu einer bestimmten Grenze, um dann wieder rasch zu sinken. Den größten Einfluß übt in dieser Hinsicht der Kohlenstoff aus. Der Höchstwert der Festigkeit wird im allgemeinen bei 1% C erreicht, während die Dehnbarkeit im umgekehrten Maße abnimmt, wie die Festigkeit steigt. Ähnlich, wenn auch in geringerem Grade, wirkt Mangan, in untergeordnetem Maße Silizium.

Schädlich wirken Phosphor (Gehalt bei schmiedbarem Eisen $< 0,1\%$) und Schwefel (Gehalt $< 0,1\%$, in der Regel $< 0,05\%$).

Nickel, Chrom, Vanadium, Molybdän und Wolfram zeigen in bestimmten Mengen einen sehr *vorteilhaften* Einfluß auf die Festigkeitseigenschaften des Eisens und werden zur Erzeugung von Qualitätsstahl herangezogen (Nickel-, Chrom-, Vanadium- usw. Stahl).

Graues Roheisen ist bei 1200—1300°, weißes bei 1100—1200°, Schweißeisen bei 1500—1600°, Flußeisen bei 1350—1450°, Stahl bei 1300—1400 (1800)° C flüssig.

b) Die **Reibungszahlen** sind: Gußeisen auf Gußeisen i. M. 0,15, Schmiedeeisen auf Gußeisen i. M. 0,18, Schmiedeeisen auf Schmiedeeisen in der Ruhe 0,25, bei der Bewegung 0,13, Walzeisen auf Kies und Sand i. M. 0,44.

c) **Schwindmaße.** Gußeisen $^1/_{96}$; Stabeisen $^1/_{55}$—$^1/_{72}$, je nach der weniger großen oder innigeren Feinheit des Kornes, Flußstahl $^1/_{64}$—$^1/_{72}$ (Puddelstahl).

α) Über die *Elastizitäts- und Festigkeitsverhältnisse* der gebräuchlichsten *Eisenarten* gibt die Zusammenstellung auf S. 145 Auskunft.

Für *Nickelstahl* (von Krupp) ist bestimmt: die Elastizitätszahl zu 2090000 kg/qcm, die Elastizitätsgrenze zu 4000—5000 kg/qcm, die Proportionalitätsgrenze zu 3400 kg/qcm; die Streck- bzw. Quetschgrenze liegt bei 18—22 bzw. 50—55% der betreffenden Festigkeitsgrenze. Als Zugfestigkeit kann 6000—7000 kg/qcm gerechnet werden. Für *Nickelflußeisen* ist einzuführen eine Zugfestigkeit von rund 5000 kg/qcm, eine

Elastizitäts- und Festigkeitsverhältnisse.

Eisenart	*Gußeisen*	*Schweißeisen*	*Flußeisen*	*Flußstahl*	Einheit
Elastizitätsmaß	1 000 000	2 000 000	2 150 000	2 200 000	kg/qcm
Elastizitätsgrenze	660 bei Zug, 1500—1900 bei Druck	1300—1700	2000—2400	2400	"
Gleitmaß..............	290 000—400 000	770 000	830 000	850 000	"
Proportionalitätsgrenze .	—	1300	1800	2500—5000	"
Streck- u. Quetschgrenze	—	> 1800 (2200—2800)	> 2000 (2500—3000)	> 2800	"
Dehnung..............	—	> 10—12 % (—20 %) Blech > 7 %	> 15 % (—25 %) Blech > 18 %	> 10 % (—22 %)	—
Zugfestigkeit [1])	1200—1800	3300—4000	3400—4500	4500—8000 u. mehr	kg/qcm
Druckfestigkeit [2])	7000—8500	> 2200	> 2500	> 2800 bei weichem } Material > 4500 bei hartem }	"
Schubfestigkeit	1000—1100	> 2000	> 3200	> 4000	"
Zulässige Beanspruchung auf } Zug ...	250	800—1000	} 1000—1200 (1400)[3])	} 1200	kg/qcm
Zulässige Beanspruchung auf } Druck .	500—800	750—1000			
Zulässige Beanspruchung auf } Schub .	200	600—800	800—1000 [4])	1000	"
Längenausdehnung b. 1° C	0,0000111—0,0000106	0,0000124—0,0000118	0,0000121 = 1/825	0,0000108—0,0000124 je nach der Weiche od. Härte	—

1) Zugfestigkeit des Gußstahldrahtes 8000—20000 kg/qcm, des nicht geglühten Schmiedeeisendrahtes 5500—6500 kg/qcm.
2) Hier ist oft die „Quetschgrenze" maßgebend.
3) Bei Dachkonstruktionen und Auftreten der Maximalspannkraft beim Zusammentreffen aller möglichen Belastungen, sogar bis 1600 kg/qcm.
4) *Nietbeanspruchung* auf Abscherung 1000 kg/qcm, auf Lochleibungsdruck bis 2000 kg/qcm; Zugfestigkeit 3600—4200 kg/qcm; Dehnung > 22 %.

Elastizitätsgrenze von 3500 kg/qcm und eine Streck- bzw. Quetschgrenze von 22 bzw. 60% der betreffenden Festigkeit.

5. Der Rost- und Feuerschutz des Eisens.

a) **Das Rosten und der Rostschutz des Eisens.** Die Größe der Rostgefahr wächst mit Abnahme des Kohlenstoffgehaltes des Eisens; geschmiedetes Eisen rostet weniger stark als Walzeisen; gleichartig verhält sich Schweißeisen zu Flußeisen, gehärteter Stahl zu ungehärtetem. Das Rosten — eine allmähliche Umwandlung in Eisenoxydhydrat — findet statt durch den Angriff von Luft und Wasser und wird unterstützt durch die Einwirkung von Säuren und Basen (z. B. von Kalk, während Zement das Eisen gut erhält).

Dem Schützen der Eisenoberfläche hat eine *Reinigung* vorauszugehen, die mechanisch (Abputzen mit Drahtbürsten oder dem Sandstrahlgebläse) oder chemisch sein kann (Einbringen des Eisens in Bäder aus verdünnter Säure, alsdann in Kalkwasser und Trocknung). Zweckmäßig ist es, die chemisch gereinigten Eisenteile baldmöglichst mit einem Schutzanstriche (Leinölfirnis, der aber leicht abblättert, besser Grundierungsanstrich) zu versehen und bis zur vollkommenen Trocknung dieses unter Schutz zu halten. Durch Ölung des Eisens nach der Reinigung wird eine gute Haftung der Ölfarbe sehr unterstützt. Als Rostschutzmittel kommen in Frage:

α) *Anstriche.* Ölfarbenanstriche. Farbhaut u. U. hygroskopisch und alsdann von Wasser und Gasen durchdringbar; weniger schädigend wirkt die Wärme und die verschieden starke Ausdehnung von Eisen und Farbe ein. Gegen Schwellung der Farbhaut durch Wasseraufnahme gut ein hoher Firnisgehalt und ein indifferenter Farbkörper.

Der erste Anstrich — *Grundanstrich* — kommt in der Werkstatt zur Ausführung, während die folgenden „*Deckanstriche*" an der fertiggestellten Gesamtkonstruktion vorgenommen werden. Flächen, hierbei durch überliegende Teile gedeckt, werden vor dem Zusammensetzen des Ganzen mit einem einfachen Deckanstriche versehen.

Grundierungsfarbe: Leinölfirnis mit Eisen-, besser Bleimennige, neuestens empfohlen als wasserundurchlässig „Perlgrund". *Deckfarben:* Bleiweiß- und Zinkweißölfarben mit einem Farbzusatze mineralischer Art. Hierher gehören: Diamantfarbe, Silbergrau, Metallgrau, Eisengrau (Bleifarben), Platinfarbe, Bessemerfarbe (auch zur Grundierung gut und durch geringen Verbrauch gegenüber Mennige ausgezeichnet, Rosenzweig & Baumann in Cassel), Silikatfarben usw. (Zinkfarben). Zweckmäßig drei Deckanstriche in etwa achttägigen Pausen.

Die Farbe soll schnell trocknen (ein Regen soll sie nach 24 Stunden nicht mehr abzuwaschen vermögen) und dünnflüssig sein; zu dicke Farbe füllt nicht die Unebenheiten der Eisenoberfläche ausreichend aus und befördert das Entstehen von Luftblasen, weiterhin das Zerreißen der Farbschicht. Nur „geriebene" Farben sind zu verwenden.

Sonderfarben sowohl zum Teil für Grundierungs- als auch Deckanstriche sind: Rathjens Patentkomposition, auf Mennigegrund od. dgl. aufzustreichen, mit Spiritus angemacht, schnell trocknend (D. Decken, Flensburg), Schuppenpanzerfarbe (Dr. Graf & Co., Berlin, u. a.), meist sehr gut bewährt, auch als Grundanstrich und als solcher der Mennige überlegen, Preolith (A. Prée, Dresden-N.), als durchaus beständig anzusehen. Gegen Säuren und Laugen bewährt Siderosthen-Lubrose, eine vollkommen dichte, elastische, gleichmäßige, gummiähnliche Farbhaut bildend, auf alte Ölfarbenanstriche auftragbar, desgl. auf Mennige (A. G. Jeserich, Hamburg), Resistol, als besonders wirtschaftlich und dauerhaft gerühmt (Vernix-Werke, Berlin), Ferrubron (Ernst Gartzke, Berlin), vielfach bei größeren Eisenbauten bewährt, sehr beständig, Zoncafarbe (Glanzfarbe, Zonca & Co., Kitzingen a.M.), wetterfest, bakterientötend, Durabofarbe (E. Simon, Dresden), als Grund- wie Deckfarbe verwendbar, Inertol (Dr. Rothes Inertol, Paul Lechler, Stuttgart), gehört zu den bestbewährten Mitteln, auch für Wasserleitungsrohre, Behälter usw. geeignet, Dauboline (Holzapfel, Hamburg), sehr geeigneter Ersatz für Mennige, besser deckend wie diese, sehr schnell trocknend, Dauerfarbe (Münch & Röhrs, Berlin), eine Ölfarbe von einer dem jeweiligen Zwecke besonders angepaßten Zusammensetzung, Rubol (von der Ruberoid-Gesellschaft, Hamburg, auch ein Schutzanstrich für Zementarbeiten), Riessolinoxyd (Dessauer Rostschutzwerke), Meißners Farben (Heidenau bei Dresden), recht gut bewährte, durch große Deckungsfähigkeit und hervorragende Beständigkeit ausgezeichnete Grund- und Deckanstriche, Überzugsöl der letztgenannten Firma zum Schutze solcher Eisenteile zu empfehlen, die in trocknen Räumen längere Zeit lagern müssen, usw. Auch eignet sich recht gut Steinkohlenteer, wenn er leichtflüssig und säurefrei ist (bewährte Mischung: 8 Teile Teer + 2 Teile gebrannter Kalk + 1 Teil Terpentin oder Petroleum), auch bei Berührung mit Wasser gut haltbar, desgl. auf Mennigegrundierung.

β) Überziehen des Eisens mit anderen Metallen. Verzinken, erkennbar an der eisblumenartigen Zeichnung der Oberfläche, ist im allgemeinen ein guter Eisenschutz. Die Zinkschicht wiegt für 1 qm $\geq$ 0,5 kg. Ausführung entweder im flüssigen Zinkbade oder auf elektrolytischem Wege auch durch Aufspritzen (Verfahren nach Schop) oder durch Scherardisieren (Erzeugung einer Legierung auf der Eisenoberfläche durch Glühen des Eisens in Verbindung mit Zinkstaub unter Luftabschluß). Verzinkt werden vorwiegend Eisenteile für Eindeckung der Dächer und für Verkleidungszwecke. Nicht bewährt hat sich verzinktes Eisenblech bei Bahnhofshallen wegen des schwer schädigenden Einflusses der Lokomotivgase. Nachträgliches Verbleien bildet besseren Säureschutz (Dachdeckung bei Gasanstalten, chemischen Fabriken usw.). Auch kann ein *Bleiüberzug* allein als Rostschutz wirksam sein, erkennbar an der blaugrauen Färbung.

Wenig haltbar für Baukonstruktionen, und deshalb hier nicht verwendet, ist ein *Zinn*überzug (blank und glatt und hieran leicht zu erkennen), der namentlich bei feinsten Haarrissen ein Verrosten des Eisens wegen der sich alsdann ausbildenden galvanischen Kette und der Wasserzersetzung durch sie zu befördern scheint.

Für einzelne kleinere Bauteile (Dachdeckungsplatten u. dgl.) findet auch ein Plattieren des Eisens mit *Kupfer* statt — gut, aber teuer (Wackwitzmetall).

γ) Eine „*künstliche Oxydation*" sucht den beim Schmieden des Eisens auf seiner Oberfläche sich bildenden Überzug von Eisenoxyduloxyd künstlich zu erzeugen, ist aber bisher bei Baukonstruktionsteilen noch nicht eingeführt und mehr für Gebrauchsgegenstände üblich.

δ) *Portlandzement* ist ein sehr guter Schutz des Eisens und scheint sogar unter Umständen vorhandenen Rost unschädlich zu machen. Reiner, mit Wasser angemachter Zement wird in 4—5facher Schicht auf die Eisenkonstruktion gestrichen; bei Flächen, die dem Wasser ausgesetzt sind, ist der Zement mit entrahmter Milch anzumachen.

ε) *Emaillierung* (Schmelzüberzug), eine vollkommene Abdichtung der Oberfläche und damit einen Rostschutz des Eisens bewirkend. Das Verfahren findet vorzugsweise Anwendung bei vorher rein gebeizten und mechanisch geputzten Gußeisen-Gebrauchsgegenständen. Die Emailleschicht besteht aus zwei Teilen, einer fein geriebenen Grundmasse aus Quarz, Borax, Feldspat und Ton, die nach Trocknen bis zur Sinterung gebrannt wird und dann einen zweiten ähnlichen Überzug (Quarz, Borax, Soda und Zinnoxyd) erhält, der nach dem Schmelzen die Grundmasse weiß, durchsichtig und vollkommen dicht macht — Emailleüberzug.

b) **Das Verhalten des Eisens im Feuer und der Schutz des Eisens.** Nach Versuchen in Hamburg, Bremen, Berlin u. a. O. verlieren *schmiedeeiserne Säulen*, mit einer Druckspannung von 1000 kg/qcm konstruiert, bei Temperaturen von 550—620° C ihre Tragfähigkeit; erhebliche Unterschiede zeigen sich hierbei nicht im Verhalten von Schweiß- und Flußeisen. Eine Ausfüllung der Stützen mit Beton erhöht die Widerstandskraft nur unwesentlich (um 15 Minuten wird die Tragfähigkeit hinausgeschoben), vergrößert aber die seitliche Ausbiegung beim Anspritzen. Ähnlich wie die Säulen verhalten sich auch ungeschützte flußeiserne Tragkonstruktionen aller Art.

Gußeiserne, ausschließlich auf Druck belastete *Säulen*, mit $\sigma = 500$ kg/qcm konstruiert, verlieren ihre Tragfähigkeit erst bei 800° C. Eine Verstärkung der Wand vergrößert den Widerstand durchaus nicht im Verhältnisse der Querschnittsvermehrung; auch ist die Belastungsgröße wichtig für das Aufhören der Tragfähigkeit.

Gegenüber dem guten Verhalten gußeiserner *gedrückter* Säulen bei hohen Temperaturen ist sehr bemerkenswert ihr schlechtes Verhalten bei Zugbelastung, da Gußeisen — erhitzt — eine nur sehr geringe Zugfestigkeit besitzt. Demgemäß sind Säulen in Speichern, Warenhäusern usw., überhaupt überall dort, wo die Gefahr eines Schadenfeuers erheblich und folgenschwer ist, stets so zu konstruieren, daß sie auch bei größtem Momente in allen Faserteilen nur gedrückt werden.

Als *Umhüllungskonstruktionen* zum Schutze der Eisenbauten sind zu nennen: Zement, Rabitzputz, Eisenbeton-Ummantelungen (desgl. mit Verwendung der Drahtziegel von Stauß in Cottbus), Gipsdielen (Macks Feuerschutzmantel), Asbestzement, eine Umhüllung von 75% Asbest + 25% Kieselgur, in Matten- oder in Pappeform, Korkplatten mit oder ohne eine innere Isolierschicht aus Infusorienerde, Asbest usw., Xylolith, Feuertrotz (aus drei Schichten bestehend, einer untersten als schlechten Wärmeleiter — Kieselgur —, einer mittleren veraschenden und hierbei viel Wärme verbrauchenden — Wollstaub, Sägespäne u. dgl. — und einer äußersten, aus Ton gebildeten, welche sintert und einen gegen das Ausspritzen wirksamen Mantel bildet); ähnlich wie die letztere Ummantelung wirkt Plutonit, eine Asbestfeuerschutzmasse, ebenfalls sinternd und einen Mantel erzeugend.

Bei Umkleidung von Säulen werden die meisten der vorgenannten Sicherungen noch durch einen 2 mm starken Eisenblechmantel gegenüber mechanischen Angriffen von außen geschützt. Nicht günstig ist die Anbringung einer Luftschicht zwischen Mantel und Stütze, weil ersterer hierdurch wenig widerstandsfähig wird; hingegen ist die Wahl von Stützenformen mit innerem Luftdurchgange zu empfehlen.

In Amerika findet der Schutz der Eisenbauten gegen Feuer fast ausschließlich durch gebrannte, feste, in der Regel hohle terrakottenartige Ziegelsteine und gleichartige Tonplatten, durch Stahlklammern gegenseitig gehalten, statt. Dieser Feuerschutz hat sich dort ausgezeichnet bewährt.

6. Verbindung des Eisens durch besondere Löt- und Schweißprozesse.

1. Neben dem normalen Schweißen von Schmiedeeisen in Weißglut, Stahl in Hellrotglut, ist für Gußeisen das Schweißen mit „*Ferrofix*“ zu nennen, einem Stoffe, der infolge chemischer Reaktion das Gußeisen an der Vereinigungsstelle in Schmiedeeisen umwandelt; auch gestattet Ferrofix die Vereinigung von Gußeisen mit anderen Metallen (Kupfer, Stahl usw.) zu durchaus haltbaren Verbindungen.

2. Das *Goldschmidtsche Schweißverfahren* zur Verbindung und Ausbesserung von Schmiedeeisen und Stahlfassonguß. Das Verfahren beruht darauf, daß Gemische von Metall- (Eisen-) Oxyden mit Aluminium, einmal entzündet, leicht in sich weiter brennen, hierbei Temperaturen von etwa 3000° erzeugen und eine Umsetzung in flüssiges Metall (Eisen) und Aluminiumoxyd erfahren; hierdurch kann einerseits eine sehr große Wärmemenge auf engem Raume konzentriert und zum Zusammenschweißen von nahe aneinander gebrachten und gegeneinander unwandelbar festgelegten Eisenteilen (z. B. Straßenbahnschienen, Rohr-

enden usw.) benutzt werden (Goldschmidtsches Schweißverfahren), oder es kann auch ein beliebiger Qualitätsstahl je nach den Zusätzen zum Eisen in flüssigem Zustande zum Angießen abgebrochener Stahlgußteile u. dgl. auf engstem Raume erzeugt werden. Für diese unter Metallabscheidung Wärme liefernden Gemische ist der Name *Thermit* gesetzlich geschützt.

3. Das elektrische Schweißverfahren, entweder mit starken Strömen von niedriger Spannung (Verfahren Thomson) oder mit schwachen Strömen und hoher Spannung (Verfahren Lagrange und Hoho) arbeitend.

4. Die *autogene Schweißung*, ausgeführt mit Wasserstoff und Sauerstoff, die Schweißung selbst erzeugend (autogen), also ohne Zuhilfenahme von Flußmitteln, Pressen, Hämmern u. dgl. Es wird auf 150 Atm. verdichteter Wasserstoff mit zusammengepreßtem Sauerstoff in einer Flamme vereinigt, die eine Hitze von etwa 2400° C liefert. Durch langsames Überleiten der Flamme über die vorher gut aneinander gepreßten Schweißränder werden diese im näheren Umkreise flüssig und verbinden sich miteinander. Diese Art von Schweißung findet bis zu Blechen von 3 mm Stärke Anwendung. Bei größerer Blechstärke werden die Schweißränder nach außen zu abgeschrägt und in diese so gebildete Dreiecksnut ein unter der Wirkung der Schweißhitze flüssig werdender Draht eingeführt, der den Schlitz mit Metall ausfüllt und die Verschweißung der Nut vermittelt. Ein Festhämmern der noch warmen Schweißnaht verbessert die Verbindung, deren Festigkeit jedoch die im vollen Bleche nicht ganz zu erreichen vermag. Größte Blechstärke 8 mm.

Eine Umkehrung des Verfahrens bildet das *autogene Schneiden* — ein Sauerstoffschmelzverfahren —, dem die Erwärmung der betreffenden Stelle vorausgeht; größte zu durchschneidende Blechstärke hier bis 150 mm.

7. Die Prüfung des Eisens.

Die erforderliche Beschaffenheit des baulich verwendeten (Konstruktions-) Eisens ist festgelegt durch die Vorschriften[1]) für die Lieferung von Eisen und Stahl, aufgestellt vom Vereine deutscher Eisenhüttenleute vom Jahre 1911, und durch die Normalbedingungen für die Lieferung von Eisenkonstruktionen für Brücken- und Hochbau (1908).

a) **Bauwerkflußeisen.**[2]) Ist eine satzweise Prüfung vereinbart[3]), so muß

1) Vgl. die Vorschriften für die Lieferung von Eisen und Stahl, aufgestellt vom Verein deutscher Eisenhüttenleute vom Jahre 1911. Verlag A. Bagel. Diese Bestimmungen sind in ihren wesentlichsten Punkten in Deutschland anerkannt; sie stellen einen weiteren Ausbau der im Einverständnisse mit dem Verbande deutscher Architekten- und Ingenieurvereine, vom Vereine deutscher Ingenieure und dem Vereine deutscher Eisenhüttenleute erlassenen Bestimmungen dar, der sog. *Normalbedingungen für die Lieferung von Eisenkonstruktionen für Brücken- und Hochbau.*

2) Da Schweißeisen als Konstruktionsmaterial kaum mehr in Frage kommt, ist auf die entsprechenden Bestimmungen hier nicht eingegangen. Es sei ihretwegen auf die „Vorschriften“ bzw. „Normalbedingungen“ verwiesen.

3) Den Normalbedingungen entnommen, vgl. die voranstehende Anm. 1.

jedes dem Abnahmebeamten vorgelegte Stück die betreffende Satznummer tragen; aus jedem Satze dürfen 3 Stück, höchstens jedoch von je 20 Stück 1 Stück zur Prüfung entnommen werden.

War eine satzweise Prüfung nicht ausbedungen, so können von je 100 Stück 5, höchstens jedoch von je 2000 kg desselben Walzprofiles 1 Stück entnommen werden.

In beiden Fällen sind zu den Proben möglichst Abfallenden zu verwenden. Entsprechen alle Proben den gestellten Vorschriften, so gilt das zugehörende Material als abgenommen. Für jede nicht genügende Probe dürfen aus der betreffenden Eisenmenge zwei neue Proben entnommen werden; versagt wiederum eine dieser, so kann das Material verworfen werden.

I. Für das Material, das eine glatte Oberfläche ohne Schieferung und Blasen zeigen muß und weder Kantenrisse noch unganze Stellen besitzen darf, gelten für die anzustellenden *Zerreißproben* die nachstehenden Zahlen, und zwar:

α) für ein *Stabmaterial* von 7—28 mm Dicke und von mindestens 300 qmm Querschnitt der Probe[1]):

1. In der Längsrichtung soll betragen:
   die Zugfestigkeit mindestens 37, höchstens 44 kg/qmm, die Dehnung mindestens 20%.
2. In der Querrichtung:
   die Zugfestigkeit 36—45 kg/qmm, die Dehnung mindestens 17%.

β) Bei *Stabmaterial* von 4 bis unter 7 mm Dicke und mindestens 200 qmm Querschnitt der Probe und einer entsprechenden[1]) Versuchslänge:

1. In der Längsrichtung:
   die Zugfestigkeit 37—46 kg/qmm, die Dehnung mindestens 18%.
2. In der Querrichtung:
   die Zugfestigkeit 36—47 kg/qmm, die Dehnung mindestens 15%.

γ) Bei Niet- und Schraubenmaterial:
die Zugfestigkeit 36—42 kg/qmm, die Dehnung mindestens 22%.

Zu Nieten und Schrauben findet also ein weiches, sehr dehnbares Material Verwendung.

II. Für *Flacheisen* und *Formeisen* sind ferner *Biegeproben* und *Rotbruchproben* vorgeschrieben. Bei *ersteren* wird gefordert, daß sowohl Längs- als auch Querstreifen, kirschrotwarm gemacht und darauf in Wasser von 28° abgeschreckt, so zusammengebogen werden können, daß sie eine Schleife bilden, deren Durchmesser an der Biegestelle gleich ist: bei Längsstreifen der einfachen, bei Querstreifen der doppelten Dicke des Versuchsstückes. Hierbei dürfen beim Längsstreifen keine, beim Querstreifen höchstens unwesentliche Oberflächenrisse entstehen.

---

1) Beträgt der Querschnitt (F) weniger als 300 qmm, so kann die Versuchslänge (l) nach der Formel $l = 11{,}3\sqrt{F}$ bestimmt werden.

Die *Rotbruchprobe* bestimmt, daß ein im rotwarmen Zustande auf 6 mm Dicke und etwa 40 mm Breite abgeschmiedeter Probestreifen mit einem konischen Lochstempel von 80 mm Länge und 20 zu 30 mm Durchmesser gelocht werden kann, ohne daß — im besonderen bei der Erweiterung des Loches — sich Einrisse bilden.

III. Die beim *Niet-* und *Schraubenmaterial* vorgeschriebenen *Biegeproben* verlangen, daß die hellrotwarm gemachten und alsdann in Wasser von 28° abgeschreckten Rundeisenstäbe so zusammengebogen werden, daß sie eine Schleife bilden, deren Durchmesser an der Biegestelle gleich der halben Dicke des Versuchsstückes ist; hierbei dürfen keine Risse entstehen. Die *Stauchprobe* verlangt, daß ein Stück Schrauben- oder Nieteisen, dessen Länge gleich dem doppelten Durchmesser ist, sich in warmem, der Verwendung entsprechendem Zustande bis auf ein Drittel seiner Länge zusammenstauchen läßt, ohne daß Risse sich zeigen.

IV. *Flußeisenbleche.* Man unterscheidet — wie schon auf S. 136 hervorgehoben — Feinbleche in Dicken von unter 5 mm und Grobbleche von größerer Stärke, bezüglich der Verwendung und Qualität: Behälterbleche und Konstruktionsbleche.

Zur Erkennung der Brauchbarkeit der aus Flußeisen gefertigten Bleche sind folgende Proben auszuführen:

1. *Zerreiß- und Dehnungsproben.* 2. *Härtungsbiegeproben.* 3. *Schmiedeproben.* 4. *Lochproben.*

1. *Zerreiß- und Dehnungsproben.*

Blechstärke 5—7.9 mm			8—28 mm			über 28 mm		
a Zugfestigkeit	b Dehnung	Gütezahl > Mindestsumme aus a + b	a Zugfestigkeit	b Dehnung	Gütezahl > Mindestsumme aus a + b	a Zugfestigkeit	b Dehnung	Gütezahl > Mindestsumme aus a + b
36—43 kg/qmm	18 %	57	35—42 kg/qmm	20 %	58	34—41 kg/qmm	22 %	59

Durch die Einführung der in der obigen Zusammenstellung mitgeteilten „*Gütezahl*“ wird verhindert, daß ein Blech abgenommen zu werden braucht, welches zu gleicher Zeit die Mindestfestigkeit mit der geringsten Dehnung vereinigt; die Gütezahl tritt mithin — daher ihr Name — für eine besondere Güte des Materials ein.

2. Bei der *Härtungsbiegeprobe* werden die Streifen, längs oder quer zur Walzrichtung, gleichmäßig bis zu dunkelkirschroter Färbung erwärmt und in Wasser von 28° abgekühlt; sie werden alsdann um einen Dorn gebogen, dessen Dicke beim Behälterbleche der dreifachen, beim Konstruktionsbleche der zweifachen Dicke des Bleches entspricht, zum mindesten aber 25 mm Durchmesser zeigen soll.

Der *Biegewinkel*, also der Winkel, welchen der abgebogene Schenkel des Probestabes durcheilt, soll für alle Bleche 180° betragen. Der Blechstreifen gilt als gebrochen, wenn sich auf der konvexen Seite in der Mitte der Biegestelle ein deutlicher Bruch im metallischen Eisen zeigt.

3. Die *Schmiedeprobe* verlangt, daß ein 50—60 mm breiter Blechstreifen in rotwarmem Zustande zum mindesten bis auf das $1^1/_2$fache seiner Breite ausgeschmiedet werden kann, ohne Kanten- oder Flächenrisse zu erhalten.

4. Die *Lochprobe* schließlich schreibt vor, daß Bleche, welche in rotwarmem Zustande und in einer Entfernung vom Rande gleich der halben Blechdicke mit einem Lochstempel gelocht werden, hierbei (vom Loche nach der Kante zu) nicht aufreißen dürfen. Diese Probe ist deshalb von besonderem Werte, weil Flußmetall beim Stanzen leicht Haarrisse bekommt.

b) **Flußstahl.** Die aus *Flußstahl* hergestellten, gegossenen oder geschmiedeten Teile sollen eine Festigkeit von 45—60 kg/qmm und eine Dehnung von wenigstens 10% aufweisen.[1])

In dieser Bestimmung liegt im Vergleiche mit der für Flußeisen geforderten Normalfestigkeit auf Zug *die wichtige technische Grenze zwischen Stahl und Flußeisen: Ein Eisen, das eine Zugfestigkeit* $\leq$ *45 kg/qmm besitzt, ist als Flußeisen, das mit höherer Zugfestigkeit als Stahl zu bewerten und zu benennen.* Durch diese Festsetzung ist die Grenze zwischen beiden Eisenarten leicht bestimmbar und man ist damit der Schwierigkeiten überhoben, welche die sonstigen grundsätzlichen Unterschiede zwischen beiden Baustoffen: Kohlenstoffgehalt und nachträgliche Härtungsmöglichkeit, für die praktische Bestimmung der Grenze im Gefolge haben würden.

Die Probestäbe sind — falls möglich — bei Gußstücken unmittelbar an diese anzugießen und alsdann nach dem Ausglühen auf kaltem Wege abzutrennen oder besonders zu gießen.

c) **Gußwaren aus Roheisen.** Vielfach wird auch noch heute Roheisen nach seinem Bruchaussehen bewertet, indem ein grobkristallinisches Aussehen, dunkle Farbe beim *Grau*eisen, die Art des kristallinischen Gefüges beim *Weiß*eisen als Zeichen für gute Zusammensetzung angesehen werden. Wenn es auch richtig ist, daß ein grobkörniges Roheisen in der Regel graphitreich ist und als solches ein öfteres Umschmelzen verträgt, ferner ein dunkles Graueisen hoch siliziumhaltig sein kann, weiter bei Weißeisen das Gefüge auf die Härte, den Mangangehalt usw. Schlüsse gestattet, so muß doch hervorgehoben werden, daß nicht die Zusammensetzung ausschließlich Farbe und Gefüge bedingt, sondern letztere noch durch ganz andere Einflüsse hervorgerufen sein können.

Deshalb erscheint die Beurteilung des Roheisens nach dem Bruch-

---

1) Bestimmung der Normalbedingungen. Die neuen Vorschriften des Vereins deutscher Eisenhüttenleute verlangen, daß die Zugfestigkeit im allgemeinen, je nach dem Verwendungszwecke der Stücke, beim *Stahlformguß* 36—60 kg/qmm bei einer Mindestdehnung von 20—8% (auf 300 mm gemessen) betragen soll.

aussehen als durchaus nicht zuverlässig. Eine geeignete und einwandfreie Bewertung kann hier nur die chemische Untersuchung liefern, an die sich — zur Vervollständigung — einige Schmelz- und Gießversuche anschließen sollen.

Für aus *grauem, weichem Roheisen* hergestellte Gußwaren ist, wenn nicht ausdrücklich Hartguß od. dgl. verlangt ist, eine Zugfestigkeit von zum mindesten 12 kg/qmm vorgeschrieben. Die Zähigkeit des Materials soll eine solche sein, daß ein gegen eine rechtwinklige Kante des Gußstückes mit einem Hammer geführter Schlag einen Eindruck hinterläßt, ohne jedoch die Kante zum Abspringen zu bringen.

Ein unbearbeiteter, quadratischer Stab von 30 mm Seitenlänge, auf zwei 1 m voneinander entfernt liegenden Stützen ruhend, muß eine allmählich bis zu 450 kg zunehmende Belastung in der Mitte aufnehmen können, bevor er bricht; es entspricht dies einer Biegungsfestigkeit von 25 kg/qmm.

Der Unterschied in den Wanddicken eines Querschnittes, dessen *vorgeschriebener* Flächeninhalt zum mindesten innegehalten sein muß, soll bei Säulen bis zu 400 mm äußerem Durchmesser und 4 m Länge die Größe von 5 mm nicht überschreiten; bei Säulen von größerem Durchmesser und größerer Länge darf der zulässige Unterschied für je 100 mm Mehrdurchmesser und für jedes Meter Mehrlänge um je $^1/_2$ mm zunehmen. — Es soll jedoch *in keinem Falle die Wandstärke weniger als 10 mm betragen.*

Sollen Säulen aufrecht stehend gegossen werden, so unterliegt dies besonderer Vereinbarung.

Als Einheitsgewichte sind vorgeschrieben für:

Schweißeisen 1 cbm. . .	7800 kg	Stahl 1 cbm	7860 kg
Flußeisen 1 cbm	7850 „	Gußwaren 1 cbm . . .	7250 „

Kurze Mitteilungen über Blei, Zink und Kupfer.

1. Das Blei.

Blei wird meist gewonnen aus Bleiglanz. Es ist gießbar, sehr dehnbar, biegsam, wetterbeständig. Mit 5—10% Antimon versetzt, wird es härter und druckfester, *Hartblei*, bleibt aber immerhin noch ausreichend dehnbar. Blei hat den großen bautechnischen Vorzug, daß es, über seine Druckfestigkeit hinaus belastet, sich selbsttätig ausbreitet (fließt) und sich eine der Überbelastung angepaßte Druckfläche selbst schafft.

Ausdehnungszahl für 1^0 C $= {}^1/_{351}$; Schmelzpunkt: 376^0 C; Raumgewicht: 11,25—11,4; Festigkeitszahlen:

	Zug-festigkeit	Druck-festigkeit	Schub-festigkeit
weiches Blei . . .	150	125—300	75 kg/qcm
Hartblei	300	500	120 „

Ausreichende Sicherheit etwa fünffach, woraus die zulässigen Spannungen folgen. Die Elastizitätszahl des weichen Bleis = 50000 kg/qcm.

Verwendung: Zu Blechen ausgewalzt (die Hüttenwerke liefern Bleiblech 0,5—12 mm stark, $L = 3{,}0$—$10{,}0$ m, $B = 1{,}5$—$3{,}0$ m, $G_{max} =$ 1200 kg), für Dachdeckungen in 1,5—2,0 mm starken Platten von 80 bis 100 cm Breite und 10—15 m Länge, zum Verkleiden von Mauern, Abdecken von Gewölben (steinernen Kanalbrücken), Gelenkeinlagen in Brücken (im mittleren Fugendrittel, meist Hartblei), als Unterlage zur gleichmäßigen Drucküberleitung von Trägern und überhaupt an allen Stellen, wo im Eisenbau sehr starke und unregelmäßig verteilte Drücke auftreten. Es wiegt 1 qm Bleiblech, 1 mm stark, 11,5 kg, woraus weitere Gewichte der Platten abzuleiten sind.

Als *Gußblei* verwendet zur Befestigung von Metallkonstruktionen in Stein (heute selten!), zum Ausgießen der Muffen gußeiserner Rohre usw. *Bleirohre* aus Weich- oder Hartblei für Wasserleitungen. Da das Quell- und Brunnenwasser stets CO_2, NaCl usw., oft auch SO_3 enthält, bilden sich in den Rohren Bleisalze, die sie gegen Auflösung durch das Wasser sichern und somit dieses selbst unschädlich erhalten. Auch kann zu demselben Zwecke ein Überziehen der Innenrohrwand durch Schwefelnatrium, d. h. die Bildung von Schwefelblei erfolgen. Denselben Zweck verfolgt ein Verzinnen der Rohre. Innerer Durchmesser, weich: 10 bis 80 mm, hart: 15—200 mm bei Wandstärken von 2,5—3,0 mm und in Längen bis 30 m.

Bleidraht, vielfach (Freiberger Handelsdraht) 1—15 mm stark, mit Gewichten für 100 m bei Stärke von: 1 mm 0,9 kg; 3,0 mm 8,0 kg; 6,0 mm 32,2 kg; 9,0 mm 72,5 kg; 12,0 mm 128,0 kg; 15,0 mm 200,0 kg. $E = 70000$ kg/qcm; Zugfestigkeit 170 (weich) bis 220 kg/qcm (hart).

Hierher gehören auch: *A. Siebels Patent-Bleiisolierungen*, bestehend aus einer Bleieinlage zwischen zwei Asphaltfilz-Schutzschichten. Je nach dem Verwendungszwecke wird die Bleieinlage 1fach (Marke A), $1^1/_2$fach (B), 2fach (C), 3fach (D) (auch noch stärker) genommen. Um eine vollkommene Gleichmäßigkeit in der Dicke der Bleieinlagen zu sichern, werden die Folien nur bis zu 1 m Länge gewalzt und zu Rollen von 10—20 m Länge aneinander gelötet. Verwendung 1. zu Mauerisolierungen bis zu 90 cm breit in Rollen von 20 m, von da an in 10 m Länge für jede Mauerbreite erhältlich und einfach auf dem Mauerwerke abzuwickeln. $G \cong 6$ kg/qm (einfach). 2. Zu größeren Flächenabdekkungen (zu Gewölben, Brücken, Dächern, Behältern usw.) in Rollen von $B = 1$ m, $L = 10$ m und größerer Stärke der Bleieinlage. Außenmantel beste Wollfilzpappe, getränkt mit gereinigtem, besonders hergerichtetem Asphalt.

2. **Das Zink.**

Zink wird gewonnen aus seinen Erzen, und zwar meist aus: Galmey (kohlensaures Zink, Oberschlesien, Rheinland) oder aus Zinkblende (ZnS, Oberschlesien, Harz, Erzgebirge, Nassau usw.), und zwar durch Rösten und Reduktion. Das bläulich-graue Metall mit mäßigem Glanze und blätterig-kristallinischem Gefüge ist zwischen 100 und 150°

geschmeidig und gut verarbeitbar, sonst spröde. In feuchter Luft überzieht es sich mit einer sehr dünnen, gut schützenden Schicht von halbkohlensaurem Zinkoxyd. Raumgewicht 7,2. $E = 150\,000$ kg/qcm; Zugfestigkeit in der Walz- (Faser-) Richtung rund 1600 kg/qcm, senkrecht hierzu etwa 2500 kg/qcm; Druckfestigkeit = rund 1000 kg/qcm; zulässige Belastung auf Zug, Druck und Schub 200, auf Biegung 150 kg/qcm. Lineare Ausdehnung: $^1/_{330}$, also sehr groß. Deshalb ist Vorsicht an allen den Stellen geboten, an denen Zinkblech mit anderen Metallen zusammentrifft. Schmelzpunkt für den Guß 360° C.

Verwendung bautechnisch vorwiegend in Blechform, daneben als Zinkguß:

a) **Glattes Zinkblech** für Dachdeckung, Abfallrohre, Gesimsabdeckung usf.; gewalzt in 26 Stärken ($\delta = 0{,}1$—2,68 mm), von denen meist nur die Nrn. 12—16 baulich verwendet werden, und zwar:

Nr. 12	13	14	15	16	Gewicht für 1 qm bei 1 mm Stärke:
$\delta = 0{,}6$	0,74	0,82	0,95	1,08 mm	6,8 kg.

Es dient zu Dachdeckungen Nr. 14—16, zu Abfallrohren Nr. 12, sowie 13, 14 und 15 zum Gesimsabdecken, 14 für Dachrinnen. Blechtafelgrößen: $L_{max} = 3{,}0$; $B_{max} = 1{,}65$ m; gewöhnliche Tafelabmessungen: 0,65 × 2,0; 0,8 × 2,0; 1,0 × 2,0; 1,0 × 2,25; 1,0 × 2,5 m.

b) **Zinkwellblech** mit gegenüber dem verzinkten Eisenwellblech geringem Anwendungsgebiete. Bemerkenswert sind die Zinkwellbleche der Lipiner Hütte in Oberschlesien.

c) **Zinkguß,** für Schmuckformen, nicht selten (leider!) im Anschlusse an Eisenkonstruktionen, um bei ihnen verwickelte Gußstücke zu vermeiden und damit schädliche Gußspannungen auszuschalten. Zur guten Ausfüllung der Form sehr dünn zu gießen, sowie bei nicht zu hoher Temperatur, da sonst der Guß porös, auch durch Aufnahme von Zinkoxyd unrein und brüchig wird; größere Stücke werden aus einzelnen Teilen zusammengelötet. Zinkguß ist durch einen Anstrich gegen atmosphärische Einflüsse zu sichern.

3. **Das Kupfer.**

Kupfer wird aus seinen Erzen hergestellt, in der Regel heute auf elektrolytischem Wege gewonnen. Das rote, stark metallisch glänzende Metall ist bei gewöhnlicher Temperatur hämmer- und ziehbar sowie treibfähig; es ist schweißbar und schmilzt bei 1050° C. Zum Gießen ist es nicht geeignet, da es „blasig“ erstarrt. $r = 8{,}9$. Beim Erhitzen oxydiert sich Kupfer stark und bekommt bis ins Bläulich-Schwarze gehende Anlauffarben. An feuchter Luft bildet sich auf dem Kupfer eine hellgrüne Schicht von basisch kohlensaurem Kupfer, die echte Patina, die das Metall vor weiterer Oxydation schützt. Rauchgase schwärzen Kupfer durch Bildung einer Kupfer-Schwefel-Verbindung.

Bauliche Verwendung findet Kupfer in Form von Blechen, als Draht, als Rohr.

a) **Blech**: $L_{max} = 6{,}0$; $B_{max} = 2{,}5$ m; gewöhnliche, meist angeforderte Abmessungen: $B = 0{,}75$—$1{,}0$; $L = 1{,}5$—$2{,}0$ m.

Für Dachdeckungen: $\delta = 1{,}0$—$1{,}25$ mm i. M.; für Rinnenblech $\delta = 0{,}75$ mm; als Lagerplatte zur Druckverteilung $\delta = 1$—2 mm. Gewicht: 8,9 kg bei $\delta = 1$ mm für 1 qm. Längenausdehnung: $1/_{5{,}2}$ für 100° C. Festigkeitsverhältnisse E: für Zug und Druck = 1150000 kg/qcm; Zugfestigkeit rund 2700 kg/qcm (3800 bei dem elektrolytisch gewonnenen Material); zulässige Beanspruchung auf Zug: i. M. 1400 kg/qcm, desgl. auf Druck; auf Abscherung 600 kg/qcm bei *gehämmertem* Blech (nicht geglüht); bei Walzblech sind die Beanspruchungen in derselben Reihenfolge: 300, 200, 150 kg/qcm; desgl. bei geglühtem Blech: 900, 700, 500 kg/qcm.

b) **Kupferrohr,** ohne Naht (Mannesmann-Verfahren usw.) oder mit Naht aus Blechen gebogen und verlötet und nachher gezogen. Die Zähigkeit soll so groß sein, daß sich Kupferrohre über einen Dorn, dessen Durchmesser gleich der dreifachen Rohrstärke ist, herumbiegen lassen, ohne zu reißen.

c) **Kupferdraht** in 62 Nummern vorkommend, bei 1 mm Stärke 7,07 kg für 1000 m wiegend, desgl. bei 2,0 mm ⌀ 28,28 kg, bei 5 mm ⌀ 176,2 kg, bei 10 mm ⌀ 707 kg. $E = 1210000$, Proportionalitätsgrenze 1200 kg/qcm; zulässige Zugspannung: 700 kg/qcm.

4. Metallegierungen.

Als baulich wichtig sind zu nennen:

a) **Messing** (Gelbguß) mit seinen Abarten: Rotguß, Tombak, Weißmessing, Legierungen aus Kupfer und Zink, durch Zusammenschmelzen gewonnen, entsprechend der Zusammensetzung von rotgelber bis weißgelber Färbung. Messing (2 Teile Kupfer + 1 Teil Zink) ist gießbar, in kaltem Zustande hämmerbar, walzbar, ausziehbar, dabei härter und schwerer oxydierbar als Kupfer. $r = 8{,}6$; $E = 800000$ kg/qcm. Druckfestigkeit etwa 800, Zugfestigkeit i. M. 1400 kg/qcm.

b) **Bronze.** *Edle Bronze* ist eine Kupfer-Zinn-Legierung mit überwiegendem Kupfergehalt (Glockenmetall 78 : 22, Statuenbronze 93 : 7, Medaillenbronze 95 : 5).

Moderne Bronze: bei Zusatz von Zink und etwas Blei.

Phosphorbronze, Bronze mit etwas Phosphor, auch als Lagermetall verwendet.

Aluminiumbronze, eine Legierung aus 90 Teilen Kupfer + 10 Teilen Aluminium, von goldiger Farbe, besonders geschätzt für kunstgewerbliche Arbeiten.

c) **Klempner-Schnellot,** eine bei 200° C bereits schmelzende Legierung aus Zinn und Blei zur Ausführung aller Klempnerarbeiten. *Hartlot* zum Löten von Eisen und Stahl, Kupfer, Messing usw. eine Legierung aus Zink, Kupfer und Zinn.

II. Verbindungsbaustoffe.

Hier sind solche Stoffe zu behandeln, die zum Vereinigen, Verkitten usw. von Baustoffen dienen. In Frage kommen Mörtel und Kittarten. Der Asphalt, der hin und wieder dem gleichen Zwecke dienstbar ist, wird als besonderer Baustoff in Abschnitt III besprochen werden. Hingegen wird Beton, der in engstem Zusammenhange mit der Mörtelerzeugung und -verwendung steht, in dem vorliegenden Teil im Anschlusse an die Zementmörtel behandelt werden.

Mörtel.

Die Mörtel dienen in erster Linie zur Vereinigung von Steinen — Natur- und Kunststeinen — zum Mauerwerk, daneben zur Anbringung eines Putzes auf letzterem, unter Umständen auch zur Herstellung von Estrichen u. dgl. In feucht plastischem Zustand aufgetragen, haftet der Mörtel zunächst durch Adhäsion und erhärtet je nach seiner Art in weiterem Verlaufe durch vorwiegend chemische, selten physikalische Vorgänge, hierbei mit den Steinen ein festes Ganzes bildend. Wenn auch in manchen Fällen, namentlich bei Kalk- und Gipsmörteln, die Würfel-Druckfestigkeit dieser (vor allem in der ersten Zeit) erheblich geringer ist als der mit ihnen verbundenen Steine, so bildet sich trotzdessen ein Mauerwerk von einer vorwiegend durch letztere bedingten übermittleren Festigkeit aus, weil der Mörtel zwischen den einzelnen Steinen in Form dünner Platten eingefügt ist und bekanntlich, wegen der größeren Ausschaltung von Nebenwirkungen und -spannungen in diesem Falle gegenüber dem Würfel, eine nicht unerhebliche größere (relative) Druckfestigkeit sich ausbildet.

Je nachdem der Mörtel nur an der Luft oder auch unter Wasser erhärtet, unterscheidet man:

Luft- und *Wassermörtel.* Zwischen beiden stehen die *hydraulischen Zuschläge*, welche, den Luftmörteln zugesetzt, diesen „hydraulische Eigenschaften“ verleihen, d. h. sie befähigen, nunmehr auch im Wasser abzubinden und zu erhärten.

Unter der *Ausbeute* eines Stoffes im Mörtel ist das Maß zu verstehen, *in dem dieser Stoff zur Raumvergrößerung des Mörtels beiträgt.* Hierbei ist die Porenmasse des Sandes zu 40%, seine eigene Masse also zu 60% einzuführen. Ferner rechnet man nach Ermittlungen von Unna die Ausbeute von Fettkalk zu 1,00, von Zement und Traß zu 0,48, von hydraulischem Kalk zu 0,28, von Wasser zu 1,00. Somit beträgt beispielsweise die Ausbeute von einem Mörtel, der sich aus 1 Teil Fettkalk, 2 Teilen Sand und 0,4 Teilen Wasser zusammensetzt: $1{,}0 + 2 \cdot 0{,}6 + 0{,}4 = 2{,}6$, und ebenso von einem Zementmörtel 1: 4 mit 0,3 Wasser: $0{,}48 + 4 \cdot 0{,}60 + 0{,}3 = 3{,}18$ Teilen Mörtel.

Unter der *Kittmasse* eines Mörtels versteht man die Summe von

Bindemittel und Wasser und unter der *Dichte* des Mörtels den Quotienten aus der Kittmasse, geteilt durch die Hohlräume. Bei den oben behandelten beiden Mörtelmischungen stellen sich beide Werte folgendermaßen: bei dem Fettkalk:

$$\begin{aligned} \text{Kittmasse} &= 1{,}0 + 0{,}4 = 1{,}4, \\ \text{Hohlräume} &= 2 \cdot 0{,}4 = 0{,}8, \\ \text{Dichte} &= \frac{1{,}4}{0{,}8} = 1{,}75. \end{aligned}$$

und bei dem Zementmörtel:

$$\begin{aligned} \text{Kittmasse} &= 0{,}48 + 0{,}3 = 0{,}78, \\ \text{Hohlräume} &= 4 \cdot 0{,}4 = 1{,}6, \\ \text{Dichte} &= \frac{0{,}78}{1{,}6} = 0{,}488. \end{aligned}$$

Mörtel werden als „dicht" bezeichnet, wenn ihre Dichte $\geq 1{,}00$ ist.

I. Luftmörtel.

Hier sind zu nennen: a) Lehm-, b) Gips-, c) Kalkmörtel.

a) **Der Lehmmörtel.** Dieser Mörtel spielt im allgemeinen, abgesehen von einfachen landwirtschaftlichen Verwendungsgebieten und der durch die Kohlennot bedingten Benutzung bei Lehmbauten, eine ziemlich untergeordnete Rolle, da hier die Erhärtung nur durch physikale Vorgänge, Verdunsten des Wassers und Klebekraft vor sich geht und im allgemeinen ein Bindemittel von nur geringer Festigkeit und Beständigkeit entsteht. Zur Mörtelherstellung findet nur magerer Lehm Anwendung, der mit Wasser einen gleichmäßigen Brei bildet und leicht trocknet, ohne hierbei in erheblichem Maße rissig zu werden. Da der Lehm, nach dem Trocknen, vom Wasser wieder zerteilt und fortgeführt werden kann, ist naturgemäß seine Benutzung nur für Innenwände oder solche Außenwände statthaft, in denen er durch überstehende Dächer, durch einen wasserabweisenden oder dichten Putz u. dgl. gegenüber den atmosphärischen Einwirkungen, namentlich Schlagregen geschützt ist. Nicht selten werden dem Lehmmörtel zur Sicherung seines inneren Zusammenhanges und zur Vergrößerung seiner Zugfestigkeit zerschnittenes Stroh, tierische Haare usw. zugemengt. Besonders gut haftet Lehmmörtel an Holz, eine Eigenschaft, die oft bei landwirtschaftlichen Bauten beim Ausfachen von mit Flechtwerk oder Stakhölzern versehenen Fachwerksfeldern ausgenutzt wird. Als besondere Anwendungsgebiete des Lehmmörtels sind zu nennen:

Lehmestrich, bestehend aus einer unteren Schicht trockenen, eingestampften Lehms von etwa 15 cm Stärke und einer hierauf folgenden oberen, feuchten Lehmschicht, die mit Hammerschlag bestreut und bis zur vollkommenen Rissefreiheit mit Schlaghölzern bearbeitet wird.

Lehmstrohdächer „Gernentzdächer". Dies sind harte Strohdächer, bei denen das Stroh, durch Draht gebunden, eine Durchtränkung mit Lehmschlämpe unter Zusatz von Gips und Ammoniakwasser erhält.

Lehmschindeln in Scheibenform von etwa 40 × 80 cm Größe. Bei ihrer Herstellung wird eine Schicht Langstroh umgebogen und eine Lehmschicht dazwischen eingebracht. Das Lehmschindeldach soll eine bemerkenswerte Isolierfähigkeit gegen Wärme und Kälte besitzen und dabei ausreichende Feuersicherheit gewähren.

Als *Zwischenfüllung von Decken* sollte Lehm verworfen und seine Benutzung als Verstoß gegen die anerkannten Regeln der Baukunst verurteilt werden, da der feuchte Lehm starke Feuchtigkeit in den Bau bringt und einmal hierdurch, zum anderen aber auch wegen Beschränkung der Lüftung der Balkenlagen zu Faulerscheinungen und Schwammbildungen im Holze Veranlassung geben kann.

b) **Gipsmörtel.** Zur Herstellung von *Gipsmörtel* findet vorwiegend der hoch (d. h. bei Temperaturen über 500° C, meist bis 950° C) gebrannte *Estrichgips* Verwendung, und zwar meist kein besonders fein gemahlenes, allzu schnell erhärtendes, sondern ein körniges Material (wie bei normalem Bausand). Meist wird dem Estrichgips kein Sand zugesetzt, da er hierbei an Erhärtungsfähigkeit und Festigkeit leidet. Vielfach mengt man: 8 Raumteile Gips + 5 Raumteile Wasser = 6 Raumteile dickflüssigen Gipsmörtel; daneben findet sich auch Gipskalkmörtel aus 1 Raumteil Gips + $^1/_3$ mit feinem Sand angemengtem Kalkmörtel. Hierbei ist jedoch zu beachten, daß auch bei Estrichgips — in sehr erhöhtem Maße bei Stuckgips — die Festigkeit des Gipsmörtels eine Herabsetzung erfährt und daß selbst nach längerer Zeit solche gemischten Mörtel nie die Festigkeit des reinen Gipsmörtels erreichen. Gleiches gilt vom Sandzusatze; letzterer darf unter keinen Umständen tonig sein. In gleichem Sinne muß auch das Anmachewasser frei von jeder lehmigen Beimengung sein. Bereits abgebundener Gipsmörtel ist nicht mehr verwendbar. Ein Zusatz von Zement ist auszuschließen, da sonst ein Treiben des Mörtels eintritt. Ein Stehenlassen des fertig angesetzten Mörtels durch 24 Stunden vor dem Verbrauche ist zweckmäßig. Estrichgipsmörtel verträgt verhältnismäßig tiefe Temperaturen und ist noch bei einer Kälte von 5—10° C gut verarbeitbar. Neben diesem Vorzuge zeichnet er sich Kalkmörtel gegenüber durch seine besonders gute Haftung am Stein, durch seine helle Farbe, die er dauernd bewahrt, und die Möglichkeit vielartiger Farbgebung aus. Guter Mauergips treibt nicht. Er gibt für Lastmauerwerk ein äußerst fest werdendes Bindemittel ab, das auch — wie die Verwendung von Gipsmörtel beim Bau der ägyptischen Pyramiden erkennen läßt — von besonderer Beständigkeit ist. Deshalb wird Gipsmörtel auch noch heute mit Vorteil und gern in den Gegenden verwendet, in denen der körnige und blätterige Gipsstein gebrochen wird. Bedingung ist, daß der Mörtel das zum Abbinden notwendige Wasser vorfindet. Die Steine sind also recht naß zu vermauern. Guter Mauergips gibt sich äußerlich durch seine Farbe, einen Stich ins Gelbliche oder Rötliche (nicht ins Bläuliche) zu erkennen. Seine Prüfung erfolgt in Deutschland nach einheitlichen Vorschriften des Deutschen Gips-Vereins vom 15. Februar 1911.

Diese erstrecken sich auf: Einstreuung, Gießzeit, Streichzeit, Mahlfeinheit und Zugfestigkeit.

Für *Wand-* und *Deckenputz* verwendet man bei Estrichgips meist 3 Raumteile Kalk + 1 Raumteil Gips + $4^1/_2$ Raumteile feinen Sand oder: 2 Raumteile Gips + 1 Raumteil Sand. Gut ist es, einen Unterputz von Gips in Leimwasser anzuwenden. An feuchten Wänden soll Gipsputz nicht benutzt werden, da er hier nicht trocknet und schlecht abbindet.

Der bei 180° gebrannte *Stuckgips* wird vorwiegend als Mörtel nur zu Wand- und Deckenputz verwendet, und zwar mit Kalk- und Sandzusatz:

Wandputz	1 Teil Gips +	3 Teile Kalk +	1 Teil Sand,
Deckenputz . . .	2 Teile „ +	3 „ „ +	1 „ „ .

Je nach dem Wassergehalt — auf 1 Teil Gips $^5/_8$—$^{13}/_8$ Teile Wasser — ist der Stuckgipsmörtel dick- oder dünnflüssig. 1 Teil Gips + $^5/_8$ Teile Wasser liefern $^3/_4$ Teile Mörtel. Dieser hat (Versuche von Tetmajer mit Schweizer Gips) nach 7 bzw. 28 bzw. 84 Tagen eine Zugfestigkeit = 12, 20, 23 kg/qcm und eine Druckfestigkeit $\simeq$ 55, 80 und 125 kg/qcm. Eine größere Härte des Mörtels wird auch hier durch Anmachen mit Leimwasser bewirkt. Das gleiche erreicht man durch Zusatz von Dextrin und gewinnt hierbei zugleich den Vorteil, daß ein Haften an feuchter Wand ermöglicht, die Abbindezeit verringert und die Haftfestigkeit allgemein erhöht wird.

Als besondere Anwendungsgebiete von Gipsmörtel sind erwähnenswert:

Rabitz-Wände und *-Decken*, allgemein *Drahtputzwände* usw., bei denen auf ein weites, unter Umständen doppeltes, fest gespanntes Geflecht aus verzinktem Eisendraht ein das Gewebe allseitig umgebender Mörtel aufgebracht wird, der sich aus Gipspulver, Kuhhaaren u. dgl., Leimwasser und einem Fettkalkmörtel 1 : 3 zusammensetzt. An Stelle von Drahtgeflecht kann auch Streckmetall, Putzblech usw. angewendet werden. Noch besser ist hierfür das Drahtziegelgeflecht (von Stauß in Kottbus), bei dem auf einem dünnen Eisendrahtgeflechte kleine prismatische Tonkörper fest aufgepreßt und durch Brennen gefestigt sind und hierdurch den Mörtel bestens festhalten. Mit diesen Drahtziegelverkleidungen lassen sich rissefreie, feuersichere Verputze und Verschalungen aller Art herstellen.

Duroplatten, hergestellt unter Verwendung von Gipsmörtel aus Kokosfasern, imprägnierten Holzspänen usw.

Lugino-Wände, gewonnen aus Gipsmörtel mit Leimwasser und Zusatz von einer oft aus Schlacken bestehenden Füllmasse, die gegen eine einseitige Verschalung gestampft wird. Ähnlich sind:

Spreu-, *Kokolith-*, *Scagliola-Tafeln* usw.

Abarten von Gipsputz sind: *Marmorputz* (Gips und Weißkalk mit zinkhaltigem Wasser und der Lösung eines Alkalisilikates angemengt),

Helioth (von A. Möller, Altona), ein abwaschbarer, auf einem Unterputz von hydraulischem Kalke aufgebrachter Hart- und Glanzputz.

Ähnliche Erzeugnisse sind die sog. *Edelputze*, unter denen u. a. hervorgehoben seien:

Terranova, ein mit Wasser abbindendes Mörtelpulver, das in vielen farbenschönen Tönen hergestellt, einen wetterbeständigen Farbputz abgibt. Dieser ist frei von allen Ausblühungen, dabei luftdurchlässig, entspricht also den hygienischen Forderungen. Er wird hergestellt auf einem rauhen Unterputz (Terranova und Sand, oder Kalksandmörtel mit Terranova versetzt) und Aufbringen eines reinen Terranovaputzes hierauf. Durch Zeresit und ähnliche Anstriche kann der Putz auch wasserabweisend gemacht werden.

Terrasit, verschiedenfarbig durch Zusatz von Mehl natürlicher Gesteine.

Lithin, ein ebenfalls farbechtes Außenputzmaterial, eine Art von künstlichem Sandsteinüberzug erzeugend, auf jeder Art von Mauerwerk, rissefrei aufzubringen.

Felsit-Porphyr in beliebiger Tönung mit und ohne Glimmerzusatz, vorwiegend auf der Grundlage eines hydraulischen Kalkes mit Feldspat und Quarz aufgebaut.

Gleichartig, namentlich in der Wirkung, sind *Diabasit*, *Grana-Edelputz*, *Calcolith* (ein Dolomitputz), *Thümmelith* u. v. a. m.

c) **Kalkmörtel.** Die Rohstoffe zur Herstellung des hochbaulich meist verwendeten Kalkmörtels sind: Kalkstein, der gebrannt und dann gelöscht wird, Sand und Wasser. Neben gutem Kalkstein und seiner richtigen Aufschließung beruht die Güte des Mörtels auch auf den Eigenschaften der anderen beiden Stoffe. Der verwendete Sand muß durchaus rein, scharfkörnig und beständig sein. Seine Zumengung erfolgt aus einem dreifachen Grunde: Vergrößerung des Volumens des Mörtels und dadurch Verbilligung dieses, Verleihung größerer Härte und Sicherung der Porigkeit des Mörtels, namentlich im Hinblicke auf den späteren Erhärtungsvorgang. In gleicher Weise muß auch das Anmache- bzw. Löschwasser rein sein, namentlich frei von Salzen aller Art und lehmigen Bestandteilen, einmal um keine späteren Ausblühungen des Mörtels zu verursachen, zum anderen um die chemischen Umwandlungen beim Erhärten des Mörtels nicht zu stören.

Der Kalkstein, aus dem Bergmassiv gebrochen als Steinkalk, oder als Geschiebe gewonnen, Lesekalk, unter Umständen auch aus Muscheln (namentlich an der See) erzeugt, wird zunächst zwecks Gewinnung des Ätzkalks (CaO) gebrannt. Dies geschieht in Meilerform (selten), in periodischen kleineren Öfen, in Hochöfen ähnlichen, dauernd betriebenen hohen Schachtöfen, in Ringöfen (Brenntemperatur 600 bis 800° C). Da die Wasserdämpfe das Entweichen der Kohlensäure beim Brennen befördern und zudem den Stein lockern und zersprengen, werden die Steine zweckmäßig in bruchfeuchtem Zustande gebrannt.

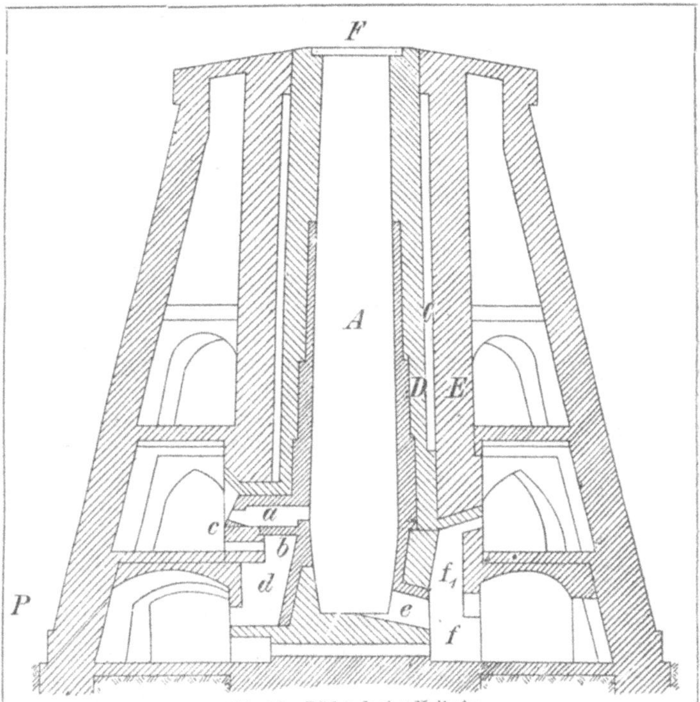

Abb. 56. Rüdersdorfer Kalkofen.

Das Brennen selbst ist rasch auszuführen und die Kohlensäure hierbei abzusaugen, einmal um den Brennvorgang zu erleichtern und die Kohlensäure selbst zu gewinnen, dann aber auch, um eine Rückwandlung gebrannten Kalkes zu verhindern. Als besonderer schachtartiger Brennofen ist zu nennen der mit Außenfeuerung versehene Rüdersdorfer Ofen (Abb. 56), aus dessen unterem Teil der fertig gebrannte Kalk dauernd abgezogen wird, um für den oben an der „Gicht" einzuführenden neuen Kalkstein Raum zu schaffen. Hier erfolgt das Brennen in dem feuerfesten Schachte *A*, an dessen unteren Teil — 3—4 m über der Sohle — 3—5 Rostfeuerungen (*a*) einmünden, an die sich nach unten zu die Aschenbehälter (*b* u. *d*) anschließen. Der fertige Kalk wird bei *e* abgezogen, die Zuführung des Kalksteins erfolgt bei *F*. Die Tagesleistung beträgt 15 000 kg Kalk und mehr.

Wird der Ofen mit Gasfeuerung versehen, so ist der gebrannte Kalk besonders rein. Neben dem Hoffmannschen Ringofen (vgl. S. 76) findet auch der Dietzsche Etagenofen, ebenso in neuerer Zeit der Drehrohrofen (vgl. Zementherstellung) zum Kalkbrennen Verwendung. In letzterem Falle ist der Vorteil erreicht, daß man auch ganz kleinstückigen Kalk brennen kann. Je nach der größeren oder geringeren

Reinheit und der hierdurch bedingten Ausgiebigkeit des Kalkes unterscheidet man zwischen Fett- und Magerkalk. Werden die Beimengungen durch kieselsaure Tonerde von 10—30% im ganzen gebildet, so sind die Kalke hydraulisch, bei noch höherem Gehalt zur Zementfabrikation verwendbar. Gebrannte Kalke sollen nicht mehr als 16% fremde Stoffe enthalten, gelblich-graue Farbe zeigen, porig und leicht sein. Beim Übergießen mit verdünnter Säure darf nur ein sehr geringes Aufbrausen eintreten. Gebrannter Kalk ist wegen Aufnahme von Wasser usw. vor Luft und Feuchtigkeit sorgfältig zu schützen. Im allgemeinen liefern 100 kg Kalkstein 50—70 kg CaO.

Wird beim Brennen magerer Kalke die Temperatur so hoch getrieben, daß die im Kalkstein vorhandenen Stoffe (Kieselsäure und Ton) mit dem Kalk Verbindungen eingehen, so wird der Kalk totgebrannt und verliert hiermit die Fähigkeit, abzulöschen. Man unterscheidet *Weiß-* oder Fettkalk, auch Speckkalk genannt, vorwiegend aus kohlensaurem Kalk mit nur geringen Beimengungen (bis 10%) gewonnen, und *Graukalk* (Magnesia-, Dolomitkalk).

Das *Löschen des Kalkes* hat seine Umwandlung in Kalkhydrat zum Ziele. Je nach der Menge des zugesetzten Wassers löscht sich der Kalk in Staubform — Staubkalk (namentlich bei Graukalk üblich) — oder es entsteht ein Brei — Kalkbrei; letztere Form ist vorwiegend bei Weißkalk eingeführt; hier kann man damit rechnen, daß 1 Raumteil frisch gebrannten Kalkes bei Handlöschung 1,8—2,0, bei maschinellem Betriebe 2,0—2,2 Raumteile gelöschten Kalkes liefert; bei Graukalk stellen sich die gleichen Zahlen auf rund 1,5—1,7 und 1,8 Raumteile. Löscht man Graukalk in Pulverform, so liefert 1 Raumteil Stückkalk 3—3,33 Raumteile Pulver, entsprechend einem porenfreien Raume von 2,0—2,25 Raumteilen; mit Wasser angemacht ergibt sich hieraus ein steifer Brei von rund $^3/_4$ Volumen des Kalkpulvers; es liefert mithin auch auf diesem Wege, wie bei der Ablöschung zu Kalkbrei, 1 Raumteil Stückkalk 1,5—1,7 Raumteile Grubenkalk.

Der zu *Pulver* — unter Zufügung von etwa 33% Wasser — *gelöschte Kalk* hat ein spezifisches Gewicht = 2,0, ist weiß, fühlt sich mild an und kann längere Zeit in Fässern aufbewahrt werden.

Dem zu *Kalkbrei* umzuwandelnden Kalk setzt man zunächst sein gleiches Gewicht an Wasser zu, bringt ihn hierbei zum Zerfallen und fügt allmählich unter stetem Umrühren noch die doppelte Wassermenge hinzu. Hierbei „gedeiht“ der Kalk, d. h. es tritt seine vorerwähnte Volumenvermehrung ein. Eine vollkommene Ablöschung (erkennbar an dem Auftreten fingerstarker Risse an seiner Oberfläche) erfährt der Kalk durch Stehen in nicht ausgemauerten Gruben, in deren Erde das überflüssige Wasser mit etwaigen gelösten Salzen einzieht. Dieses „Einsumpfen“ sollte bei Verwendung des Kalks zu Mörtel $>$ 6 Tage, zu Putz $>$ 20 Tage dauern.

Zur *Mörtelherstellung* soll so viel gelöschter Kalk dem Sand zugesetzt werden, als Luft zwischen den Sandkörnern vorhanden ist; jedoch ist — vgl. weiter unten — der Kalkzusatz im allgemeinen nach dem Verwendungszwecke des Mörtels und der Kalkbeschaffenheit verschieden. Der Sand soll rein, zu $^2/_3$ grob-, zu $^1/_3$ feinkörnig sein. An Wasser ist so viel zuzusetzen, daß der Mörtel steif ist, seine Verarbeitung aber leicht ist. Mit der Vermischung von gelöschtem Kalk und Sand findet stets eine Volumenverringerung statt.

1 Raumteil gel. Kalk	+ 2	Raumteile Sand	= 2,4	Raumteile Mörtel,
1 „ „ „	+ 2,5	„ „	= 2,8	„ „
1 „ „ „	+ 3	„ „	= 3,2	„ „
1 „ „ „	+ 4	„ „	= 4,0	„ „

Es erfordert:

		an gelöschtem Kalk	Sand	Wasser
		l	cbm	l
1 cbm Mörtel	1 : 2	420	0,84	170
1 „ „	1 : 2,5	370	0,92	184
1 „ „	1 : 3	330	1,00	200

Bei fettem Kalk verwendet man zum Mauern über der Erde einen Mörtel 1 : 3, für Grundmauern 1 : 4, bei Magerkalk 1 : 1 bzw. 1 : 2, Putz an freier Luft 1 : 2. An *Mörtel* wird gebraucht für 1 cbm Quadermauerwerk 0,08 cbm, desgl. aus lagerhaften Bruchsteinen 0,3 cbm; die gleiche Menge für normales Ziegelmauerwerk, 3 Stein stark, ferner für dieses bei 2 Stein Stärke 0,27 cbm, bei 1 Stein 0,25, bei $^1/_2$ Stein 0,23 cbm. Für Fachwände in Ziegeln sind notwendig für 1 qm bei einer Stärke von: 1 Stein 0,062 cbm, bei $^1/_2$ Stein 0,025 cbm. Auch kann man damit rechnen, daß zu 1000 Steinen des Normalformats rund 600 bis 700 l Mörtel zum Vermauern gebraucht werden. Für das Ausfugen wird erfordert beim Rohbau für 1 qm 0,005 cbm, bei einer Fachwerkswand 0,003 cbm; für das Verputzen einer Wand ist für 1 qm und je 1 cm Putzstärke 0,015 cbm Mörtel zu rechnen.

Die *Erhärtung des Mörtels* erfolgt durch seine Rückbildung zu kohlensaurem Kalk durch Aufnahme der Kohlensäure aus der Luft. Hierbei ist eine genügende Menge von Wasser (Steine annetzen!) Bedingung, da nur dieses einen Teil des Kalkhydrats zu Kalkwasser löst, welches die einzelnen Sandkörner überzieht und der Einwirkung der Luftkohlensäure unterliegt, die nun ihrerseits die Neuerzeugung von kohlensaurem Kalk bedingt. Dieser endlich verkittet dann die einzelnen Sandkörner unter sich und diese mit den Berührungsflächen der Steine. Die Erhärtung des Mörtels geht allmählich, nach dem Inneren fortschreitend, vor sich. — Eine normale Mauerfuge ist in etwa 8 Tagen ausreichend erhärtet. Da der vorbeschriebene Vorgang bei tiefen Temperaturen sich nicht vollzieht, ist nur höchstens bis zu — 2° C mit Kalksandmörtel — ohne besondere Vorsicht — zu mauern. Bei stärkerem Frost können Steine und Wasser erwärmt werden. Bei stärkerer Kälte ist für Notarbeiten der Zusatz von Soda — und zwar auf 10—12 l Wasser 1 kg wasserfreie Soda — ein oft bewährtes Mittel, wenn auch ein derartiger Zusatz später Ausblühungen im Mauerwerk zur Folge haben kann.

1 cbm an der Luft erhärteter Kalksandmörtel wiegt rund 1680 kg; sein Porenraum beträgt i. M. 20%. Die *Druckfestigkeit* kann unter normalen Verhältnissen und nach vollkommener Erhärtung bis zu 40 kg/qcm, die Zugfestigkeit zu $^1/_8$—$^1/_{10}$ dieses Wertes angenommen werden. Nach Versuchen des Lichterfelder (Dahlemer) Prüfungsamtes ist nach 28 Tagen und bei Verwendung von gewöhnlichem Mauersand die Druckfestigkeit des Kalkmörtels 1 : 3 nur zu rund 16 kg/qcm, die Zugfestigkeit zu 5 kg/qcm gefunden worden.

Will man dem Kalkmörtel die Fähigkeit verleihen, auch im Feuchten abzubinden, so wird ihm meist ein Zusatz von Zement zugefügt — *verlängerter Zementmörtel.* Hierbei wird zunächst Sand mit Zement und diese Mischung mit dem Kalkbrei vereinigt, wenn man nicht überhaupt zu Pulver gelöschten Kalk verwendet. Übliche Mischungen sind:

	Ausbeute	Druckfestigkeit nach 8 Tagen, davon 1 an der Luft, 7 unter Wasser
1 Zement : ½ Kalk : 5 Sand : 1,3 Wasser	= 5,3 Teile Mörtel	170 kg/qcm
1 „ : 1 „ : 6 „ : 1,35 „	= 6,5 „ „	200 „
1 „ : 1½ „ : 8 „ : 1,6 „	= 8,4 „ „	130 „
1 „ : 2 „ : 10 „ : 1,7 „	= 9,2 „ „	110 „

Hierbei werden erfordert an:

Zement	270,	220,	170,	155	kg
gebranntem Kalk . . .	46,	74,	86,	106	„
bzw. Kalkteig	100,	165,	195,	210	l
Sand	950,	930,	960,	1090	„
Wasser.	250,	220,	200,	190	„

Namentlich bei den mit hohen Sandzusätzen gemischten, verlängerten Zementmörteln empfiehlt es sich, zu Pulver gelöschten Kalk zu verwenden, da hier eine einwandfreie Vermischung mit Kalkteig praktischen Schwierigkeiten begegnet.

Ähnliche Wirkung, wenn auch lange nicht in dem Maße wie Zement, bedingt ein Zusatz von fein gemahlener Hochofenschlacke, in noch geringerem Maße ein solcher von gepulverten scharfgebrannten Ziegeln. Über die hochwertvollen Kalk-Traß-Mörtel wird bei dem Abschnitte „Traß“ ausführlich gesprochen werden.

II. Wassermörtel.

1. Hydraulische Kalke.

Hydraulische Kalke werden aus Kalkmergel und Kieselkalken gewonnen, besitzen einen höheren Tonerdesilikatgehalt (20—25%), werden nur bis zum Beginne der Sinterung gebrannt und in der Regel in Pulverform gelöscht („abgedämpft“) und gemahlen. Sie sind „frisch“ zu verwenden. Dem Brennprozeß folgt das Löschen, um den stets vorhandenen, chemisch nicht an Ton gebundenen Kalk in Kalkhydroxyd umzuwandeln. Die Löschwassermenge ist so abzuwägen, daß einerseits der freie Kalk vollkommen abgelöscht wird (um spätere Treibererscheinungen zu verhindern) und anderseits die spätere hydraulische Erhärtung der Kalkverbindungen nicht leidet. Die spätere Mörtelerhärtung findet also teils durch Aufnahme von CO_2 (Anfangshärtung), teils durch Bildung von Kalkhydrosilikaten im Wasser statt. Festigkeit bei Mischung mit 3 Teilen Normalsand nach 28 Tagen im besten, aber seltenen Falle, bei Luftlagerung auf Zug i. M. 10, auf Druck i. M. 75 kg/qcm, bei Wassererhärtung etwa 2/3 hiervon. Das Erhärtungsvermögen ist infolge des niedrigen Anteils an Hydraulefaktoren gering.[1])

1 Teil hydraulischer Kalk + 1,5 Teile Sand + 0,75 Teile Wasser liefert rund 2,0 Mörtel, hat eine Dichtigkeit = 1,7 und verlangt auf 1 cbm rund 300 l Kalk, 0,78 cbm Sand und 0,39 cbm Wasser. 1 Teil Kalk + 2 Teile Sand + Wasser gibt 2,4 Teile Mörtel, desgl. 1 + 3 = 3 Teile Mörtel. Ohne Sand wird hydraulischer Kalk zum Mauern in bewegtem Wasser, mit Sand im Nassen, als Putz im Verhältnis bis 1 : 6 verwendet. Je weniger hydraulisch der Kalk ist, desto mehr Sand kann man ihm zusetzen. Bekanntere Arten sind: der Rüdersdorfer hydraulische Kalk, der Kalk von Streudnitz in Thüringen, von Recklinghausen, Thale i. H., von Geseke, von Büren, Förderstedt, Braunsdorf, aus der Eifel und anderen Orten.

Eine besondere Abart bilden die aus magnesiahaltigem Mergelgestein auf die gleiche Art, wie oben behandelt, gewonnenen „Grau- oder Schwarzkalke", die wegen ihrer merklich dunkleren Färbung diesen Namen erhalten haben, in ihren Eigenschaften sich aber höchstens unwesentlich von den normalen Wasserkalken unterscheiden.

2. Zemente.

a) **Romanzemente**, auch „natürliche" oder „Naturzemente" genannt. Der Name rührt daher, daß diese Zemente zunächst in England erzeugt wurden und hier bezüglich ihrer Verwendung an Stelle der vorher aus Italien gelieferten Puzzolan-Erde („romanischer Zement", ein hydraulischer Zuschlag, vgl. S. 183) traten. In ihrer qualitativen Zusammensetzung stehen die Naturzemente den hydraulischen Kalken nahe, unterscheiden sich aber wesentlich quantitativ von ihnen. Hier sind die hydraulischen Faktoren[1]) größer als 25%; es sinkt somit der Gehalt an $CaCO_3$ unter 75% und beträgt im besten Falle 60—70%. Hierdurch wird bedingt, daß beim Brennen entsprechend mehr Kalk (als wie bei den Wasserkalken), und zwar *bei richtig geleitetem Brennprozesse aller Kalk chemisch gebunden wird.*

An Stelle des Löschprozesses tritt alsdann hier der Feinmahlvorgang, da Romanzemente, nach dem Brennen in Wasser gebracht, sich hier nicht mehr zu Pulver ablöschen, eine Eigenschaft, die den Wasserkalken eigen ist und den wichtigsten Unterschied zwischen beiden hydraulischen Bindemitteln abgibt. In der Regel bilden den Ausgangsstoff für Romanzemente Mergelkalksteine, die bis zur Sinterung gebrannt und hierdurch aufgeschlossen werden.

1) Vgl. hierzu die Ausführungen beim Abschnitte: Portlandzement auf S. 169.

Die Erhärtung der Naturzemente und der mit ihnen angemengten Mörtel tritt in der Regel rasch ein: Romanzemente sind „Schnellbinder". Sie sind frisch zu verbrauchen, die Steine sind gut zu wässern, das Mauerwerk ist längere Zeit feucht zu halten. Ein Sandzusatz findet aus Sparsamkeit statt, bedingt aber meist geringere Festigkeit des Mörtels. Die Struktur der Naturzemente ist trotz Feinmahlung erdig, ihre Farbe gelbbraun, bisweilen mit einem Stich ins Rötliche.

Die mittlere Festigkeit, welche Romanzemente durchschnittlich erreichen, liegt bei einer Mischung von 1 Teil Zement: 3 Teilen Normalsand (vgl. S. 175) bei etwa folgenden Werten:

	nach 7 Tagen	28 Tagen	1 Jahr	
Druckfestigkeit	100	135	230	kg/qcm.
Zugfestigkeit	12	18	27	kg/qcm.

Ohne Sandzusatz kann man mit einer Druckfestigkeit von etwa 150 kg/qcm und einer Zugfestigkeit von rund 19 kg/qcm nach 28 Tagen rechnen.

Für wasserdichte Mörtel empfiehlt sich ein geringer Zusatz von $^1/_8$ bis $^1/_4$ Teil Ätzkalk. Ein oft benutztes Mischungsverhältnis ist 1—$1^1/_8$ Teile Romanzement + 1,5 Teile Sand + $^1/_8$—$^1/_4$ Teile Ätzkalk.

Für Mauerwerk in nassem Boden empfiehlt sich 1 Teil Zement: $^2/_3$ Teilen Sand, sonst 1:1 bis 1:3.

Romanzemente sind besonders dort wertvoll, wo es sich vor allem um eine schnelle Erhärtung unter Wasser, weniger um große Festigkeit handelt; zudem eignen sie sich aus demselben Grunde sehr gut zu Putzarbeiten. Naturzemente kommen, gleich den anderen Zementen, in den Handel in Fässern (250 kg Brutto) oder in Säcken (60 und 75 kg). Dem Gewicht von 50 kg entspricht ein Rauminhalt von 47 l. Das Gewicht beträgt erhärtet 2500—3000 kg/cbm, eingerüttelt 1200—1500 kg/cbm, lose eingelaufen 800—1050 kg/cbm. Als „Portlandzemente" dürfen Romanzemente nicht bezeichnet werden.[1])

Bekanntere deutsche Naturzemente sind: der Bielefelder, der von der Porta-Westfalika, der Kuffsteiner, Kulmbacher, Perlmoser, Förderstedter usw. Zement.

b) **Künstliche Zemente.** Hier sind zu unterscheiden: *α*) der *Portlandzement*, *β*) der *Eisenportlandzement*, *γ*) der *Hochofenzement.*

α) ***Der Portlandzement.*** Der *Name* dieses künstlichen Zements wird durch seinen Werdegang erklärt. Das Material wurde zunächst in England gewonnen, und da aus ihm erzeugte Kunststeine einem Naturgestein aus der Gegend von Portland ähnlich waren, wurde dem Zement letzterer Name beigelegt.

1) Vgl. preuß. Min.-Verfüg. vom 16. März 1910: „Naturzemente sind den Portlandzementen ähnliche, aus natürlichen Steinen durch einfaches Brennen hergestellte Erzeugnisse, die jedoch mangels inniger Mischung der Bestandteile nicht die erforderliche Gleichmäßigkeit gewährleisten. Solche Zemente dürfen nicht als Portlandzemente bezeichnet werden."

Portlandzement wird hergestellt aus kohlensaurem Kalk und Ton, die in bestimmtem Verhältnisse gemischt (trocken, feucht, naß, geschlämmt), bis mindestens zur Sinterung gebrannt und alsdann bis zur Mehlfeinheit zerkleinert sind (vgl. auch weiter unten die Begriffserklärung der „Normen"). Farbe grünlich bis bläulich-grau. Auf eine richtige Zusammensetzung und gute Mischung der Rohstoffe kommt es in hohem Grade an. Beim Trockenverfahren müssen die Rohstoffe nach vorangegangener gröberer Zerkleinerung getrocknet werden, ehe sie zu Mehl vermahlen werden. Beim Naßverfahren erfolgt meist gemeinsames Vermahlen mit Wasser zu Dünnschlamm oder Dickschlamm, je nach der größeren oder geringeren Verunreinigung der Rohstoffe. Die richtige Zusammensetzung schon des Rohgutes ist dauernd durch Laboratoriumsversuche zu beobachten. Die Güte des Materials hängt ab von der Güte der Rohstoffe, namentlich des Tons, der guten und richtigen Zusammensetzung und Vermischung, dem Grade des Brennprozesses, endlich der feinen Mahlung. Chemische Zusammensetzung etwa: 60% Kalk, 7,5% Tonerde, 23% Kieselsäure, 3,5% Eisenoxyd und etwas Magnesia bzw. Gips bzw. Schwefelsäureanhydrid. Raumgewichte: lose eingelaufen 1,4, eingerüttelt 1,95, erhärtet 2,7—3,2; spezifisches Gewicht $> 3{,}1$.

Das Verhältnis beim Portlandzement von CaO zu den sog. Hydraulefaktoren ($SiO_2 + Al_2O_3 + Fe_2O_3$), also der Wert:

$$H = \frac{CaO}{SiO_2 + Al_2O_3 + Fe_2O_3}$$

soll $\geq 1{,}7$ sein. Dieser Wert ist bezeichnend für Portlandzement. Ist $H < 1{,}7$, so darf der Zement nicht mehr als Portlandzement bezeichnet werden. Werte $H > 2{,}4$ kennzeichnen allzu kalkreiche Zemente, die zum Treiben neigen.

Der Grundstoff des Portlandzements ist der Kalk. Von seiner Anteilmenge ist bei sonst normalen Beimengungen in erster Linie das Erhärtungsvermögen bedingt. Träger der Erhärtung ist SiO_2; je mehr an Kieselsäure innerhalb der Normalgrenze (24%) vorhanden ist, um so fester wird der Zement; allerdings macht ein höherer SiO_2-Gehalt ihn zugleich langsamer abbindend. Ähnlich verhält sich bezüglich der Festigkeitsvermehrung der Gehalt an Aluminiumoxyd, das allerdings im Hinblicke auf Abbindezeit entgegengesetzt wie SiO_2 wirkt, d. h. mit zunehmender Menge zu einem Schnellbinder führt. Eisenoxyd bedingt vorwiegend die Farbe, erleichtert zudem den Sintervorgang und beeinflußt die Festigkeit, ähnlich wie der SiO_2-Gehalt. Magnesia in größerer Menge ist schädlich und führt zu Treiberscheinungen. Das gleiche gilt von einem höheren Gehalte an Schwefelsäure. Alkalien sind wegen Ausblühungen im Mörtel, die sie befördern, unerwünscht.

Zum Brennen der Rohmasse werden meist nur noch Öfen mit kontinuierlichem Brande benutzt. Unter letzteren sind — neben dem Schneider- und dem Dietzschen Etagenofen — besonders Ringöfen und Drehrohröfen zu nennen, bei deren ersterer Art das in die Form von Steinen gebrachte Rohmaterial gebrannt wird, während bei der zweiten Ofenart die Rohmasse ohne vorhergehende Formgebung als Schlamm oder Mehl eingeführt wird. Es liegt auf der Hand, daß in letzterem Falle erhebliche Betriebskosten erspart werden, weil hier das Formen und auch das Trocknen der Zementrohsteine entfällt. Einen Grundzug des Brennvorganges im Drehrohrofen stellt Abb. 57 dar.

Hier wird die Zementrohmasse unmittelbar, d. h. in der Form, in der sie aus dem Naß- oder Trockenverfahren hervorgeht, ohne Zwischenstufe zu Zement verbrannt. Der Drehofen besteht aus zwei in Lagern drehbaren Rohren, dem 20—30 m langen, unter Umständen auch noch längeren eigentlichen Ofen (bb_1 in Abb. 57) und dem sich anschließenden kleineren und kürzeren Kühlofen. Beide Rohre liegen etwas geneigt, und zwar in entgegengesetzter Richtung. Der Drehofen bb_1 hat bis zu 2,0 m Durchmesser und besteht aus der eigentlichen, im Inneren feuerfest ausgekleideten Brenntrommel, deren oberer Teil *b* als Trocken- und Vorwärmraum dient, während im unteren b_1 sich der Sintervorgang abspielt. Um hier einen längeren Aufenthalt des Rohgutes zu sichern, wird die Sinterzone zweckmäßig erweitert, d. h. mit größerem Durchmesser als der Raum *b* ausgestaltet. In dem sich drehenden Brennrohr bewegt sich das Mischgut langsam von oben nach unten, während die Feuergase den umgekehrten Weg machen. Der Ofen beruht also auf dem Grundsatze des Gegenstroms, so daß der heißeste Gasstrom in der Sinterzone eintritt und abgekühlt und mit Wasserdampf erfüllt den Ofen im obersten Teile verläßt. An das Brennrohr schließt sich der Kühlzylinder (*d*) an, in den der fertig gebrannte Zement herabfällt, um endlich bei *e* den Ofen zu verlassen. Hier fällt er abgekühlt auf ein Transportband oder eine ähnliche ihn zu den Lagerräumen führende Transportvorrichtung. Die zur Verbrennung des Brennstoffs — Kohlenstaub — notwendige atmosphärische Luft tritt bei *e* in den Kühlzylinder ein bzw. wird hier neuerdings unter Druck eingeblasen, kühlt den heißen Zement im Kühlrohr ab und erhitzt sich selbst hierbei stark, kommt also

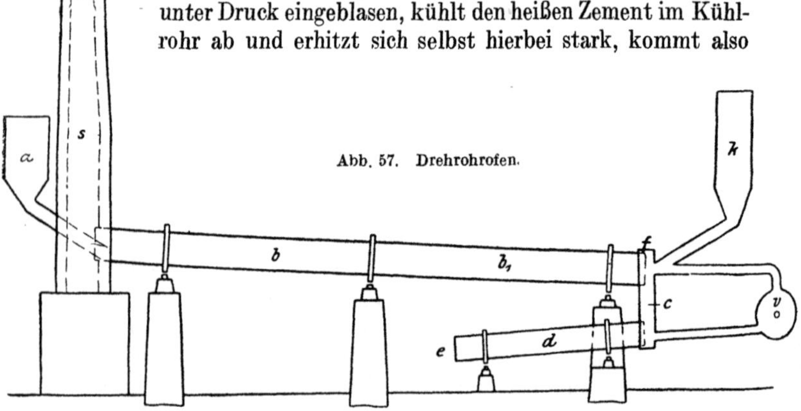

Abb. 57. Drehrohrofen.

gut vorgewärmt zur Feuerstätte. Diese liegt bei *f*. Von hier aus wird unter Verwendung von Kompressoren die Flamme in den Brennraum bb_1 geblasen.

Wesentlich ist, daß allgemein bei dem Brennprozesse die Sinterung oder angehende Schmelzung, die sich durch Erweichung der Rohmasse in der Weißglühhitze zu erkennen gibt, sicher eintritt, da erst hierdurch die vorzüglichen Eigenschaften des Portlandzements hervorgerufen werden. Gerade in der Höhe der Brenntemperatur (bei etwa 1500° C) liegt auch ein wesentlicher Unterschied gegenüber den Romanzementen und den hydraulischen Kalken, die bei zum Teil erheblich tieferen Graden erbrannt werden. Bei dem Brennprozesse entweichen zunächst Wasser und aus dem Kalk die Kohlensäure; der so entstandene gebrannte Kalk wirkt alsdann in der Sinterungshitze aufschließend auf die tonigen Bestandteile und verbindet sich mit ihnen.

Nach mehrwöchiger Lagerung des gesinterten Zements bzw. der gebrannten Klinker erfolgt eine Vorzerkleinerung, z. B. in Steinbrechern, und alsdann das Mahlen in Mühlen bis zur Mehlfeinheit. Die Lagerung des fertigen Zements bis zur Verpackung in Fässern oder Säcken erfolgt in Silos.

Der fertige Portlandzement ist in der Regel hellgraugrün gefärbt; jedoch ist diese Farbe nicht von ausschlaggebender Bedeutung für die Beurteilung seiner Güte. Allerdings deutet ein Stich ins Rötliche oder Gelbliche meist auf Brennfehler bei der Zementherstellung hin.

In der Regel liefern die Zementwerke, welche sowohl in Ring- als in Drehrohröfen den Zement erbrennen, einen aus beiden Brennverfahren gemischten Zement.

Für die Eigenschaften des Portlandzements, sein Vorkommen im Handel, sowie die Prüfung seiner Güte sind die *deutschen Normen für einheitliche Lieferung und Prüfung von Portlandzement* maßgebend, aufgestellt 1909 vom Verein Deutscher Portlandzement-Fabrikanten unter Mitwirkung des Materialprüfungsamtes Groß-Lichterfelde. Dieselben seien nebst den Begründungen und Erläuterungen nachstehend wiedergegeben. Diese Normen sind durch Erlaß vom 10. März 1910 in Preußen anerkannt und haben auch in den anderen Bundesstaaten Geltung.

I. Begriffserklärung von Portlandzement.

Portlandzement ist ein hydraulisches Bindemittel mit nicht weniger als 1,7 Gewichtsteilen Kalk (CaO) auf 1 Gewichtsteil lösliche Kieselsäure (SiO_2) + Tonerde (Al_2O_3) + Eisenoxyd (Fe_2O_3), hergestellt durch feine Zerkleinerung und innige Mischung der Rohstoffe, Brennen bis mindestens zur Sinterung und Feinmahlen.

Dem Portlandzement dürfen nicht mehr als 3% Zusätze zu besonderen Zwecken zugegeben sein.

Der Magnesiagehalt darf höchstens 5%, der Gehalt an Schwefelsäureanhydrid nicht mehr als $2^1/_2$% im geglühten Portlandzement betragen.

Begründung und Erläuterung. Portlandzement unterscheidet sich von allen anderen hydraulischen Bindemitteln durch seinen hohen Kalkgehalt, welcher eine innige Mischung der Rohstoffe in ganz bestimmten Verhältnissen bedingt, wie sie (sehr wenige natürliche Vorkommen ausgenommen) mit Sicherheit nur auf künstliche Weise durch feinstes Mahlen oder Schlämmen und innigste Mischung unter chemischer Kontrolle zu erreichen ist.

Es muß im Interesse der Abnehmer verlangt werden, daß ähnliche, aus natürlichen Steinen, durch einfaches Brennen hergestellte Erzeugnisse als „Naturzemente" bezeichnet werden.

Durch das Brennen bis zur Sinterung (beginnende Schmelzung) erhält das Erzeugnis eine sehr große Dichte (Raumgewicht), welche eine wesentliche Eigenschaft des Portlandzements ist.

Ein Magnesiagehalt bis zu 5%, wie er bei Verwendung dolomithaltigen Kalksteins im Portlandzement vorkommen kann, hat sich als unschädlich erwiesen, wenn bei Bemessung des Kalkgehaltes der Magnesiagehalt berücksichtigt wurde.

Um den Portlandzement langsam bindend zu machen, ist es üblich, ihm beim Mahlen rohen Gips (wasserhaltigen, schwefelsauren Kalk) zuzusetzen, außerdem enthalten fast alle Portlandzemente schwefelsaure Verbindungen aus den Rohstoffen und Brennstoffen.

Zusätze zu besonderen Zwecken, namentlich zur Regelung der Bindezeit, sind nicht zu entbehren, jedoch in Höhe von 3% begrenzt, um die Möglichkeit von Zusätzen lediglich zur Gewichtsvermehrung auszuschließen.

Ein Gehalt bis zu 2½% Schwefelsäureanhydrid hat sich als unschädlich erwiesen.

II. Verpackung und Gewicht.

Portlandzement wird in der Regel in Säcken oder Fässern verpackt. Die Verpackung soll außer dem Bruttogewicht und der Bezeichnung „Portlandzement" die Firma oder Marke des Werkes in deutlicher Schrift tragen.

Streuverlust sowie etwaige Schwankungen im Einzelgewicht können bis zu 2% nicht beanstandet werden.

Begründung und Erläuterung. Da bei Verpackung sowohl in Säcken wie in Fässern verschiedene Gewichte im Gebrauch sind, so ist die Aufschrift des Bruttogewichts unbedingt nötig.

Durch die Bezeichnung „Portlandzement" soll dem Käufer die Gewißheit gegeben werden, daß die Ware der diesen Normen vorgedruckten Begriffserklärung entspricht.

III. Abbinden.

Der Erhärtungsbeginn von normal bindendem Portlandzement soll nicht früher als eine Stunde nach dem Anmachen eintreten. Für besondere Zwecke kann rascher bindender Portlandzement verlangt werden, welcher als solcher gekennzeichnet sein muß.

Begründung und Erläuterung. Der *Erhärtungsbeginn* von normal bindendem Portlandzement wurde auf mindestens eine Stunde festgesetzt, weil der Beginn des Abbindens von Wichtigkeit ist; dagegen ist von der Festsetzung einer bestimmten Bindezeit Abstand genommen, weil es bei der Verwendung von Portlandzement von geringer Bedeutung ist, ob der Abbindeprozeß in kürzerer oder längerer Zeit *beendet* wird. Etwaige Vorschriften über die *Bindezeit* sollten daher nicht zu eng begrenzt werden.

Um ein Urteil über das Abbinden eines Portlandzements zu gewinnen, rühre man 100 g des reinen, langsam bindenden Portlandzements 3 Minuten des rasch bindenden 1 Minute lang mit Wasser zu einem steifen Brei an und bilde auf einer Glasplatte einen etwa 1,5 cm dicken, nach dem Rande hin dünn auslaufenden Kuchen. Die zur Herstellung dieses Kuchens erforderliche Dickflüssigkeit des Portlandzementbreies soll so beschaffen sein, daß der mit einem Spatel auf die Glasplatte gebrachte Brei erst durch mehrmaliges Aufstoßen der Glasplatte nach dem Rande hin ausläuft, wozu in den meisten Fällen 27—30% Anmachwasser genügen. Man beobachte die beginnende Erstarrung.

Zur Feststellung des Erhärtungsbeginnes und zur Ermittlung der Bindezeit bedient man sich der zylindrischen Normalnadel von 1 qmm Querschnitt und 300 g Gewicht, die senkrecht zur Achse abgeschnitten ist. Man füllt einen auf eine Glasplatte gesetzten konischen Hartgummiring von 4 cm Höhe und 7 cm mittlerem lichten Durchmesser mit dem Portlandzementbrei (aus etwa 300 g Portlandzement) von der oben angegebenen Dickflüssigkeit und bringt ihn unter die Nadel. Der Zeitpunkt, in welchem die Normalnadel den Portlandzementkuchen nicht mehr gänzlich zu durchdringen vermag, gilt als „Beginn des Abbindens". Die Zeit, welche verfließt, bis die Normalnadel auf dem erstarrten Kuchen keinen merklichen Eindruck mehr hinterläßt, ist die „Bindezeit".

Da das Abbinden von Portlandzement durch die Wärme der Luft und des zur Verwendung gelangenden Wassers beeinflußt wird, insofern hohe Temperatur das Abbinden beschleunigt, niedrige Temperatur es dagegen verzögert, so ist es nötig, die Versuche, um zu übereinstimmenden Ergebnissen zu gelangen, bei 15—18° C mittlerer Zement-, Wasser- und Luftwärme vorzunehmen und auch Geräte und Sand vorher auf diese Temperatur zu bringen.

Die Meinung, daß Portlandzement bei längerem Lagern an Güte verliere, ist irrig, sofern der Portlandzement trocken und zugfrei gelagert wird. Vertragsbestimmungen, welche nur frische Ware vorschreiben, sollten deshalb in Wegfall kommen.

IV. Raumbeständigkeit.

Portlandzement soll raumbeständig sein. Als entscheidende Probe soll gelten, daß ein auf einer Glasplatte hergestellter und vor Austrocknung geschützter Kuchen aus reinem Portlandzement, nach 24 Stunden unter Wasser gelegt, auch nach längerer Beobachtungszeit durchaus keine Verkrümmungen oder Kantenrisse zeigen darf.

Erläuterung. Zur Ausführung der Probe wird der zur Beurteilung des Abbindens angefertigte Kuchen bei langsam bindendem Portlandzement nach 24 Stunden, jedenfalls aber erst nach erfolgtem Abbinden, unter Wasser gelegt. Bei rasch bindendem Portlandzement kann dies schon nach kürzerer Frist geschehen. Die Kuchen, namentlich von langsam bindendem Portlandzement, müssen bis nach erfolgtem Abbinden vor Trocknung geschützt werden, am besten durch Aufbewahren in einem bedeckten Kasten. Es wird hierdurch die Entstehung von Schwindrissen vermieden, welche in der Regel in der Mitte des Kuchens entstehen und von Unkundigen für Treibrisse gehalten werden können.

Zeigen sich bei der Erhärtung unter Wasser Verkrümmungen oder Kantenrisse, so deutet dies unzweifelhaft „Treiben" des Portlandzements an, d. h. es findet infolge einer Raumvermehrung Zerklüften des Portlandzements unter allmählicher Lockerung des zuerst gewonnenen Zusammenhanges statt, welches bis zu gänzlichem Zerfallen des Portlandzements führen kann.

Die Erscheinungen des Treibens zeigen sich an den Kuchen in der Regel bereits nach 3 Tagen; jedenfalls genügt eine Beobachtung bis zu 28 Tagen.

V. Feinheit der Mahlung.

Portlandzement soll so fein gemahlen sein, daß er auf dem Siebe von 900 Maschen auf ein Quadratzentimeter höchstens 5% Rückstand hinterläßt. Die Maschenweite des Siebes soll 0,222 mm betragen.

Begründung und Erläuterung. Zu der Siebprobe sind 100 g Portlandzement zu verwenden.

Genaue Siebe sind im Handel nicht zu haben, deshalb sollen Schwankungen der Maschenweite zwischen 0,215 mm bis 0,240 mm zulässig sein.

Da Portlandzement fast nur mit Sand, in vielen Fällen sogar mit hohem Sandzusatz verarbeitet wird, die Festigkeit eines Mörtels aber um so größer ist, je feiner der dazu verwendete Portlandzement gemahlen war (weil dann mehr Teile des Portlandzements zur Wirkung kommen), so ist die feine Mahlung des Portlandzements von Wichtigkeit.

Es wäre indessen irrig, wollte man aus der feinen Mahlung allein auf die Güte eines Portlandzements schließen.

VI. Festigkeitsproben.

Der Portlandzement soll auf Druckfestigkeit in einer Mischung von Portlandzement und Sand nach einheitlichem Verfahren geprüft werden, und zwar an Würfeln von 50 qcm Fläche.

Begründung. Da man erfahrungsgemäß aus den mit Portlandzement ohne Sandzusatz gewonnenen Festigkeitsergebnissen nicht einheitlich auf die Bindefähigkeit zu Sand schließen kann, namentlich wenn es sich um Vergleichung von Portlandzementen aus verschiedenen Fabriken handelt, so ist es geboten, die Prüfung von Portlandzement auf Bindekraft mittels Sandzusatz vorzunehmen.

Weil bei der Verwendung die Mörtel in erster Linie auf Druck in Anspruch genommen werden und die Druckfestigkeit sich am zuverlässigsten ermitteln läßt, ist nur die Prüfung auf Druckfestigkeit entscheidend.

Um die erforderliche Einheitlichkeit bei den Prüfungen zu wahren, wird empfohlen, derartige Apparate und Geräte zu benutzen, wie sie beim Materialprüfungsamt Groß-Lichterfelde in Gebrauch sind.

VII. Festigkeit.[1]

Langsam bindender Portlandzement soll mit 3 Gewichtsteilen Normensand auf 1 Gewichtsteil Portlandzement nach 7 Tagen Erhärtung — 1 Tag in feuchter Luft und 6 Tage unter Wasser — mindestens 120 kg/qcm erreichen; nach weiterer Erhärtung von 21 Tagen in Luft von 15—30° C soll die Druckfestigkeit mindestens 250 kg/qcm betragen. Im Streitfalle entscheidet nur die Prüfung nach 28 Tagen.

---

1) Hierzu bemerkt die preuß. Min.-Verfüg. vom 16. März 1910: Bei Vergebung von größeren Zementlieferungen empfiehlt es sich, vor der Zuschlagserteilung nicht nur Proben mit Normensand und in der Normalmischung 1:3 anzustellen, sondern, wie dies in der Begründung und Erläuterung hervorgehoben wird, auch mit denjenigen Mischungen und Sandsorten, die bei dem Bau wirklich verwandt werden sollen (z. B. 1:5 oder 1:7).

Es sei hier noch besonders darauf hingewiesen, daß die Druckprobe in Zukunft in erster Linie maßgebend sein soll, die Zugprobe jedoch daneben beibehalten ist, da sie als Vorprobe genügt und auf den Baustellen meist leichter auszuführen sein wird.

Portlandzement, der für Wasserbauten bestimmt ist, soll nach 28 Tagen Erhärtung — 1 Tag in feuchter Luft, 27 Tage unter Wasser — mindestens 200 kg/qcm Druckfestigkeit zeigen.

Zur Erleichterung der Überwachung auf der Baustelle kann eine Prüfung auf Zugfestigkeit dienen. Der Zement soll in einer Mischung von 1 Teil Zement: 3 Teilen Normensand nach 7 Tagen Erhärtung — 1 Tag in der Luft, 6 Tage unter Wasser — mindestens 12 kg/qcm Zugfestigkeit aufweisen.

Bei schnell bindenden Portlandzementen ist die Festigkeit nach 28 Tagen im allgemeinen geringer als die oben angegebene. Es soll deshalb bei Nennung von Festigkeitszahlen stets auch die Bindezeit aufgeführt werden.

Begründung und Erläuterung. Da verschiedene Portlandzemente hinsichtlich ihrer Bindekraft zu Sand, worauf es bei ihrer Verwendung vorzugsweise ankommt, sich sehr verschieden verhalten können, so ist insbesondere beim Vergleich mehrerer Portlandzemente die Prüfung mit *hohem Sandzusatz* unbedingt erforderlich. Als normales Verhältnis wird angenommen: 3 Gewichtsteile Sand auf 1 Gewichtsteil Portlandzement, da mit 3 Teilen Sand der Grad der Bindefähigkeit bei verschiedenen Portlandzementen in hinreichendem Maße zum Ausdruck gelangt.

Wenn aber die Ausnutzungsfähigkeit eines Portlandzements voll dargestellt werden soll, empfiehlt es sich, auch noch Versuchsreihen mit höheren Sandzusätzen auszuführen.

Portlandzement, welcher eine höhere Festigkeit zeigt, gestattet in vielen Fällen einen größeren Sandzusatz und hat, aus diesem Gesichtspunkte betrachtet, sowie auch schon wegen seiner *größeren* Festigkeit bei *gleichem* Sandzusatz, Anrecht auf einen entsprechend höheren Preis.

Da die weitaus größte Menge des Portlandzements Verwendung im Hochbau findet und in kürzerer Zeit die Bindekraft sich nicht genügend erkennen läßt, so wird als maßgebende Prüfung die auf Druckfestigkeit nach 28 Tagen Erhärtung — 1 Tag in feuchter Luft, 6 Tage unter Wasser und dann 21 Tage in Luft von 15—30° C — bestimmt und damit den Verhältnissen der Praxis angepaßt.

Für den zu Wasserbauten bestimmten Portlandzement wird, der praktischen Verwendung entsprechend, die Prüfung nach 27 Tagen Wassererhärtung beibehalten.

Da aus der Zugfestigkeit des Zements nicht in allen Fällen auf eine entsprechende Druckfestigkeit geschlossen werden kann, empfiehlt es sich, bei sehr hohen Zugfestigkeitszahlen nach 7tägiger Erhärtung die Druckfestigkeit des Zements besonders zu prüfen.

Um zu übereinstimmenden Ergebnissen zu gelangen, muß überall Sand von gleicher Korngröße und gleicher Beschaffenheit (Normensand) benutzt werden.

Der deutsche *Normensand* wird aus einem tertiären Quarzlager der Braunkohlenformation in der Nähe von Freienwalde a. O. gewonnen. Der fast weiße Rohsand wird in einer Waschmaschine gewaschen und künstlich getrocknet. Die Absiebung des trocknen Sandes geschieht auf Schwingsieben, die pendelnd aufgehängt sind. Auf dem einen Siebe wird erst das Grobe abgesiebt und dann auf dem anderen das Feine. Von jeder Tagesfertigung wird eine Probe auf Korngröße und Reinheit im Materialprüfungsamt Groß-Lichterfelde kontrolliert.

Zur Überwachung der Korngröße dienen Siebe aus 0,25 mm dickem Messingblech mit kreisrunden Löchern von 1,350 und 0,775 mm Durchmesser.

Der nach wiederholten Kontrollproben für gut befundene Normensand wird gesackt und jeder Sack mit der Plombe des Materialprüfungsamtes verschlossen.[1])

Beschreibung der Proben zur Ermittlung der Festigkeit. Da es darauf ankommt, daß bei Prüfung desselben Portlandzements an verschiedenen Orten übereinstimmende Ergebnisse erzielt werden, so ist auf die genaue Einhaltung der im nachstehenden gegebenen Regeln ganz besonders zu achten.

Zur Erzielung richtiger Durchschnittszahlen sind für jede Prüfung mindestens fünf Probekörper anzufertigen.

Anfertigung der Portlandzement-Sand-Proben. Herstellung des Normenmörtels (1 : 3) und der Probekörper für die Festigkeitsversuche. a) Mischen des Mörtels. Das Mischen des Mörtels aus 1 Gewichtsteil Portlandzement + 3 Gewichtsteilen Normensand soll mit der Mörtelmischmaschine Bauart Steinbrück-Schmelzer wie folgt geschehen: 400 g Portlandzement und 1200 g Normensand werden zunächst trocken mit einem leichten Löffel in einer Schüssel eine Minute lang gemischt. Dem trocknen Gemisch wird die vorher zu bestimmende Wassermenge zugesetzt. Die feuchte Masse wird sodann eine weitere Minute lang gemischt, dann in dem Mörtelmischer gleichmäßig verteilt und durch 20 Schalenumdrehungen bearbeitet.

b) Bestimmung des Wasserzusatzes. Die Ermittlung des Wasserzusatzes zum Normenmörtel erfolgt unter Benutzung von Würfelformen in folgender Weise:

Trockne Mörtelgemische in oben angegebener Menge werden beim ersten Versuch mit 128 g (8%) und, wenn nötig, beim zweiten Versuch mit 160 g (10%) Wasser angemacht und im Mörtelmischer, wie vorgeschrieben, gemischt.

850—860 g des fertig gemischten Mörtels werden in die Druckform, deren Aufsatzkasten am unteren Rande mit zwei Nuten versehen ist, gefüllt und im Hammerapparat von Böhme mit Festhaltung (nach Martens) mit 150 Schlägen eingeschlagen.

Nach dem Verhalten des Mörtels beim Einschlagen ist zu beurteilen, welcher Grenze der richtige Wasserzusatz am nächsten liegt; danach sind die Versuche mit verändertem Wasserzusatz fortzusetzen.

Der Wasserzusatz ist richtig gewählt, wenn zwischen dem 90. und 110. Schlage aus einer der beiden Nuten Portlandzementbrei auszufließen beginnt.

Das Mittel aus drei Versuchskörpern mit gleichem Wasserzusatz ist maßgebend und gilt für Anfertigung der Proben.

---

1) Den Verkauf dieses plombierten „Deutschen Normensandes“ haben das Laboratorium des Vereins Deutscher Portlandzement-Fabrikanten, Karlshorst, und das Chemische Laboratorium für Tonindustrie, Prof. Dr. H. Seger und E. Cramer, G. m. b. H., Berlin NW 21, Dreysestr. 4, übernommen.

Der Austritt des Wassers erfolgt bei noch trocknen Aufsatzkästen langsamer als bei schon einmal benutzten, deshalb ist der Versuch bei erstmaliger Benutzung des Aufsatzkastens unsicher.

c) Herstellung der Probekörper. Die Anfertigung der Probekörper aus Normenmörtel soll wie folgt geschehen:

850—860 g des vorschriftsmäßig gemischten Mörtels werden in die Normalwürfelformen gebracht und im Hammerapparat (Bauart Böhme) mit Festhaltung (Bauart Martens) unter Anwendung von 150 Schlägen eingeschlagen.

Die so hergestellten Probekörper werden an der Oberfläche mit einem Messer abgestrichen, geglättet und gezeichnet.

Die aus 400 g Portlandzement und 1200 g Normensand angemachte Mörtelmenge reicht zur Anfertigung von zwei Druckproben aus.

Die Körper werden mit der Form auf nicht absaugender Unterlage in feucht gehaltene, bedeckte Kästen gebracht und nach etwa 20 Stunden entformt; 24 Stunden nach erfolgter Herstellung kommen die Körper aus den Kästen unter Wasser von 15—18° C.

Die für die Erhärtung unter Wasser bestimmten Probekörper dürfen erst unmittelbar vor der Prüfung dem Wasser entnommen werden. Das Wasser soll nicht mehr als 2 cm über den Probekörpern stehen und aller 14 Tage erneuert werden.

Die für die Erhärtung in Luft bestimmten Probekörper müssen einzeln freistehend auf dreikantigen Holzleisten im geschlossenen Raum zugfrei bei 15—30° C gelagert werden.

d) *Behandlung der Proben bei der Prüfung.* Bei der Prüfung soll, um einheitliche Ergebnisse zu erhalten, der Druck stets auf zwei Seitenflächen der Würfel ausgeübt werden, nicht aber auf die Bodenfläche und die bearbeitete obere Fläche. Das Mittel aus den fünf Proben soll als die maßgebende Druckfestigkeit gelten.

Über die *Ausbeute der Zementmörtel* und die *zu 1 cbm Mörtel notwendigen Rohstoffe* gibt die nachfolgende Zusammenstellung Auskunft:

1 Zement + 1 Sand + 0,50 Wasser = rund 1,6 Mörtel. Erfordert wird an Zement 960 kg, an Sand 680 l, an Wasser 250 l	für 1 cbm Mörtel.
1 Zement + 2 Sand + 0,53 Wasser = rund 2,2 Mörtel. Erfordert wird an Zement 700 kg, an Sand 980 l, an Wasser 240 l	
1 Zement + 3 Sand + 0,64 Wasser = rund 2,9 Mörtel. Erfordert wird an Zement 490 kg, an Sand 1040 l, an Wasser 230 l	
1 Zement + 4 Sand + 0,80 Wasser = rund 3,7 Mörtel. Erfordert wird an Zement 370 kg, an Sand 1050 l, an Wasser 220 l	

Die *Dichtigkeit* dieser Mörtel beträgt in der obigen Reihenfolge: 2,45,

1,26, 0,93 und 0,80; desgl. die Druck- und Zugfestigkeit nach 28 Tagen Erhärtung, davon 27 unter Wasser:

Mischung:	k_d	k_z	i. M.
1:1	200	25	kg/qcm.
1:2	180	22	
1:3	160	20	
1:4	140	18	

Die Elastizitätszahl schwankt nicht unerheblich; es kann gelten für Mischung:

1 Zement	+ 0	Sand	+	Wasser	$E_d = 250000$	kg/qcm
1 „	+ 1,5	„	+	„	$E_d = 350000$	„
1 „	+ 2	„	+	„	$E_d = 330000$	„
1 „	+ 3	„	+	„	$E_d = 315000$	„
1 „	+ 4	„	+	„	$E_d = 255000$	„

Verwendet wird ein Mischungsverhältnis von 1:5 bis 1:4 für Mauerarbeiten im Trocknen und unter Wasser, und zwar bei untergeordneten oder nicht schwer belasteten Bauten, 1:3 für die meisten Zwecke, 1:2 in fließendem Wasser, sowie für stark belastete, flache Gewölbe, 1:$1^1/_2$ an besonders durch Wasserdruck oder -spülung gefährdeten Stellen, 1:1 zum Ausgießen von Sprüngen, für einen letzten wasserdichten Putz u. dgl.; für letztere Zwecke findet auch reiner Zement Anwendung, ist jedoch weniger zu empfehlen, da er leichter als der mit Sand versetzte rissig wird.

Als guter *Schutz* für Zementputz und -flächen haben sich (neben dem Keßlerschen Zementfluat) Anstriche mit Siderosthen, Preolith, Inertol u. a. erwiesen, auch in Behältern und bei einem Angriffe von Kohlensäure, Salpetersäure u. dgl.

Beim Mauern in *Frost* sind Steine, Wasser und Sand anzuwärmen; auch ist mit möglichst steifem Mörtel zu arbeiten. — Auf eine starke Nässung der Steine ist wegen der Erfordernis von Wasser zur Abbindung des Zementmörtels besonders zu achten; desgl. ist das dem Austrocknen ausgesetzte Mauerwerk noch tagelang zu nässen; Putzflächen sind etwa 2—3 Wochen lang feucht zu erhalten. Bei Verwendung des Mörtels ist auf einen schnellen Verbrauch zu achten; Mörtel, der auch nur kurze Zeit steht, wird unbrauchbar.

Ein *geringer Kalkzusatz* macht den Zementmörtel geschmeidiger und dichter. Über die neuzeitlichen hervorragenden Zement-, Traß-, Kalkmörtel und den Zusatz von Traß zum Zementmörtel bzw. Beton vgl. die Ausführungen auf S. 184 u. flgd.

Über Zementbeton vgl. diesen Abschnitt.

Hochwertige *Spezialzemente* — besser *Zemente mit hoher Anfangsfestigkeit* — sind Portlandzemente, die zunächst in Österreich hergestellt wurden und auf Grund der österreichischen Normenprüfung bereits nach 2 Tagen Druckfestigkeiten von 400 kg/qcm und mehr ergaben. Diese Überlegenheit österreichischer Zemente über die deutschen ist nach Untersuchungen von Dr. Framm, Karlshorst, eine nur scheinbare und vorwiegend bedingt durch die anders geartete Normenprüfung. Eine Nachprüfung deutscher und österreichischer Portlandzemente zeigte, daß 30% der deutschen Erzeugnisse den österreichischen Zementen mit hoher Anfangsfestigkeit gleich sind. Besonders sind derartige Zemente für die Verwendung im Eisenbetonbau bedeutungsvoll, da hier mit ihrer Ausnutzung eine Ausschalung des Bauwerks bereits nach wenigen Tagen, dadurch weiterhin eine günstige Beeinflussung des Schwindvorganges und eine Abkürzung der Bauarbeiten bedingt ist.

β) ***Der Eisenportlandzement.*** Eisenportlandzement ist ein mit bis 30% Hochofenschlackenmehl versetzter Portlandzement. Die *Herstellung* des Eisenportlandzements beruht darauf, daß zunächst eine innige Mischung von äußerst feingemahlener Hochofenschlacke und Kalksteinmehl hergestellt und bei Brennen in Schacht- oder Ringöfen zu Formsteinen gepreßt wird, während bei Drehrohröfen naturgemäß das Rohmehl als solches Verwendung findet. Die Rohstoffe werden bis zur Sinterung gebrannt und die so gewonnenen Klinker bis zur Mehlfeinheit pulverisiert; ihnen wird endlich — als einem kalkreichen Zement — ein kalkarmer Zement, und zwar granulierte, gepulverte Hochofenschlacke zugesetzt. Dieser Zusatz an Hochofenschlacke zu den erbrannten Klinkern darf nicht über 30% gehen (Vereinbarungen des Vereins deutscher Eisenportlandzementwerke). Die *Prüfung* ist der des normalen Portlandzements entsprechend. Demgemäß werden vom Eisenportlandzement die gleichen Festigkeitsbedingungen verlangt wie vom Portlandzement, dem der Eisenportlandzement in allen seinen Haupteigenschaften gleicht. Eisenportlandzemente sind raumbeständig, treiben also nicht, können als Rasch-, Normal- oder Langsambinder geliefert werden (für Putz, Gesimsziehen, Arbeiten unter Wasserandrang bzw. für gewöhnliche Mauerarbeiten bzw. für Betonarbeiten, zur Kunststeinherstellung usw.); sie erhärten an der Luft wie auch im Wasser und werden gleich dem normalen Portlandzement im Laufe der Zeit fester, müssen aber auch wie dieser vor dem Austrocknen geschützt und dauernd genäßt werden; die Farbe ist meist blaugrau, wird beim Lagern unter Wasser jedoch oft dunkelgrün (Entstehung von Eisensulfid). Eisenportlandzement eignet sich auch zur Herstellung von Kalkzementmörtel. Hierbei wird zweckmäßig der Kalkbrei durch Hinzufügung von Wasser in Kalkmilch verwandelt und in diese, unter beständigem Umrühren, die vorher fertiggestellte trockne Mischung von Eisenportlandzement mit Sand gefügt. Bei einer Normalmischung 1 : 3 kann bei Wasserlagerung (α) bzw. bei kombinierter Erhärtung (β) (Luftlagerung vgl. S. 175) die Festigkeit des Eisenportlandzementmörtels im Mittel zu:

	nach 28 Tagen α)	nach 28 Tagen β)	
Zugfestigkeit	30,0	33	kg/qcm
Druckfestigkeit . . .	330	360	kg/qcm

angenommen werden. Es scheint, daß Eisenportlandzemente einen besonders guten Widerstand dem Meerwasser gegenüber leisten.

Eisenportlandzemente sind heute bezüglich ihrer Verwendungsmöglichkeit den Portlandzementen *gleich gestellt* (Runderlaß in Preußen vom 16. März 1910[1]) und vom 26. März 1913). In letzterem ist die Verwendung von Eisenportlandzement zu Eisenbetonbauten des Hochbaues behandelt. *Für Eisenportlandzement ist nur basische Hochofenschlacke*, wie sie bei Einschmelzung von Gießereiroheisen fällt, geeignet, und zwar nur nach vorhergegangener Granulation mit schneller Abkühlung.

Das Raumgewicht von 1 kg beträgt i. M. 1,40 eingelaufen, 2,10 eingerüttelt, das spezifische Gewicht (geglüht) 3,25.

Auszug aus den deutschen Normen für einheitliche Lieferung und Prüfung von Eisenportlandzement. Dezember 1909.

Begriffserklärung von Eisenportlandzement. Eisenportlandzement ist ein hydraulisches Bindemittel, das aus mindestens 70% Portlandzement und höchstens 30% gekörnter Hochofenschlacke besteht. Der Portlandzement wird gemäß der Begriffserklärung der Normen des Vereins Deutscher Portlandzement-Fabrikanten hergestellt. Die Hochofenschlacken sind Kalk-Tonerde-Silikate, die beim Eisen-Hochofenbetrieb gewonnen werden. Sie sollen auf 1 Gewichtsteil lösliche Kieselsäure (SiO_2) + Tonerde (Al_2O_3) mindestens 1 Gewichtsteil Kalk und Magnesia enthalten. Der Portlandzement und die Hochofenschlacke müssen fein vermahlen, im Fabrikbetriebe regelrecht und innig miteinander vermischt werden. Zusätze zu besonderen Zwecken, namentlich zur Regelung der Bindezeit, sind nicht zu entbehren, jedoch in Höhe von 3% der Gesamtmasse begrenzt, um die Möglichkeit von Zusätzen lediglich zur Gewichtsvermehrung auszuschließen.

Begründung und Erläuterung. Durch langjährige, staatlich ausgeführte Versuche ist festgestellt worden, daß, wenn geeignete, gekörnte Hochofenschlacke bis zu 30% mit Portlandzementklinkern fabrikmäßig innig gemischt wird, der so erhaltene Zement „Eisenportlandzement“ dem Portlandzement als gleichwertig zu erachten ist und nach dessen Normen beurteilt werden kann.

Der Eisenportlandzement steht unter der regelmäßigen Kontrolle des Vereins deutscher Eisenportlandzementwerke, dessen Mitglieder sich gegenseitig verpflichtet haben, den Eisenportlandzement genau nach der vorstehenden Begriffserklärung herzustellen.

Die weiteren Bestimmungen sind die gleichen wie bei Portlandzement.

---

1) Die preuß. Min.-Verfüg. vom 16. März 1910 besagt betr. des im allgemeinen gleich dem Portlandzement zu Bauten zugelassenen Eisenportlandzements:

Um die Erfahrung bei Verwendung dieses Zements zu erweitern, ist von etwaigen verdächtigen Erscheinungen, die eine schädliche Zusammensetzung der Schlacke vermuten lassen, dem Materialprüfungsamt in Groß-Lichterfelde Mitteilung zu machen.

Insbesondere wird eine Nachprüfung durch das Materialprüfungsamt erforderlich sein, falls die Vermutung vorliegen sollte, daß die Mischung des gelieferten Zements der Probe nicht entspricht.

γ) Hochofenzement. Hochofenzement wird erzeugt aus Hochofenschlacke, und zwar 70—85%, und Portlandzementklinkern, 30—15% die gemeinsam miteinander vermahlen werden; auch hier kann nur basische, glasig granulierte Schlacke Verwendung finden. Auch hier werden in der Regel die Portlandzementklinker unter Zuhilfenahme von Schlacke hergestellt. Die Festigkeit der Hochofenzemente wird in erster Linie durch die Schlacke und deren Eigenschaften bedingt; deshalb kann es auch vorkommen, daß der fertige Hochofenzement größere Festigkeit aufweist als die zu seiner Herstellung benutzte Schlacke. Nach Versuchen von Dr. Passow ergeben sich die folgenden mittleren Festigkeitswerte:

nach 28 Tagen	Zugfestigkeit	Druckfestigkeit	
(Wasserlagerung)	30	380	kg/qcm.
(kombinierte Lagerung)	35	400	kg/qcm.

Von Natur aus sind Hochofenzemente hellfarbig, werden aber — aus Unkenntnis der Verbraucher — oft dunkelfarbig angefordert und alsdann durch Zusatz dunkler gefärbt. Zur Hebung der Reaktionsfähigkeit der Schlacke müssen Hochofenzemente erheblich feiner als die Zemente unter α) und β) gemahlen werden. Ihrer Natur nach sind sie Langsambinder, ausgezeichnet raumbeständig, besonders widerstandsfähig gegen chemische Einflüsse aller Art und demgemäß auch im Seebau gut verwendbar. Nach neueren Versuchen (Dr. Goslich, Zement Nr. 36 u. 37, 1921) haben sich manche Eisenportland- und im besonderen Hochofenzemente nicht so rostschützend erwiesen, wie normale Portlandzemente. Bei beiden ist demgemäß (im Verbundbau) zur Erreichung vollkommener Dichte eine besonders fette Mischung in der Nähe der Eiseneinlagen und ausreichende Überdeckung ($\geq$ 2 cm) besonders geboten.

Durch Runderlaß in Preußen vom 22. November 1917 ist auch Hochofenzement gleich Portland- und Eisenportlandzement zur allgemeinen Verwendung zugelassen. Auch hier stimmen die „Normen für Hochofenzement" mit den vorstehend mitgeteilten für Portlandzement bis auf die nachfolgend mitgeteilten besonderen Abschnitte überein.

Auszug aus den deutschen Normen für einheitliche Lieferung und Prüfung von Hochofenzement. November 1917.

Begriffserklärung von Hochofenzement. Hochofenzement ist ein hydraulisches Bindemittel, das bei einem Mindestgehalt von 15% Gewichtsteilen Portlandzement vorwiegend aus basischer Hochofenschlacke besteht, die durch schnelle Abkühlung der feuerflüssigen Masse gekörnt ist. Hochofenschlacke und Portlandzement werden miteinander fein gemahlen und innig gemischt.

Zur Herstellung von Hochofenzement dürfen nur beim Eisen-Hochofenbetriebe gewonnene Schlacken von folgender Zusammensetzung verwendet werden:

$$\frac{CaO + MgO + 1/3\,Al_2O_3}{SiO_2 + 2/3\,Al_2O_3} > 1.$$

Die Hochofenschlacke darf nicht mehr als 5% MnO enthalten.

Der beigemischte Portlandzement wird gemäß der Begriffserklärung der Normen des Vereins Deutscher Portlandzement-Fabrikanten hergestellt.

Zusätze zu besonderen Zwecken, namentlich zur Regelung der Abbindezeit, sind in Höhe von 3% des Gesamtgewichts begrenzt, um die Möglichkeit von Zusätzen lediglich zur Gewichtsvermehrung auszuschließen.

Begründung und Erläuterung. Beim Hochofenzement ist der Hauptträger der Erhärtung die Hochofenschlacke; der zugesetzte Portlandzement, der als Hilfsmittel unentbehrlich ist, übernimmt eine Nebenrolle.

Der Hochofenzement der Vereinswerke steht unter der regelmäßigen Kontrolle des Vereins deutscher Hochofenzementwerke, dessen Mitglieder sich gegenseitig verpflichtet haben, den Hochofenzement genau nach der vorstehenden Begriffserklärung und den folgenden Bedingungen herzustellen.

Verpackung und Gewicht. Hochofenzement wird in der Regel in Säcke oder Fässer verpackt. Die Verpackung soll außer dem Rohgewicht und der Bezeichnung „Hochofenzement" die Firma oder Marke des Werkes und sofern das Werk dem Verein deutscher Hochofenzementwerke angehört, das in die Zeichenrolle des Patentamts eingetragene Warenzeichen des Vereins in deutlicher Ausführung tragen.

Begründung und Erläuterung. Da bei Verpackung sowohl in Säcken wie in Fässern verschiedene Gewichte in Gebrauch sind, so ist die Aufschrift des Rohgewichts unbedingt nötig. Durch die Bezeichnung „Hochofenzement" soll dem Käufer Gewißheit gegeben werden, daß die Ware der diesen Normen vorgedruckten Begriffserklärung entspricht.

Abbinden. Der Erhärtungsbeginn von normal bindendem Hochofenzement soll nicht früher als eine Stunde nach dem Anmachen eintreten. Für besondere Zwecke kann rascher bindender Hochofenzement verlangt werden, welcher als solcher gekennzeichnet sein muß. Hochofenzement muß trocken und zugfrei gelagert und *möglichst frisch verarbeitet werden.*[1])

Feinheit der Mahlung. Hochofenzement soll so fein gemahlen sein, daß er auf dem Siebe von 4900 Maschen auf 1 qcm höchstens 12% Rückstand hinterläßt.

1) Der Schlußsatz: „Hochofenzement muß trocken und zugfrei gelagert und möglichst frisch verarbeitet werden" ist in den Portland- und Eisenportlandzementnormen nicht enthalten. Die Versuche haben nämlich gezeigt, daß es zweckmäßig ist, Hochofenzement vor dem Gebrauch nicht lange lagern zu lassen. Deshalb empfiehlt sich die Verwendung von „wenig abgelagertem" Hochofenzement. Will man in dieser Hinsicht sicher gehen, so kann man den Tag der Einfüllung auf der Verpackung vermerken lassen, oder man kann — da durch den Aufdruck des Datums eine wiederholte Benutzung der Fässer und Säcke erschwert wird — bei der Einfüllung kleine Täfelchen mit dem Datum des Fülltages einlegen lassen (aus dem Runderlasse vom 22. November 1917).

Begründung und Erläuterung. Da Hochofenzement fast nur mit Sand, in vielen Fällen sogar mit hohem Sandzusatz verarbeitet wird, die Festigkeit eines Mörtels aber um so größer ist, je feiner der dazu verwendete Hochofenzement gemahlen war (weil dann mehr Teile des Hochofenzements zur Wirkung kommen), so ist die feine Mahlung des Hochofenzements von Wichtigkeit.

Es wäre indessen irrig, wollte man aus der feinen Mahlung allein auf die Güte eines Hochofenzements schließen.

Den unter β) und γ) genannten Zementen — allerdings nur äußerlich — nahe steht der

δ) ***Schlackenzement.*** Während die vorstehend behandelten Bindemittel durch Erbrennen gewonnen werden, bestehen Schlackenzemente nur aus in Pulverform gelöschtem Kalkhydrat (Wasserkalk) mit fein gepulverter, granulierter Hochofenschlacke; Farbe lichtgrau bis bräunlich; in Fässern von 200 kg Bruttogewicht und in Säcken im Handel, verhältnismäßig schnell abbindend (Raschbinder spätestens nach 10 Minuten, Langsambinder nicht vor 30 Minuten). Erhärtung nach 15—20 Stunden. Wassermörtel, jedoch nicht für Bauteile, die einer starken Wasserbewegung ausgesetzt sind, auch bei Frostwetter nicht verwendbar. Festigkeitsmindestzahlen im Mittel wie die des normalen Portlandzements bei langsamer Bindung; beim Raschbinder hiervon etwa $^2/_3$. Mischung 1 : 1 bis 1 : 5 (Kalk: Schlacke) meist 1 Kalk : 2 Schlacke, mit 1—3 Sand als Mörtel zu verwenden.

Schlackenzemente sind also etwas ganz anderes wie Eisenportland- oder Hochofenzemente, sie sind *Mischzemente.* Da bei ihnen leicht das Kalkhydrat Luftkohlensäure aufnimmt und hierdurch der Kalk als Mörtelbestandteil unwirksam wird, so sind die Schlackenzemente — als *nicht lagerbeständig* — frisch zu verbrauchen. Da dieser Mangel naturgemäß die Festigkeitsverhältnisse ungünstig beeinflussen kann, haben die Schlackenzemente in der baulichen Praxis in Deutschland bei weitem nicht die Bedeutung gewonnen wie die unter α), β) und γ) aufgeführten, durch Erbrennen gewonnenen wirklichen Zemente.

III. Hydraulische Zuschläge, im besonderen Traßmörtel.

Neben den ausländischen natürlichen Stoffen: *Puzzolanerde* (eine vulkanische Asche vom Vesuv von braunroter, grauer bis schwarzer Farbe, die nächst dem Orte Puzzuoli bei Neapel sich findet) und *Santorinerde* (grauweißes, lockeres Pulver aus vulkanischem Bimssteinsand und feiner Auswurfsasche bestehend, von der Insel Santorin) ist für deutsche Verhältnisse als besonders wertvoll zu nennen:

Der *Traß* (vgl. S. 21). In der weiteren Bearbeitung ist unter *Traß* ganz ausschließlich das vulkanische Trachyt-Tuff des Andernacher Bezirks aus dem Nettetal (Kruft, Plaidt, Kretz) verstanden, d. h. das Material, welches sich durch Jahrhunderte als Mörtelbildner in allen Verwendungsgebieten baulich bewährt hat und u. a. von Intze-

Aachen bei seinen, für eine allgemeine Verwendung der Traßmörtel bahnbrechende Talsperrenbauten ausschließlich benutzt wurde. Für diese wurde nur der blaugraue Plaidter-Traß, also die beste Traßlage überhaupt, zugelassen.

In neuerer Zeit sind Bestrebungen im Gange, welche den Begriff Traß bautechnisch verallgemeinern wollen[1]) und ihren Niederschlag in neuen, vom Andernacher Traß-Bezirk nicht anerkannten Normen (aufgestellt vom Deutschen Verbande für die Materialprüfung der Technik) gefunden haben. Nach diesen neuen Normen (vom 27. 1. 22) wird unter Traß ein feingemahlener, vulkanischen Auswurfsmassen entstammender Tuffstein verstanden, dessen Steinmehl nach Mischung mit Kalkhydrat ein an der Luft und unter Wasser erhärtendes Bindemittel ergibt. Für eine Mischung 1 Traß : 1 Kalkteig : 1 Sand wird nach 28 tägiger Erhärtung (hiervon 3 Tage an feuchter Luft, 25 unter Wasser) eine Zugfestigkeit von mindestens 14 kg/qcm und eine Druckfestigkeit von wenigstens 70 kg/qcm verlangt. Diesen Zahlen gegenüber sei hervorgehoben, daß mit dem Andernacher Trachyt-Traß sich bei der Normalprobe durchaus Festigkeitszahlen von $>$ 18 und $>$ 100 kg/qcm gewinnen lassen. Traß gelangt entweder (meist) feingemahlen in Sackpackung oder bei ausgedehnten Verwendungsstellen in Stückform zur Versendung. Hierbei werden die drei geologisch aufeinander folgenden mineralogisch kaum verschiedenen Formen, der gelbe, graue und blaue Traß, in der Regel gleichmäßig auf das Mahlgut bzw. die Lieferung verteilt. Traßmörtel können mit Kalk, mit Zement und mit beiden Rohstoffen gewonnen werden. Je nach der Mischung führt er zu Luft-, vorwiegend aber zu hydraulischen Mörteln und unter ihnen zu den besonders wertvollen Zement-Traß-Kalkmörteln.

a) **Kalk-Traßmörtel.** Übliche Mischungen sind:

		Notwendig für 1 cbm Mörtel			
		T. 1 = kg[2])	gelöscht K. l	S. l	W. l
1	1 ½ R.-T. Traß + 1 R.-T. Kalkteig + 1 ¾ R.-T. Sand	500	340	560	140
2	1 ½ „ „ + 1 „ „ + 2 „ „	488	325	650	150
3	1 „ „ + 1 „ „ + 2 „ „	350	350	700	140
4	1 „ „ + 2 „ „ + 3 „ „	185	370	925	150

Mischung 1 für Talsperren, von *Intze* eingeführt und heute noch meist innegehalten; Mischung 2 guter dichter Traßmörtel für Wasserbauten aller Art; Mischung 3 und 4 verlängerter Traßmörtel für Bauausführungen über Wasser.

Der Mörtel in geeigneter Mischung ist sehr hydraulisch, erreicht schon nach kurzer Zeit ausreichende Festigkeit und ist billiger als Zementmörtel.

1) Vgl. hierzu: Der Bauingenieur 1921 Heft 8, 1922 Heft 1 u. 8.
2) 100 l Traß wiegen rund 100 kg.

Die Festigkeit des meistverwendeten Mörtels ($1^1/_2 + 1 + 1^3/_4$) Nr. 1 kann

i. M. nach 6 Wochen	auf Zug zu	15,0 kg/qcm;	auf Druck zu	100 kg/qcm
„ 18 „		21,5 „		180 „

gerechnet werden. Als Verhältnis beider Festigkeiten ist $\frac{k_z}{k_d} = {}^1/_7$ anzunehmen.

Die Mörtel werden unter Wasser fester als an der Luft[1]); sie eignen sich besonders für Bauten, bei denen es sich um große Mauermassen handelt, da sie die Fähigkeit haben, längere Zeit elastisch zu bleiben als reiner Zementmörtel; auch ist ihre Dichtigkeit sehr groß, bei den meistverwendeten Mischungen zwischen 3 und 4 schwankend, stets aber > 1.

Bei Traß-Kalkmörteln, aus Kalkpulver von Lahnkalk mit normalkörnigem Rheinsand gemengt, fand Dr.-Ing. E. h. *Hambloch*-Andernach die folgenden Festigkeiten:

Mischung	Druckfestigkeit in kg/qcm nach 28 Tagen	1 Jahr	2 Jahren
1 : 1 : 1	104,0	138,5	158,0
1 : 1½ : 2	99,5	157,0	194,0
1 : 2 : 3	75,0	128,0	146,0
1½ : 1½ : 2	120,0	190,0	221,0

Es ergibt sich, daß bei den reinen Traß-Kalkmörteln nicht die fetteste Mischung immer die höchsten Druckfestigkeiten liefert; hier spricht auch die Eigenfestigkeit der *sandreichen* Mischungen mit; bezüglich der Zugfestigkeit dieser Mörtel zeigte sich jedoch, daß der fetteren Mischung auch die größere Zugfestigkeit entsprach.

Weitere Hamblochsche Versuche mit einer Mischung aus $1^1/_2$ Raumteilen Traß, $1^1/_4$ Lahnkalkteig und 2 Normal Sand lieferten die folgenden Festigkeitsergebnisse:

Alter der Versuchskörper	28	60	90	180 Tage	1 Jahr	2 Jahre
Druckfestigkeit	110	145	180	245	290	350 kg/qcm
Zugfestigkeit	20,5	24,0	26,5	28,0	34,0	37,5 „

Auch hier zeigte sich, daß diese Mörtel unter Wasser fester werden als an der Luft.

b) **Zement-Traßmörtel.** Durch Zusatz von Traß zum Zementmörtel wird ein noch festerer Mörtel, als es der Kalk-Traßmörtel ist, erzeugt. Nach Untersuchungen von Dr. Hambloch[2]) sollte der Traßzusatz nicht höher genommen werden als 0,7 Raumteile auf 1 Raumteil Zement, da eine solche Mischung die besten Ergebnisse gezeitigt hat. Zement und Traß sind hierbei trocken zu vermengen. Bewährte Mischungen für Wasserbauten sind:

1) Bei Lufterhärtung wirkt ein geringer Gehalt an Portlandzement günstig.

2) Der Traß, seine Entstehung, Gewinnung und Bedeutung im Dienste der Technik, von A. Hambloch, Berlin 1909, Julius Springer, und weitere Arbeiten dieses Verfassers.

1. im Hafenbau: 1 Zement + ($^3/_4$)—1 Traß + 4—5 Sand + 1,20 Wasser = rund 4,86 Mörtel;

2. für Schleusenbauten u. dgl.: 1 Zement + ($^3/_4$)—1 Traß + $2^1/_2$—4 Sand + 1,0—1,20 Wasser = 3,34—4,56 Mörtel.

Dichtigkeit > 1.

Auf 1 cbm Mörtel sind zu rechnen rund bei:

Mischung 1	240 l Zement	+ 240 l Traß	+ 960 l Sand	+ 290 l Wasser
	205 „ „	+ 205 „ „	+ 1030 „ „	+ 290 „ „
„ 2	320 „ „	+ 320 „ „	+ 800 „ „	+ 290 „ „
	240 „ „	+ 240 „ „	+ 960 „ „	+ 290 „ „

Durch *Traßbeimengung* wird der Zementmörtel geschmeidiger, dichter, meist auch billiger; auch nimmt seine *Widerstandskraft gegenüber den schädlichen Einwirkungen des Seewassers* zu. Diese Erscheinung dürfte ihren Grund darin haben, daß beim Erhärten der Zementmörtel sich Ätzkalk, nicht an Silikate gebunden, sondern in kristallinischer Form ausscheidet, der durch die Kieselsäure des Trasses chemisch gebunden und somit der Zerstörung durch die Einwirkung des Seewassers entzogen wird.

Durch große Versuchsreihen des Wasserbauamtes Köln a. Rh. (mehr als 28000 Versuchskörper) wurde erwiesen, daß bei *eingehämmerten* Mörteln und bei einem Mischungsverhältnis 1 : 4 die Druckfestigkeit der reinen Zement-Sandmörtel zwar absolut höher ist als bei Zusatz von Traß (von 30—48 Gewichtsteilen), daß aber Zement-Traßmörtel mit 65 bzw. 70 Gewichtsteilen Zement zu 35 bzw. 30 Gewichtsteilen Traß dem Zement-Sandmörtel 1 : 4 nicht erheblich nachstehen, schon nach 28 Tagen Erhärtung ihm nahekommen und im Laufe der Zeit an seine Festigkeit immer mehr heranreichen:

Mischung	Druckfestigkeit [1]) nach		
	28 Tagen	90 Tagen	1 Jahr
1 Zement : 4 Sand	180 (140)	290 (260)	400 (265) kg/qcm
0,65 Zement : 0,35 Traß : 4 Sand	120 (127)	220 (215)	305 (247) „
0,70 Zement : 0,30 Traß : 4 Sand	135 (110)	255 (190)	335 (235) „

Ersetzte man bei den vorgenannten Mischungen den Traß durch Feinsand, so ging die Druckfestigkeit ganz bedeutend zurück. Hieraus folgt der Beweis, daß der Traß nicht nur physikalisch zur Verdichtung des Zementmörtels dient, sondern auch eine ziemlich erhebliche Bindekraft in Verbindung mit ihm entwickelt.

Besonders *günstig* aber wirkte auch bei den Kölner Versuchen der Traßzusatz auf die *Zugfestigkeit* des Zementmörtels 1 : 4 ein. Hier ist die Festigkeit der Traß-Zementmörtel fast durchgehend der des reinen Zementmörtels überlegen. Wird an Stelle von Traß auch hier

1) Die ersten Zahlen sind die Druckfestigkeiten bei gemischt körnigem Rheinsande, die zweiten — eingeklammerten — die bei normalkörnigem Rheinsande gefundenen.

Steinmehl zugesetzt, so zeigt sich — gleichlaufend wie bei der Druckfestigkeit — eine starke Festigkeitsverminderung — wiederum ein Beweis für die chemisch aktive Arbeit des Trasses.

Bei den Mischungen 1 : 5 und 1 : 8 zeigte sich eine Überlegenheit des Traß-Zementmörtels bei *normalkörnigem* Rheinsande auch in bezug auf die Druckfestigkeit, während bei *gemischtkörnigem* Sande ein unerheblicher und für die Baupraxis ziemlich bedeutungsloser Rückgang eintrat. Bei allen diesen Mischungen wurde aber die Zugfestigkeit durch den Traßzusatz erheblich vergrößert.

Noch allgemein günstiger stellte sich die Zumischung von Traß bei den an der Luft erhärteten *eingefüllten* Proben. Hier läßt sich das Gesamtergebnis dahin zusammenfassen, daß sowohl Druck- als auch Zugfestigkeit im allgemeinen durch eine Beimengung von Traß zum Zementmörtel erhöht werden. Dieses Ergebnis ist — wie auch die Veröffentlichung über diese Versuche in Beton und Eisen 1914, Heft XIII hervorhebt — für die Verwendung des immer mehr in Frage kommenden Schütt- und Gußbetons von hoher Bedeutung. Deshalb erscheint es angebracht, auch bei diesem Beton stets einen bestimmten Traßzusatz zu verwenden, um so mehr als hier die langsamere Erhärtung, die ein Traßzusatz bei Stampfbauten zur Folge hat, einen verhältnismäßig geringeren Einfluß ausübt.

Zusammengefaßt lassen also die vorerwähnten Versuche erkennen, daß eine Traßbeimengung zum reinen Zementmörtel mit diesem eine chemische Bindung eingeht, hierbei mit einer Erhöhung der Zugfestigkeit des Mörtels bzw. Betons zu rechnen ist, aber auch in vielen Fällen auf eine Vermehrung der Druckfestigkeit gezählt werden kann, jedenfalls aber bei geeignetem Mischungsverhältnisse kein nennenswerter Festigkeitsrückgang zu gewärtigen steht. Hierzu kommt der Umstand, daß die Traßverwendung auch im *wirtschaftlichen* Sinne günstig wirkt.

c) **Traß-Zement-Kalkmörtel.** Hier empfiehlt sich eine Mischung (nach Dr. Hambloch) von $1^1/_2$ Raumteilen Traß, 1 Raumteil Zement, $^2/_3$ Raumteilen Kalk und 4 Raumteilen Sand.

Dieser bei angeforderter hoher Elastizität, besonderer Dichtheit und sehr hoher Beanspruchung zu verwendende Mörtel zeigte die folgenden Festigkeiten (nach Dr. Hambloch):

nach	28	60	96	180 Tagen	1 Jahr	2 Jahren
Druckfestigkeit	240	295	355	440	515	620 kg/qcm
Zugfestigkeit	32	36,5	41	45	51	58 „

Es beträgt mithin das Verhältnis beider Festigkeiten in den späteren Erhärtungszeiten rund $^1/_{10}$.

Besonders hervorgehoben aber sei, daß bei all den vorliegenden Versuchen und Erfahrungen in der Praxis es sich ausschließlich um einen teilweisen Ersatz von *Portland*zement oder um einen Zusatz zu diesem handelt. Nur für einen solchen, nicht für die aus Hochofenschlacke gewonnenen Zemente sind die Versuche durchgeführt. Bei einem Portlandzement ist es der freie Kalk, auf den die aktive Kieselsäure des

Trasses einwirken kann, und zwar wird naturgemäß dieser Einfluß sich um so stärker geltend machen, je kalkreicher der Portlandzement ist; also auch hierauf wird bei der Anwendung von Traß zu achten sein.

Nicht unwahrscheinlich ist, daß auch Traß auf Eisenportland- und Hochofenzement einen günstigen Einfluß ausüben kann; hier liegen aber zurzeit noch keine ausreichenden Versuche vor, um der Frage näherzutreten.

Über die Verwendung von Traßmörtel zu „Beton" vgl. diesen Abschnitt.

IV. Grobmörtel — „Beton".

Beton oder Grobmörtel wird unter Verwendung von Portland-, Eisenportland- oder Hochofenzement hergestellt, daneben aber auch unter Zusatz hydraulischer Zuschläge gewonnen.

Zementbeton kann sein: fett, 1 Zement + 2 Sand + 4 Steine bzw. 1 : 3 : 4, mager, 1 : 3 : 6 usw. Je nach den Bestandteilen und der Mischung schwankt das Raumgewicht des fertigen Erzeugnisses zwischen 2,4 und 2,1; als Mittelwert wird meist 2,2 und 2,3 gerechnet; bei Zusatz von Ziegelbrocken ist $r = 1{,}9$, bei Schlacken 1,3—1,8, bei Bimskies etwa 1,7. Der Beton ist um so fester, je höher sein Zementgehalt und je besser die Güte seiner Zuschlagsmaterialien ist. Harter Steinschlag ist besser als Kiesgerölle; von ersterem empfiehlt sich zweckmäßig eine solche Menge, daß die Steinbrocken allseits vom Zementmörtel umgeben und fest durch ihn verkittet werden. Ein solcher, an Steinen reicher Beton verhält sich zudem günstig bei Temperaturbeanspruchungen, da seine Formänderung eine verhältnismäßig geringe ist.

Nur zu Arbeiten unter Wasser oder bei starkem Wasserandrange ist schnellbindender Zement zu verwenden; wird der Beton gegossen, so erlangt er nach 28 Tagen bei weitem nicht die Festigkeit (etwa nur $^1/_3$), welche durch ein Stampfen des Betons zu erreichen ist; nach einiger Zeit aber werden die Festigkeiten annähernd gleich. Über die üblichen Betonmischungen, ihre Ausgiebigkeit, ihre Druckfestigkeit, ihre Verwendung, zulässige Druckbelastung usw. gibt die Zusammenstellung auf S. 192 Aufschluß.

Durch einen Transport des Betons wird, vorausgesetzt, daß keine Entmischung eintritt, die Druckfestigkeit des Betons erhöht. Hierauf beruht der Transportbeton von Magens, Hamburg.

Der *Wasserbedarf* ist verschieden, je nachdem der Beton erdfeucht oder weich (plastisch) ist (7—10% Wasser) oder in Form von Gußbeton (10—15% Wasser) Verwendung findet. Während Stampfbeton so trocken ist, daß er sich in der Hand noch ballen läßt, enthält Weichbeton so viel Wasser, daß die Ränder der durch einen Stampfstoß gebildeten Vertiefung kurze Zeit stehen, dann aber langsam verlaufen, während Gußbeton „fließt". Stampfbeton wird vorwiegend bei zusammenhängenden Massivbauten bevorzugt, während für Eisenbetonbauten ein plastischer, wasserreicher bzw. Gußbeton notwendig ist, um eine vollkommen sichere Einbettung der Eisen zu erreichen. Zudem bildet sich hier bei Beton mit *höherem Wassergehalt* um die Eisen herum eine mit Zement angereicherte Schicht, die einen besonders guten Rostschutz für das Eisen abgibt und zudem dessen sichere Haftung im Beton bewirkt. Auch hat sich gezeigt, daß Gußbeton im *Verbundbau* in Anbetracht des Fehlens der Stampffugen dem Stampfbeton an Festigkeit nicht unterlegen ist, sich ihm gegenüber aber durch größere Dichtigkeit, schnellere Bauausführung und nicht unerhebliche Herstellungsersparnisse auszeichnet. Wegen der Anforderungen an Gußbeton und seine Einbringung im Bau sei auf die nachfolgenden Vorschriften für die Ausführung von Bauwerken aus Beton vom Jahre 1915 verwiesen.

Beton wird durch die *Würfelprobe* beurteilt. Bei wasserhaltigem Beton sind die Probewürfel in absaugenden Gipsformen (nach Gary) zu erzeugen, um ein der Praxis wenigstens angenähert angepaßtes Ergebnis zu liefern. Die zu prüfenden Würfel haben 20 cm Kantenlänge. Über die Durchführung der Druckversuche vgl. die Bestimmungen auf S. 202.

Die *Zuschlagstoffe* zum Zement sollen möglichst gemischtkörnig sein, im Sinne eines möglichst dichten Betons. Demgemäß ist *die* Mischung in dieser Hinsicht die beste, der das größte Einheitsgewicht entspricht. Steinschlag ist hierbei dem Kies, Grubenkies dem Flußkies vorzuziehen. Die Eignung von *Hochofenschlacke* für den Beton ist in der Regel zu bejahen. Wenn demgemäß auch im allgemeinen Eisen-Hochofenschlacken ein recht geeignetes Zuschlagsmaterial darstellen, so sind doch auch in seltenen Fällen *nichtbeständige* und deshalb dem Betonbau gefährliche Schlacken beobachtet worden. Da bisher kein leicht erkennbares Merkmal zur Unterscheidung guter und auszuschließender Schlacken gefunden ist, wird der Lieferer deren Güte und Beständigkeit zu vertreten haben.

Sand, Kies, Steinschlag usw. werden nach Raumteilen, Zement nach Gewicht bemessen; hierbei ist letzteres für 1 cbm lose eingefüllten Zement zu 1300 kg anzunehmen.

Unter *Leichtbeton* wird ein Beton verstanden, der neben normalen Festigkeitsverhältnissen sich durch ein sehr herabgemindertes Raumgewicht auszeichnet, dabei aber durchaus dicht und besonders elastisch ist. Dies wird bewirkt einmal durch geeignete Zuschlagstoffe (Schlacke, Bimskies u. dgl.), zum anderen durch besondere Zufügung zum Zementmörtel, namentlich durch Traßzusatz. Über Leichtbeton sind die Versuche noch nicht abgeschlossen. Seine Verwendung ist besonders wertvoll für den Bau von Eisenbetonschiffen, aber auch sonst für alle anderen Tragwerke in hohem Grade bedeutungsvoll.[1])

1) Aus französischen Versuchen (*Rabut*, *Mesnager*) geht hervor, daß bei gleichem Zementzusatz Schlackenbeton etwas widerstandsfähiger ist als Kiesbeton, daß Schlackenbeton 30—40% weniger wiegt, daß das Verhältnis der Festigkeit zum Gewicht ein Größtwert ist für einen vier- bis fünfmal

Größere Versuche über Leichtbeton sind anläßlich der Erbauung von Eisenbetonschwimmkörpern aller Art von der A.-G. Dyckerhoff und Widmann durchgeführt worden.

Als Ergebnis der Versuche können folgende Hauptgesichtspunkte festgehalten werden: Raumverhältnisse von Zement zu Traß 1: 0,3—0,6. Die Zuschläge sind je nach dem Zweck auf das 2,5—3,5fache der Zementmenge in Raumteilen zu wählen, wobei entsprechend dem Wert von Festigkeit oder Leichtigkeit die Verhältnisse zwischen den Festigkeits- und Leichtmaterialien zu variieren sind. Die Korngröße der Zuschläge spielt hierbei eine besonders wichtige Rolle, da diese im wesentlichen die Geschmeidigkeit des Mörtels beeinflußt und zu große Teilchen durch Absetzen bzw. Aufschwimmen leicht eine Entmischung des steifflüssigen Mörtels zur Folge haben können, besonders wenn stellenweise zur Verarbeitung etwas mehr Wasser zugesetzt werden muß. Für das Steinmehl hat sich hierbei eine Korngröße bis zu 3 mm, für Rheinsand und Bims eine solche bis zu 5 mm als zweckmäßig erwiesen.

Für die Festigkeiten der verschiedenen Mischungsverhältnisse ist naturgemäß einerseits das Verhältnis der Bindemittel zu den Zuschlägen, anderseits das Verhältnis der Festigkeitszuschläge zu den Leichtzuschlägen von bestimmendem Einfluß.

Die Zusammenstellung auf S. 191 läßt die Größe der bei den Dyckerhoffschen Versuchen gefundenen Raumgewichte und Festigkeitszahlen erkennen.

Die Elastizitäts- und Festigkeitsverhältnisse von Beton.

Die *Elastizitätszahl* (E) des Betons ist keine Konstante, sondern abhängig in erster Linie von der Spannungsgröße, auch Spannungsart, von dem Wasserzusatz, dem Alter des Betons, der Art und Summe der Zuschlagstoffe, der Herstellungsart des Betons (Hand- bzw. Maschinenmischung) u. a. m.

Je höher die Spannung ist, desto geringer wird E. Diese Größe wächst mit dem Alter, nimmt mit dem stärkeren Wassergehalt ab; sein Größtwert tritt in den Mischungen von 1 : 1,5 bzw. 1 : 2 auf, unter- und oberhalb dieser Grenzen zeigen sich also kleinere Werte. Als Mittelwert für die üblichen Spannungen kann bei Druck mit etwa $E = 200000$ kg/qcm,

kleineren Raumteil an Sand als an Schlacke, daß endlich eine chemische Einwirkung durch der Schlacke anhaftenden Schwefel im allgemeinen nicht zu befürchten steht. Aus solchem Leicht-Schlackenbeton sind bereits in Frankreich Brückenbauten, Verbundpfähle usw. bei bedeutender Gewichtsersparnis mit bestem Erfolge hergestellt worden. Vgl. Der Leichtbeton und die Höchstleistungen bei der Errichtung großer Bauten von *P. Knauff* im „Bauingenieur" 1920; betr. Leichtbeton im Schiffbau: *Boon*, Bau von Schiffen aus Eisenbeton, 1918, *Petry*, Zur Frage des Eisenbetonschiffbaus, Heft 13 der „Zementverarbeitung", 1920; *Teubert*, Der Eisenbetonschiffbau, 1920, sowie — besonders wertvoll — den Vortrag von *Luft* und *Rüth* über Schwimmkörper aus Eisenbeton auf der Hauptversammlung des Deutschen Beton-Vereins 1920 in dessen Veröffentlichungen und im „Bauingenieur", 1920.

Einige Versuchsergebnisse von Leichtbetonproben.[1])

Nr.	Mischungsverhältnisse in Raumteilen (steifflüssig)										Nach 4 Wochen			Bemerkungen
	Z.	Tr.	Muschelkalk 0—3	Rheinsand 0—5	Rheinkies 5—10	Bimssand 0—5	Bimskies 5—10	Bindemittel	Festigkeitsmaterial	Leichtmaterial	Raumgew.	Zugf kg/qcm	Druckf. kg/qcm	
1	1	0,5	—	0,67	0,33	1 (zusammen 2,0)	—	1,2	1,3	1,0	1,95	33	305	Unnötig hohe Festigkeiten, zu schwer und zu teuer.
2	1	0,5	—	0,5	0,25	1,25 (zusammen 2,0)	—	1,2	1,05	1,25	1,85	30	290	Die Kiesteile 5—10 mm setzen sich leicht ab.
3	1	0,5	—	—	—	2,0 (zusammen 2,0)	—	1,2	0,3	2,0	1,55	20	180	Wegen Fehlens der Festigkeitsmaterialien trotz fetter Mischung geringe Festigkeit
4	1	0,5	—	1	0,5	1,5 (zusammen 3,0)	—	1,2	1,8	1,5	1,95	28	210	Gute Festigkeit, jedoch zu schwer, Kies 5—10 mm setzt leicht ab.
5	1	0,5	—	1	0,5	0,5 (zusammen 3,0)	1,0	1,2	1,8	1,5	1,95	26	220	Grober Bims 5—10 mm schwimmt auf.
6	1	0,5	0,5	0,5	—	2,0 (zusammen 3,0)	—	1,2	1,3	2,0	1,60	24	190	In Festigkeit besser wie Mischung 3 (1:0,5:2) infolge Festigkeitsmaterialien bei nahezu gleichem Raumgewicht.
7	1	0,25	—	1	—	2,0 (zusammen 3,0)	—	1,1	1,15	2,0	1,65	23	175	Raumgewicht größer und Festigkeit geringer wie Mischung 6.

1) Es sind zunächst drei Mischungsverhältnisse 1 Z.: 0,5 Tr.: 2,0 Zuschlägen drei weiteren Mischungsverhältnissen von 1 Z.: 0,5 Tr.: 3,0 Zuschlägen gegenübergestellt, wobei der Einfluß der Verschiedenartigkeit der Zuschläge gezeigt wird. Bindemittel und Zuschlagsmaterialien sind für jede Mischung in Bindemittel, Festigkeits- und Leichtmaterial zusammengezogen, wobei der Traß zu zwei Fünfteln als Bindemittel und zu drei Fünfteln als Festigkeitsmaterial gerechnet worden ist. Die Zusammenstellung gibt die Raumgewichte sowie die Zug- und Druckfestigkeiten der einzelnen Mischungen nach 4 Wochen an und enthält am Schluß eine Bemerkung über die Ergebnisse. Die Mischung 7 der Zusammenstellung zeigt noch den Einfluß einer Traßverminderung und Ersetzung von Muschelkalk durch Rheinsand.

auf Zug mit etwa 230000 kg/qcm gerechnet werden. Im Eisenbetonbau wird in der Regel die Elastizitätszahl des Betons $= \frac{1}{15}$ der des Flußeisens, also $= \frac{2150000}{15} =$ rund 143000 kg/qcm angenommen, da hier bei der Spannungsermittlung mit in der Zugzone bereits gerissenem Beton, also höheren Spannungsständen gerechnet wird.

Nach Angaben der Deutschen Betonvereine (Rundschr. 29 v. J. 21) kann man bei einem Beton aus 1 Raumteil Zement zu n Raumteilen Kiessand berechnen

$$\text{die Zementmenge} = \frac{1{,}33}{1+n}\ \text{cbm}$$

$$\text{den Kiessand} = \frac{1{,}33}{1+n} \cdot n\ \text{cbm.}$$

und ebenso bei einem Beton aus Zement, Sand und Steinschlag im Verhältnisse von 1:n:m Raumteilen diese einzelnen zu:

$$\text{Zement} = \frac{1{,}33}{1+n+m} \cdot \text{cbm}$$

$$\text{Sand} = \frac{1{,}33}{1+n+m} \cdot n\ \text{cbm}$$

$$\text{Steinschlag} = \frac{1{,}33}{1+n+m} \cdot m\ \text{cbm,}$$

Hat man z. B. ein Verhältnis von 1:4:6, so ergibt sich: Zement $= \frac{1{,}33}{11} \cong 0{,}12$ cbm; Sand $= \frac{1{,}33}{11} \cdot 4 = 0{,}48$; Steinschlag $= \frac{1{,}33}{11} \cdot 6 = 0{,}72$ cbm.

Über die *Ausbeute* des Betons und die bei verschiedenen üblichen Mischungen zu erwartenden Druckfestigkeiten gibt die nachfolgende Zusammenstellung Auskunft:

Mischungsverhältnis Z.[1]) : S.[2]) : St.[3])	Ausbeute an Beton	1 cbm Beton erfordert an Z. (lose) cbm	S. cbm	St. cbm	Druckfestigkeit nach 28 Tagen kg/qcm[4])	Zulässige Inanspruchnahme auf Druck kg/qcm	Verwendungsgebiet
1:2:4	4,8	0,21	0,4	0,9	200	45	Gewölbe
1:3:4	5,3	0,13	0,6	0,8	160	35	Pfeiler Decken
1:3:6	6,8	0,15	0,45	0,9	140	30	Fundamente
1:4:8	8,9	0,12	0,46	0,95	120	27	Widerlager u. dgl.
1:5:10	11,4	0,09	0,47	0,93	95	20	Weniger stark belastete Mauern usw.
1:3 —	2,9	0,39	1,04	—	180	40	Eisenbetonbau
1:4 —	3,7	0,32	1,05	—	150	35	

Die *Normalzugfestigkeit* kann im Mittel zu $^1/_{12}$—$^1/_{15}$ der Normaldruckfestigkeit, die *Schubfestigkeit* zu etwa $^1/_7$ des letzten Wertes gesetzt werden. Als zulässige Spannung empfehlen sich hier Werte, die mit einer

1) Z = Zement; 2) S. = Sand; 3) St. = Steine.

4) Hier können naturgemäß nur Mittelwerte gegeben werden. Die oben angegebenen zulässigen Druckspannungen setzen eine etwa 4,5fache Sicherheit voraus.

rund 6—8fachen Sicherheit ermittelt sind. Die nach *Navier* berechnete Biegungsdruckfestigkeit ist etwa das 1,7fache, die Biegungszugfestigkeit etwa das 2fache der entsprechenden Normalfestigkeiten.

Im Mittel kann man demgemäß damit rechnen, daß bei normalem Stampfbeton 1 : 3 : 4 bis 1 : 4 : 8 ein Aufklaffen von Betonfugen bei Biegungsbelastung in der *Zugzone* erst bei einer *Biegungs*zugspannung (berechnet nach *Navier*) von etwa 16—20 kg/qcm zu befürchten steht, so daß bei einer 8fachen Sicherheit kein Bedenken gegen die Zulassung einer Zugbiegungsbeanspruchung bis zu 2,0 oder 2,5 kg/qcm zu erheben ist. Demgemäß ist auch die oft vertretene Forderung, daß in Stampfbetongewölben usw. die Drucklinie im inneren Drittel verbleiben soll, nicht haltbar. Beim *Verbundbau* (Beton 1 : 4) stellt sich die Biegungszugfestigkeit, von der an erst mit dem Auftreten von Zugrissen zu rechnen ist, auf rund 24 kg/qcm.

Die Schubfestigkeit kann im Mittel zu rund 25—30 kg/qcm angenommen und hieraus die zulässige Beanspruchung auf Schub zu rund 4 bis 4,5 kg/qcm festgelegt werden.

Die für den Verbundbau besonders bedeutsame Haftfestigkeit zwischen Eisen und Beton kann im Mittel bei Normalbelastung zu rund 22,5 kg/qcm, bei Biegungsbeanspruchung etwa zu demselben Werte gerechnet werden, woraus sich bei rd. 5facher Sicherheit die zulässige Haftspannung zu 4,5 kg/qcm ergibt, d. h. zu einem Werte, der der erlaubten Schubspannung im Beton entspricht. Die Zweckmäßigkeit, diese beiden Zahlen zusammenfallen zu lassen, folgt auch aus der Überlegung, daß das Eisen im Beton unter Umständen sich mit einer dünnen Zementhaut herauslösen kann, wobei die Betonschubfestigkeit in Frage kommt.

Von besonderen Eigenschaften des Betons, die für seine Verwendung im Verbundbau bedeutsam sind, seien erwähnt:

Das Schwinden bzw. Zusammenziehen des Betons beim Erhärten an der Luft, seine Ausdehnung, sein „Quellen“ beim Abbinden unter Wasser — Eigenschaften, durch die im Verbundbau Anfangsspannungen — je nach der Art des Erhärtungsortes — ausgelöst werden. Für Zementmörtel 1 : 3 bis 1 : 5 ist das Schwindmaß bis zu $^1/_2$ mm auf 1 m in der Praxis beobachtet worden. Seiner schädlichen Wirkung auf lang sich erstreckende Verbundbauten wird durch Dehnungsfugen, Gelenkanordnungen usw. konstruktiv vorgebeugt; auch wird versucht durch geeignete und richtige Abwägung des Wassergehaltes sowie durch geeignete Zusammensetzung des Betons das Schwindmaß herabzusetzen. Auch hat sich — namentlich bei Behältern — ein bitumenhaltiger Anstrich, z. B. Inertol, gut als Schutz gegen Schwindrisse bewährt.

Beton ist *feuersicher*, wie Versuche und Erfahrungen bei Bränden einwandfrei ergeben haben; im allgemeinen ist hierbei der Schotterbeton dem Kiesbeton als überlegen befunden worden; selbst bei Erhitzung des Verbundbaus um mehrere 100° hat weder die Streck- noch die Bruchgrenze des eingebetteten Eisens eine erhebliche Herabminderung erfahren. Nicht günstig wirkt ein vollkommen luftdichter Außenputz, da er, ohne daß die Tragfähigkeit der Konstruktion zwar erschüttert wird, infolge Ausbildung hochgespannter Wasserdämpfe im Betoninneren an dessen Oberfläche dünnere, flache Schalen zum Abplatzen bringt. Ein Weitergreifen des Feuers verhindert der Beton. Schon eine 8 cm starke Beton- oder Verbundwand ist in dieser Hinsicht bis zu Brenntemperaturen von 1100° C als sicher erprobt worden.

Für den elektrischen Starkstrom ist Beton nur in feuchtem Zustande ein guter, sonst ein schlechter Leiter. Im allgemeinen bildet im Verbundbau ein gut konstruiertes und namentlich vielseitig in metallische Verbindung gebrachtes Eisengerippe einen guten Blitzschutz, und zwar um so mehr, als der Fundamentbeton in der Regel feucht, also gut leitend ist; immerhin ist aber eine Erdung des Eisengerippes der größeren Sicherheit halber zu empfehlen. Bei den vagabundierenden Strömen ist die Wirkung von Wechsel- und Gleichstrom zu unterscheiden. Während bei ersterem keine Schädigung des Eisens im Beton, namentlich kein Rostansatz eintritt, bildet sich bei Gleichstrom durch elektrolytische Vorgänge (Wasserzersetzung und Sauerstoffbildung) Rost, der unter Umständen, infolge der mit ihm verbundenen Volumenzunahme, ein Abspringen von Betonteilen zur Folge haben kann. Deshalb ist eine gute Isolierung der Gleichstromleitungen nahe und in Verbindung mit Verbundbauten geboten.

Beton schützt das Eisen bestens und dauernd vor Rost, wenn er bei ausreichend fettem Mörtel (1 : 3 bis 1 : 4) dicht ist und die Eisen ausreichend stark (2—3 cm) überdeckt. Wenige schlechte Erfahrungen, die in bezug auf die Rostsicherheit der Verbundbauten gemacht worden sind (z. B. Kattowitzer Brücken, vgl. Ztschr. für Bauwesen 1916, Arm. Beton 1917 u. 1918), haben nachweislich ihren Grund in unzweckmäßiger baulicher Anordnung, verbunden mit örtlichen klimatischen besonderen Schädigungen (Gase und Dünste von Zinkhütten z. B.), gehabt. Immerhin ist aber bezüglich der Rostsicherheit größte Vorsicht geboten, vgl. auch S. 181.

Im *Seewasser* hat sich mehrfach Portlandzementbeton nicht gut bewährt, da sein freier Kalk durch die Salze der See angegriffen und gelöst, hierbei der Beton zerstört wurde und zudem durch die mechanische Einwirkung der Wellen Schaden genommen hat. Gegen letzteres wirkt eine glatte, harte Putzfläche am besten, während der chemischen Umsetzung und Zerstörung durch Traßzusätze zum Zement oder durch Verwendung von Eisenportland- bzw. Hochofenzement gewehrt werden kann. In ersterem Falle wirkt die freie aktive Kieselsäure des Trasses dadurch günstig auf den gefährdeten Kalk ein, daß seine vollkommene Bindung in kieselsauren Kalk, nicht angreifbar für Meerwasser, erfolgt.

Nicht günstig wirkt *Moorwasser und Moorboden* auf den Beton ein; hier sind einmal die organischen, vor allem aber auch die anorganischen Säuren schädlich, weshalb neben einer Sicherung der Betonaußenflächen durch Schutzanstriche ein möglichst lichter Beton geboten ist. Von *Salzlösungen*, wie sie in der baulichen Praxis mit Beton in Berührung kommen, wirken recht ungünstig Magnesiumchlorid (sich bildend bei mangelhaft ausgeführten Steinholzdecken, vgl. S. 57), ebenso schwefelsaure, gefährliche Treiberscheinungen hervorrufende Salze, desgl. gärende Flüssigkeiten (wegen der sich hier bildenden Kohlensäure) u. a. m. Hingegen sind unschädlich Kanalwasser und Fäkalien und mineralische Öle, während pflanzliche und tierische Öle durch Vereinigung von deren Fettsäure mit dem Zement den Beton ungünstig beeinflussen. Anderseits greift das *Zementwasser*, d. h. das aus dem Beton durch Atmosphärilien usw. ausgelaugte Wasser, Kupfer, Zink und Blei an. Deshalb sind diese Metalle dort, wo sie in unmittelbare Berührung mit Beton kommen, mit Asphaltpappe u. dgl. gegen die Betonflächen abzudichten.

Beton ist zwar kein schlechter *Wärmeleiter*, aber die Fortleitung der Wärme in ihm geht verhältnismäßig langsam vor sich; der Beton ist wärmeträge; es dauert, je nach der Dicke des Betonkörpers, längere Zeit, ehe er 50—80% der Lufttemperatur annimmt; nur bei unmittelbarer Sonnenbestrahlung kann der Beton als Wärmespeicher wirken und hier — die Wärme nur langsam wieder abgebend — unter Umständen sogar höhere Temperatur zeigen als die Außenluft. Im allgemeinen wird, wenn besondere Wärmeschädigungen von Beton bei der Ausführung ferngehalten werden, ein Temperaturunterschied von $\pm$ 10° C als Wärmeschwankungszahl ausreichend sein. Während des Abbindens ist eine höhere Erwärmung des Betons zu verhindern, da nach Versuchen Temperaturen von + 25—30° C die Druckfestigkeit des Betons ungünstig zu beeinflussen vermögen.

Frost schadet einem bereits abgebundenen weichen Beton unerheblich, hat aber bei noch nicht vollkommen erhärtetem Stampfbeton, wenn die Kälte mehr als 24 Stunden anhält, einen bedeutenden Herabgang der Festigkeit zur Folge; naturgemäß ist dieser Einfluß um so größer, je frischer der Beton ist. Ein abwechselndes Frieren und Auftauen ist in dieser Hinsicht für Stampfbeton weniger schädlich als eine länger andauernde Kältezeit.

Bei stärkerem Frost als — 3° C darf nicht mehr betoniert werden, wenn nicht besondere Sicherungen durch Erwärmen der Baustoffe getroffen werden. Nach Versuchen und praktischen Erfahrungen gestattet die Verwendung einer Chlor-Magnesium-Lösung von 1 : 4 als Anmachewasser bis bei 7° Kälte zu betonieren, ohne an Festigkeit des Betons mehr als $^1/_6$ zu verlieren.

Die *lineare Ausdehnungszahl* beträgt für 1° C i. M. 0,000010; es ist das fast genau die gleiche Zahl, welche für Flußeisen gefunden ist.

Demgemäß werden sich auch im Verbundbau Beton und Eisen unter Temperatureinwirkungen ganz gleichmäßig zusammenziehen und ausdehnen, eine besonders wertvolle Eigenschaft des Verbundbaus, auf der seine Bewährung und sein gutes statisches Zusammenarbeiten zu einem sehr erheblichen Teile beruht.

Ein *vollkommen wasserdichter Beton* kann erzielt werden durch *Zusätze* zum Beton bzw. Mörtel, durch *Anstrich* oder Verputzen mit *besonderen Zementen.* Als Zusätze kommen u. a. in Frage: Ceresit, Aquabar, Impervit und Preolith, letzteres hervorragend bewährt in seiner besonderen Form als *Preolith-Mörtelzusatz*[1]), von dem auf 1 cbm Beton nur 20 kg gebraucht werden. Nach Prüfungsergebnissen wird durch diese Zusätze ein wasserdichter Beton erreicht, ohne — wie z.B. bei Preolith-Mörtelzusatz besonders sicher erwiesen — die Abbindung, die Zug- und Druckfestigkeit des Zementmörtels bzw. Betons, ebenso die Haftfestigkeit des Betons im Verbundbau in irgendeiner Weise ungünstig zu beeinflussen. Vielfach genügt es, diese Stoffe dem Mörtel zuzusetzen, der in den meisten Fällen bereits bei 2—3 cm Stärke seine Aufgabe, vollkommene Wasserdichtheit zu erreichen, erfüllt. Als *Anstriche* kommen — neben Teer und Seifenpräparaten — Asphalt- bzw. Bitumen-Emulsionen, Goudron, Asphalt, Fluate, Rostschutzmittel wie Inertol, Siderosthen, Preolith usw. in Frage, von denen z. B. das erste sich bei hohem Wasserdruck als ebenso wasserdicht wie beständig gegen Säuren und Laugen erwiesen hat. Als besonders wasserdichte Zemente sind u. a. Liebold-Zement und Antiaqua-Zement hervorzuheben, der aus Portland-Zement und wasserabweisenden Stoffen besteht.[2])

Die **Mischung des Betons** kann von Hand aus, besser und für die Festigkeit des Enderzeugnisses empfehlenswerter durch Maschinenbetrieb erfolgen. Hier kommen in Frage:

a) *Maschinen mit unterbrochenem*, d. h. *absatzweisem Betriebe*, und zwar:

1. Maschinen mit feststehendem, wagerecht liegendem Troge und sich in diesem drehenden Rührarmen, günstig wegen der steten Beobachtung der Mischarbeit, etwas unbequem wegen Staubbildung (Systeme Kunz & Co., Kempten, Entleerung durch Bodenklappe oder Kippen des Troges — Wolf & Co., Guben, mit kippbarem Troge — desgl. Gauhe, Gockel & Co., Oberlahnstein, usw.);

1) A. Pree G. m. b. H., Dresden-N. Das Material wird in zwei Formen geliefert, in Teigform und in Pulverform. Die Verarbeitung des Mörtels bzw. Betons erfolgt mit dem Zusatz in durchaus normaler Weise; dieser wird mit dem Anmachewasser bzw. der Zement-Sandmischung zugesetzt.

2) Antiaqua-Zement, durchaus bewährt, besteht aus normalem Portland-Zement und besonderen mineralischen, bituminösen Stoffen, die den Zementklinkern bereits vor dem Vermahlen zugesetzt werden und ihre Aufgabe dadurch lösen, daß sie die Poren des fertigen Mörtels schließen und Zement und Sand besonders innig miteinander verbinden. Antiaqua-Zement wird trocken mit Sand und Kies vermischt und weiterhin normal verarbeitet. Das Material hat sich auch bei Bauten an der See und im Moor bewährt.

2. Maschinen mit senkrecht stehendem Betonmischer und Rührarmen an senkrechten Wellen (System Hüser, Bonn, mit selbsttätig sich öffnender Bodenklappe — Gustav Eirich, nach Art des Kollerganges);

3. Maschinen mit wagerecht umlaufenden Trommeln (Gauhesche Mischtrommel, System Tobler-Borsigwalde, Ransome-Mischer, mit inneren Mischflügeln in der Trommel, Bauart Georg Schmidt, Dresden, mit einem birnenförmigen, kippbaren, auf einer Seite offenen Mischbehälter);

4. Freifallmischer. Das Gut mischt sich durch sein Herabfallen, einfach in der Handhabung, geringe Bedienung erfordernd, dort mit Vorteil verwendbar, wo die Betonmasse in Gruben verwendet wird und es nicht auf absolute Ausschließung einer nicht vollkommenen Mischung der Betonbestandteile ankommt (Wilhelm Damm, Miltenberg a. M., Dr. Gaspary & Co., Markranstädt).

b) *Maschinen mit ununterbrochenem Betriebe.* Hier wird das Mischgut getrennt an einem Ende der Maschine zugeführt und verläßt diese in zusammenhängender Masse am anderen Ende. Von deutschen Bauarten sind zu nennen: System Bünger in Düsseldorf mit längerer, etwas geneigter Mischmulde, desgl. System Gauhe, sowie auch mit senkrechtem Mischbehälter, bestens empfohlen, System Gaspary, gut wegen der genauen Regelung des Mengenverhältnisses, ein Trichtertellermischer, System Kraus, München, mit einer um ihre wagerechte Längsachse sich drehenden Trommel, durch welche das Mischgut von einem Ende zum anderen hindurchgeht, usw.

Erwähnenswert ist als besondere Betonart der *Traßbeton.* Hier handelt es sich sowohl, der Sonderheit des Trasses angepaßt, um einen Beton aus Zement, *Kalk* und Traß, als um einen Zementbeton mit Traßzusatz, und endlich um einen Traß-Kalk-Beton. Der Beton findet in der einen wie der anderen Form im besonderen Anwendung bei Wasserbauten namentlich an der See, und zwar sowohl im reinen Beton- als auch im Verbundbau. Daß es sich hierbei wiederum (vgl. S. 187) nur um *Portland*zementbeton handelt, sei nochmals betont.

Als Mischungen werden empfohlen:

1. *An der See*: α) unter Wasser geschüttet:

2 Raumteile Traß + 1 Raumteil Kalkteig + 2 Raumteile Zement + 6 Raumteile Sand + 11,5 Raumteile Kies = 0,467 Mörtel: 0,785 Kies;

β) im Trocknen gestampft:

$1^1/_2$ Raumteil Traß + 0,75 Raumteile Kalkteig + 1 Raumteil Zement + 4 Raumteile Sand + 11,5 Raumteile Kies = 0,4 Mörtel: 0,92 Kies bzw.

0,5 Raumteile Traß + 1 Raumteil Zement + 2,5 Raumteile Sand + 6 Raumteile Kies = 0,4 Mörtel: 0,92 Kies.

2. Für Bauten in *süßem Wasser* ist bewährt:

1 Traß : 1 Wasserkalk : 1 Sand : 4 Kies oder
1 „ : 1 „ : $1^1/_2$ „ : 5 „

je nach der Beanspruchung und Wichtigkeit des Baus.

Über die Druckfestigkeit einiger Betone mit Traßzusatz gibt die folgende Zusammenstellung Auskunft:

Mischung		k_d in kg/qcm nach Tagen 14	28	90
Traß-Zement-Beton	0,8 Traß + 1 Zement + 4 Sand + 4 Kies	89	119	162
	0,8 „ + 1 „ + 6 „ + 12 „	46	54	82
Traß-Zement-Kalk-Beton	1,0 „ + 1 „ + 5 „ + 10 „ + 0,5 Kalkteig	77	107	144
Traß-Kalk-Beton	1,0 Traß + $1^1/_2$ Sand + $4^1/_2$ Kies + 0,8 Kalkteig	39	70	79

Für die **Ausführung von Bauwerken aus Beton** sind im Jahre 1915 vom Deutschen Ausschusse für Eisenbeton und auf Vorschlag des Deutschen Betonvereins *Bestimmungen* erlassen worden, die, soweit sie sich auf die Baustoffe, die Herstellung und Verarbeitung des Betons erstrecken, nachfolgend mitgeteilt seien:

Die Baustoffe. Die Eigenschaften der Baustoffe, die verwendet werden, sind auf Anfordern der Baupolizeibehörde durch Zeugnisse nachzuweisen. Im Streitfall entscheidet eine amtliche Prüfungsanstalt.

1. *Zement.* Verwendet werden darf nur normal bindender Zement, der den jeweils gültigen, behördlich anerkannten Vorschriften für Lieferung und Prüfung von Zement entspricht.

Die Zeugnisse über die Beschaffenheit müssen Angaben über Raumbeständigkeit, Bindezeit, Mahlfeinheit, Zug- und Druckfestigkeit enthalten.

Da erfahrungsmäßig die Abbindezeit eines Zements wechseln kann, muß der Unternehmer durch wiederholte Abbindeproben auf der Baustelle feststellen, daß kein rasch bindender Zement verwendet wird.

Der Zement ist in der Ursprungspackung (Fabrikpackung) auf der Verwendungsstelle anzuliefern.

2. *Sand, Kies und sonstige Zuschläge.*

a) Im Sinne dieser Bestimmungen ist zu verstehen: unter *Sand*: Gruben-, Fluß-, See-, Brech- oder Quetschsand, Schlackensand[1]) (in Wasser gekörnte Hochofenschlacke geeigneter Zusammensetzung), Bimssand[1]) usw. bis zu höchstens 7 mm Korngröße;

unter *Kies*: Kiesgraupen, Kiessteine, Kiesel, Bimskies[1]), von 7 mm Korngröße aufwärts bis etwa 70 mm größter Abmessung;

unter *Kiessand*: das natürliche Gemenge von Sand und Kies, wie es sich an der Gewinnungsstelle vorfindet;

unter *Steingrus*: zerkleinertes Gestein zwischen etwa 7 und etwa 25 mm;

unter *Steinschlag* (Schotter): von Hand oder mit der Maschine zerkleinertes Gestein zwischen etwa 25 und etwa 70 mm größter Abmessung.

1) Bimssand und Bimskies eignen sich zur Herstellung leichter und poriger Bauteile, dagegen nicht für stark beanspruchte Bauteile. Das gleiche gilt für Schlackensand, der schaumig und weich gefallen ist.

In Kies, Steingrus und Steinschlag dürfen bis zu 10% feinere Teile enthalten sein.

b) Sand, Kies, Grus, Steinschlag usw. dürfen keine schädlichen Beimengungen enthalten. In Zweifelsfällen ist der Einfluß von Beimengungen durch Versuche festzustellen.[1])

c) Zur Erzielung eines dichten Betons ist erforderlich, daß Sand, Kies, Grus und Steinschlag gemischtkörnig sind, d. h. Stücke von verschiedener Form und Korngröße in richtiger Menge enthalten.

d) Die als Zuschlag verwendeten Baustoffe sollen in der Regel mindestens die gleiche Festigkeit besitzen wie der erhärtete Mörtel des Betons.[2])

e) Größere druckfeste Steine können in den Beton eingebettet werden, sofern Zweck, Art und Abmessungen des Betonkörpers dies zulassen und für eine sachgemäße Verteilung solcher Einlagen innerhalb des Betonkörpers sowie für Verwendung ausreichend weicher Betonmasse zur Erzielung einer vollständig dichten Umschließung dieser Einlagen Sorge getragen wird.

3. *Wasser.* Das Wasser darf keine Bestandteile enthalten, die die Erhärtung des Betons beeinträchtigen. Bei Zweifeln ist die Brauchbarkeit des Wassers vorher durch Versuche festzustellen.

Zubereitung der Betonmasse. 1. Betongemenge. Sand, Kies, Grus und Steinschlag werden für den Beton nach Raumteilen, Zement nach Gewicht bemessen.

Zur Umrechnung von Gewichtsteilen auf Raumteile ist das Gewicht des Zements nach losem Einfüllen in ein Hektolitergefäß zu bestimmen.

2. Mischweise. Die Betonmasse kann von Hand, muß aber bei größeren Bauausführungen durch geeignete Mischmaschinen gemischt werden. Die Zusammensetzung der Mischung muß an der Mischstelle mit deutlich lesbarer Schrift angeschlagen sein und muß sich beim Arbeitsvorgang leicht feststellen lassen.

a) Bei Handmischung ist die Betonmasse auf einer gut gelagerten, kräftigen, dicht schließenden Pritsche oder auf sonst ebener, schwer absaugender und fester Unterlage herzustellen. Zunächst sind Sand, Kiessand oder Grus mit dem Zement trocken zu mischen, bis sie ein gleichfarbiges Gemenge ergeben; dann ist das Wasser zuzusetzen, hierauf gröbere Zuschläge, die vorher genäßt und wenn nötig gereinigt werden müssen. Das Ganze ist noch so lange zu mischen, bis eine gleichmäßige Betonmasse entstanden ist.

b) Bei Maschinenmischung wird das gesamte Gemenge zunächst trocken und hierauf unter allmählichem Wasserzusatz so lange noch weiter gemischt bis eine innig gemischte, gleichmäßige Betonmasse entstanden ist.

c) Sollen außer Zement noch andere Stoffe (Traß, Kalk u. dgl.) in Pulverform zugesetzt werden, so darf dies, um Nesterbildung zu vermeiden, nur so

---

1) Es läßt sich keine erschöpfende, allgemeine Bestimmung treffen, wie die Baustoffe beschaffen sein müssen, aus denen der Beton hergestellt wird. Lehm, Ton und ähnliche Beimischungen wirken schädlich auf die Festigkeit des Betons, wenn sie am Sand und Kies festhaften. Sind sie im Sand fein verteilt, ohne an den Körnern festzuhaften, so schaden sie in der Regel nichts, sie können sogar unter Umständen die Festigkeit erhöhen. Im ersten Falle können die Baustoffe zuweilen durch Waschen zum Betonieren brauchbar werden, im anderen Falle wäre Waschen verfehlt.

Die in verschiedenen Flußkiessanden vorkommenden Braunkohlenteile können schädlich wirken, wenn sie in größeren Mengen vorhanden sind.

Sollen Schlacken (Kessel- oder Lokomotivschlacke, zerkleinerte Hochofenschlacke, Müllverbrennungsrückstände u. dgl.) als Zuschlag verwendet werden, so ist vorher zu prüfen, ob sie sich dazu eignen.

2) Weiche Gesteine, schwach gebrannte Ziegelsteine u. dgl. sind nicht geeignet.

geschehen (z. B. durch Vermahlen auf der Baustelle), daß eine innige Mischung gewährleistet ist.

d) Die Mischdauer kann als ausreichend angesehen werden, wenn die Steine allseitig von innig gemischtem, gleichfarbigem Mörtel umgeben sind.

3. *Wasserzusatz.* Der Wasserzusatz richtet sich nach der Art der Baustoffe, dem Mischungsverhältnis, der Witterung, dem Feuchtigkeitsgehalt und der Wasseraufnahmefähigkeit der Baustoffe sowie nach dem Verwendungszweck des Betons.

Je nach der Menge des zugesetzten Wassers unterscheidet man: a) *Erdfeuchte Betonmasse.* Die Betonmasse gilt als erdfeucht, wenn beim Formen eines Handballens die innere Handfläche sichtlich naß wird; sie enthält nur so viel Wasser, daß erst bei beendigtem Stampfen an der Oberfläche Wasser austritt.

Erdfeuchte Betonmasse muß gestampft werden.

b) *Weiche Betonmasse.* Weiche Betonmasse enthält so viel Wasser, daß die Ränder der durch einen Stampfstoß hervorgerufenen Vertiefung eine kurze Zeit stehen und nur langsam verlaufen.

Weiche Betonmasse verlangt weniger große Stampfarbeit als erdfeuchte.

c) *Flüssige Betonmasse.* Flüssige Betonmasse enthält so viel Wasser, daß sie fließt. Stampfen ist unmöglich. Die Masse ist so zu verteilen, daß keine Hohlräume entstehen.

Erdfeuchter Beton ergibt die größte Druckfestigkeit, diese nimmt mit höherem Wasserzusatz ab. Soll bei höherem Wasserzusatz die gleiche Festigkeit erreicht werden wie bei erdfeuchtem Beton, so ist ein größerer Zementzusatz erforderlich.

Verarbeitung der Betonmasse. 1. Die Betonmasse soll alsbald nach dem Mischen eingebracht und ohne Unterbrechung verarbeitet werden. In Ausnahmefällen darf die Betonmasse einige Zeit unverarbeitet liegen bleiben; bei trockner und warmer Witterung aber nicht über eine Stunde, bei kühler und nasser nicht über zwei Stunden. Nicht sofort verarbeitete Betonmasse ist vor Witterungseinflüssen, wie Sonne, Wind, starkem Regen usw., zu schützen und unmittelbar vor Verwendung umzuschaufeln. In allen Fällen muß die Betonmasse vor Beginn des Abbindens verarbeitet sein.

2. Bei dem Einbringen der Betonmasse ist darauf zu achten, daß die Gleichmäßigkeit der Mischung erhalten bleibt. Gröbere Zuschlagteile, die sich abgesondert haben, sind mit dem Mörtel wieder zu vermengen.

3. Man unterscheidet:

a) Stampfbeton, b) Schüttbeton, c) Gußbeton, d) Füllbeton.

a) *Stampfbeton.* 4. Die Betonmasse darf in die Verwendungsstelle (Baugrube, Verschalung) nur schichtenweise und nur in solcher Höhe eingebracht werden, daß die fertig gestampfte Schicht in der Regel nicht stärker ist als 15 cm bei erdfeuchter Masse, 20 cm bei weicher Masse.

Die einzelnen Schichten sollen, wo es die Bauausführung gestattet, rechtwinklig zu der im Bauwerk auftretenden Druckrichtung und wo dies nicht möglich ist, gleichlaufend mit der Druckrichtung eingelegt werden.

Die Massen sind nacheinander so zeitig (frisch auf frisch) einzubringen, daß die einzelnen Schichten untereinander ausreichend fest binden. Es ist unbedingt erforderlich, daß vor dem Weiterarbeiten auf einer soeben fertig gestampften Schicht die Oberfläche dieser Schicht durch Abkehren mit Stahlbesen, Kelle oder sonstwie gehörig aufgerauht wird.

Treten frische Stampfschichten mit bereits abgebundenen in Berührung (Weiterarbeiten am nächsten Tage), so muß für ausreichend festen Zusammenschluß der Betonschichten gesorgt werden. Neben einer geeigneten Gliederung der in Betracht kommenden Betonkörper selbst (z. B. stufenartige Abtreppungen) ist die Oberfläche der zuletzt gestampften Schicht sofort nach Beendigung der Stampfarbeit gehörig aufzurauhen. Diese erhärtete und aufgerauhte Oberfläche ist vor dem Fortsetzen des Betonierens von losen Bestandteilen zu reinigen und anzunässen. Sodann ist ein dem Mörtel der Betonmasse entsprechender Zementmörtelbrei aufzubringen, wobei streng darauf zu achten ist, daß dieser Mörtelbrei nicht schon abgetrocknet ist oder abgebunden hat, bevor die neue Betonschicht hergestellt wird.

5. Für erdfeuchte Betonmasse sind quadratische oder rechteckige Stampfer von 12—16 cm Seitenlänge und 12—17 kg Gewicht zu verwenden, sofern nicht mechanisch betriebene Stampfer zur Anwendung kommen. Für weiche Betonmasse können leichtere und anders geformte Stampfer verwendet werden.

6. Die Stampfarbeit erhöht innerhalb gewisser Grenzen die Festigkeit, und zwar bei erdfeuchter Betonmasse mehr als bei weicher. Die Verwendung erdfeuchter Betonmasse empfiehlt sich nur dort, wo die Gewähr für eine ausgiebige Stampfarbeit, sei es von Hand oder maschinell, gegeben ist. Besondere Sorgfalt ist auf das Stampfen der Ecken und Außenseiten (längs der Verschalung) zu verwenden. Die einzelnen Stampfflächen sollen sich etwas überdecken.

b) *Schüttbeton.* 7. Schüttbeton kommt hauptsächlich für die Herstellung unter Wasser in Frage. Die Betonmasse muß in weichem Zustand eingebracht werden.

8. Das Schütten geschieht in Trichtern oder Senkkasten, bei geringen Wassertiefen auch unmittelbar aus dem Fördergefäß. Freier Fall der Betonmasse durch das Wasser muß vermieden werden, deshalb sind die Trichter vor dem Versenken mit Betonmasse zu füllen und während des Schüttens stets genügend gefüllt zu halten; die Senkkästen sind geschlossen bis auf die Schüttfläche herabzulassen.

Die Massen sind nacheinander so zeitig (frisch auf frisch) einzubringen, daß ein ausreichend festes Binden der einzelnen Schichten untereinander eintreten kann. Beim Aufbringen neuer Schichten auf abgebundenen Beton muß der darauf abgesetzte Schlamm durch geeignete Mittel (z. B. Absaugen) entfernt werden, damit eine gute Verbindung der Schichten stattfindet. Bei Herstellung stärker beanspruchter Bauteile (z. B. Schleusenböden) ist die Arbeit ohne Unterbrechung in Tag- und Nachtschichten auszuführen.

9. Das Wasser in der Baugrube ist ruhig, d. h. ohne Strömung und Auftrieb zu erhalten, da sonst ein Ausspülen des Zements aus dem Beton durch fließendes Wasser eintreten würde.

c) *Gußbeton.* 10. Die Betonmasse muß genügend flüssigen Mörtel enthalten, damit dieser alle Hohlräume der Zuschläge (Kies, Schotter) ausfüllt. Kiessand muß so viel feine Teile enthalten, daß eine flüssige Masse entsteht.

Das Mischen der Gußbetonmasse muß in dicht schließenden Maschinen geschehen, um Auslaufen des Mörtels während des Mischens zu verhindern.

11. Bei dem Einbringen der Betonmasse ist darauf zu achten, daß keine Entmischung eintritt. Das Einbringen kann mit Hilfe von Rinnen, Röhren u. dgl. geschehen, damit der Gußbeton vermöge seiner eigenen Schwere an die Verwendungsstelle fließt. Bei steiler Neigung trennt sich in der Rinne das grobe Material von dem Mörtel, durchläuft die Rinne schneller und fällt infolge flacherer Wurfparabel an anderer Stelle nieder als der Mörtel. Hierdurch können z. B. bei Schotter- und grobem Kiesbeton Steinnester entstehen, die sich nur durch Handarbeit beseitigen lassen. Bei steiler Rinnenneigung (mehr als 25% gegen die Wagerechte) ist daher vor der Rinnenmündung eine Klappe oder ein Trichter derartig anzubringen, daß die Betonmasse möglichst senkrecht niederfällt. Die Rinnen werden vorteilhaft derart beweglich angeordnet, daß sie die ganze Grundfläche des zu betonierenden Bauteils bestreichen können.

Um der Entmischung des Betons beim freien Fall vorzubeugen, soll der Auslauf der Zubringer nicht höher als 2 m über der Verwendungsstelle liegen.

Gröbere Zuschlagteile, die sich beim Einbringen der Betonmasse abgesondert haben, sind mit dem Mörtel wieder zu vermengen.

12. Der Gußbeton ist in hohen Schichten herzustellen, wenn nicht der ganze Bauteil in einem Guß betoniert werden kann. Zu diesem Zweck sind bei größerer Grundrißausdehnung einzelne Bauabschnitte zu bilden. Die Massen sind innerhalb einer Arbeitschicht so zeitig (frisch auf frisch) einzubringen, daß die einzelnen über- oder nebeneinander liegenden Betonstreifen ausreichend fest binden.

Bei längerer Unterbrechung der Arbeit (Weiterarbeiten am folgenden Tage) muß für ausreichend festen Zusammenschluß der Betonschichten gesorgt werden. Neben einer geeigneten Gliederung der in Betracht kommenden Betonkörper selbst ist die Oberfläche der zuletzt gegossenen Schicht möglichst unregelmäßig und rauh zu gestalten. In besonders wichtigen Fällen kann dies dadurch geschehen, daß Bruchsteinbrocken, Stücke von starken Rundeisen, Schienenstücke u. dgl. mindestens bis zur Hälfte ihrer Höhe oder Länge als Dübel in die noch nicht erhärtete Schicht eingelassen werden, so daß der überstehende Teil dieser Dübel in die neu aufzubringende Schicht hineinragt. Vor dem Aufbringen neuer Betonmassen am nächsten Tage ist die alte Oberfläche durch Abkehren zu reinigen und gehörig anzunässen.

Stampfen ist bei Gußbeton nicht möglich. Kann die Betonmasse nicht von selbst überall hinfließen, so ist durch Nachhelfen mit geeigneten Geräten dafür zu sorgen, daß sie alle Bauteile, auch die Ecken und Außenflächen (längs der Verschalung) satt ausfüllt.

d) *Füllbeton.* 13. Füllbeton kommt in erdfeuchtem, weichem oder flüssigem Zustand da zur Anwendung, wo es sich um die Herstellung wenig beanspruchter zusammenhängender Massen handelt. Seine Verarbeitung richtet sich nach Material und Zweck.

Die Prüfung des *Betons* findet, wie schon auf S. 189 hervorgehoben wurde, an Würfeln statt. Für die Vorbereitung und Durchführung der Versuche sind in Deutschland ebenfalls Bestimmungen (vom Jahre 1915) durch den Deutschen Ausschuß für Eisenbeton erlassen, von denen nachstehend ein Auszug mitgeteilt ist.

Auszug aus den Bestimmungen für Druckversuche bei der Ausführung von Bauten aus Stampfbeton.

Aufgestellt vom Deutschen Ausschuß für Eisenbeton Oktober 1915.

Betonmasse. Die zur Prüfung der Bauausführung bestimmten Probekörper müssen aus Betonmassen gleicher Art, gleicher Aufbereitung und gleichen Feuchtigkeitsgehalts angefertigt werden, wie sie für den Beton des Bauwerks oder Bauteils verwendet werden.

Arbeitsstelle. Die Probekörper sind an einem vor Regen, Zugluft, Kälte und strahlender Wärme geschützten Ort herzustellen.

Anzahl der Probekörper. Für jede Versuchsreihe sind in der Regel drei Körper in unmittelbarer Arbeitsfolge herzustellen.

Formen und sonstiges Arbeitsgerät. Zur Herstellung der Probekörper sind eiserne Würfelformen von 30 cm Seitenlänge zu verwenden.[1])

Einlegen und Durcharbeiten der Betonmasse. Die Probekörper sind an einem Platz anzufertigen, der von der Lagerstelle der bereits fertigen Körper

1) Es bleibt vorbehalten, Formen einzuführen, bei denen das überflüssige Wasser aus der weichen und flüssigen Betonmasse entfernt wird. Für solchen Beton sind sehr zweckmäßig von *Gary* für die Probeform *Gipsplatten* vorgeschlagen, die in die eisernen Probeformen eingebaut werden sollen und Würfel von 20 cm Kante ergeben.

getrennt ist, damit etwaige Erschütterungen nicht auf die frisch hergestellten Körper einwirken können; die Form ist auf eine etwa 3 cm hohe Sandunterlage zu stellen.

Weiche Betonmasse ist in zwei Schichten von gleicher Höhe einzulegen, flüssige Betonmasse hintereinander einzufüllen.

Die Betonmasse ist möglichst in der gleichen Art durchzuarbeiten wie beim Bau.

Behandlung und Aufbewahrung der Probekörper. An jedem Probekörper ist in deutlicher und dauerhafter Weise der Anfertigungstag und das Mischungsverhältnis zu bezeichnen und eine Erkennungsmarke anzubringen.

Die Probekörper sollen mindestens 24 Stunden in der Form bleiben. Sind dann die vier Formwände entfernt, so sollen die Körper weitere 24 Stunden auf der Formplatte ruhen. Danach sind sie bis zum Tage der Prüfung oder des Versandes in einem geschlossenen frostfreien Raum auf einem Lattenrost so zu lagern, daß die Luft allseitig Zutritt hat. Die Probekörper müssen vom zweiten Tage an bis zum Tage der Prüfung oder des Versandes mit Tüchern bedeckt sein. Diese Tücher sind vom zweiten bis zum siebenten Tage feucht zu halten.

Druckprobe. 1. Die maßgebende Prüfung der Probekörper erfolgt 28 Tage nach ihrer Herstellung. Es soll jedoch zulässig sein, in Fällen, wo die Erhärtung der Körper durch kalte Witterung verlangsamt ist, die maßgebende Prüfung dieser Körper erst 45 Tage nach ihrer Herstellung vorzunehmen.

2. Um durch Druckversuche den Nachweis mit 28 Tage alten Probekörpern zu erbringen, bedarf es in der Regel mindestens 5 Wochen. Wenn diese Zeit nicht zur Verfügung steht, wird unter Umständen schon ein Druckversuch mit 7 Tage alten Probekörpern einen Schluß auf die nach 28 Tagen zu erwartende Festigkeit gestatten; die Prüfung nach 28 Tagen muß auch in diesen Fällen vorgenommen werden.

3. Vor der Prüfung ist festzustellen, ob die Druckflächen eben und gleichlaufend sind. Unebene und nicht gleichlaufende Flächen sind durch Abgleichung eben und gleichlaufend herzustellen. Die aufgebrachte Abgleichsschicht soll bei der Prüfung annähernd die Festigkeit des Betonkörpers haben.

Vor der Prüfung sind Gewicht und Abmessungen der Körper festzustellen.

4. Die Druckfestigkeiten sind auf Maschinen zu ermitteln, die zuverlässig auf ihre Richtigkeit geprüft sind. Zwischenlagen von Blei, Pappe, Filz u. dgl. sind unzulässig.

Der Druck kann in der Richtung, in der die Betonmasse eingebracht worden ist, oder senkrecht dazu ausgeübt werden.

Der Druck ist langsam und stetig zu steigern, ungefähr derart, daß die Belastung in der Sekunde um 1 kg/qcm wächst.

5. Als Druckfestigkeit gilt nicht die Belastung beim Auftreten von Rissen, sondern die höchste erreichte Belastung.

6. Maßgebend ist der Mittelwert aus den Festigkeitszahlen einer Versuchsreihe (in der Regel drei Probekörper).

Kitte.

Von den verschiedentlichsten, im Bauwesen verwendeten, hier aber eine untergeordnete Bedeutung besitzenden Kittarten, die zur Verbindung von gleichartigen oder verschiedenen Baustoffen untereinander, daneben zum Ausfüllen von Rissen usw. dienen, seien die nachfolgenden kurz erwähnt:

a) **Leimkitt**: für Holz: 1 Teil Leim + 14 Teile Wasser + 1 Teil Sägespäne + 1 Teil Kreide; für Tapeten: 10 Teile Stärkemehl + 100 Teile

Wasser + 1 Teil Borax oder Alaun (letzteres um ein Faulen des Stärkekleisters zu verhindern).

b) **Kalkkitt** — Kaseinkitt, bestehend aus Staubkalk, Ziegelmehl und Wasser und einem hohen Zusatz von Käsequark, ein Steinkitt, in Vereinigung von Staubkalk, Käsestoff und Eiweiß ein Holzkitt. An Stelle von Kalk kann auch Zement treten; alsdann wird zweckmäßig Käsestoff durch saure Milch ersetzt.

c) **Ölkitt.** Glaserkitt: Leinölfirnis (ungekocht) und Schlemmkreide. Zum Aufweichen dient: Kalilauge und Schmierseife; Steinkitt: 25 Teile Staubkalk + 10 Teile Ziegelmehl + 1 Teil Glaspulver + 8 Teile Leinöl, oder auch: 2 Teile Bleiglätte, 1 Teil reiner Quarzsand, 1 Teil pulverförmig gelöschter Kalk, angemengt mit heißem Leinölfirnis.

Hier ist auch der *Ölzement* erwähnenswert, der zum Belegen von steinernen Treppen dient und aus 50 kg Schamottemehl, 4,5 kg Bleiglätte und 11 l heißem Leinöl besteht. Der 2—4 mm stark aufgetragene Kitt kann durch anorganische Farbstoffe gefärbt werden.

d) **Magnesiakitt** vgl. Sorelschen Zement auf S. 57.

e) **Eisenkitt,** 60—100 Teile Eisenfeilspäne, 1—2 Teile Salmiak und 1 Teil Schwefelblume mit Wasser angemacht; daneben einfacher und wegen der Volumenbeständigkeit besser: für Verkitten von Eisen und Stein reiner Portlandzement, patentierter Metallzement, Asbestzement.

f) **Wasserglaskitt.** Wasserglas + Kreide + Zinkstaub für Metalle, Stein und Holz; für Steine: Wasserglas mit Zement.

g) **Harzkitt.** Holzkitt: 2 Teile Kolophonium oder Schellack mit 1 Teil Ziegelmehl oder Kreide; Steinkitt: 2 Teile Pech, 1 Teil Asphalt und Ziegelmehl; als Schutz gegen Wasser Marineleim: 1 kg Kautschuk + 1 kg Schellack in 50 l Schwefelkohlenstoff unter Rühren gelöst. Alle hier verwendeten Harze sind bis zum Schmelzen zu erwärmen, die Kitte warm zu verwenden, auch die zu verkittenden Flächen anzuwärmen.

III. Nebenbaustoffe, im besonderen die wichtigeren Baustoffe des inneren Ausbaues.

Hier sind zu besprechen: Asphalt, Teer, Dachpappe, Asbest, Holzzement, Ruberoid, wasserdichte Leinenstoffe, Rohr und Stroh, Bauglas, Wasserglas, Farbanstriche, Tapeten und endlich *Linoleum.*

1. Asphalt.

Asphalt, ein Naturerzeugnis, findet sich in sehr verschiedener Form und Zusammensetzung als spröder, schwarz glänzender Körper: *Naturasphalt*, als zähflüssiges, weiches Material: *Bergteer*, endlich im Kalk-Sandstein oder Schiefer eingedrungen und in inniger Verbindung mit dem Gestein als *Asphaltstein.* Hauptfundorte sind: das Tote Meer (syrischer Asphalt), die Insel Trinidad (ein 40 ha großer „Pechsee“), Barbados, Venezuela, Kuba, Mexiko, das Val de Travers in der Schweiz, Vittoria in Spanien, Seyssel und Pyrimont in Frankreich, die Abruzzen, Neapel, Sizilien, Lobsann im Elsaß, Limmer bei Hannover, Ibach im Harz, Vorwohle in Braunschweig. Der wertvollste Bestandteil des Asphalts ist das *Bitumen* (der Name ist aus Pix tumens entstellt abgeleitet), eine oft schwefelhaltige Kohlenwasserstoffverbindung, von deren Mengengehalt die Güte des Asphalts abhängt. Der Asphalt von Val de Travers enthält 10, der von Limmer 8—14, der von Vorwohle etwa 7% Bitumen. *Rohasphalt* stellt eine dunkelbraune bis schwarze Masse mit fettglänzendem, muscheligem Bruche, einem Raumgewichte von 1,1—1,2 und von geringer Härte dar. Bei etwa 40° tritt Erweichen, zwischen 100 und 130° Schmelzen ein. Asphalt verbrennt ohne Rückstand mit rotgelber, stark rußender Flamme. In der Regel ist Rohasphalt stark durch Sand und andere mineralische Beimengungen verunreinigt und erfordert alsdann eine Reinigung durch Umschmelzen, um ein Absetzen und damit ein Trennen der schwereren Bestandteile zu erreichen. Asphaltstein hat die Eigenschaft, beim Erhitzen zu Pulver zu zerfallen, das sich dann später unter Verwendung heißer Stampfer und Walzen wieder in die Form des Gesteins zurückbringen läßt, eine Eigenschaft, auf der die Verwendung von Asphaltstein im Straßenbau, d. h. die Herstellung von Stampfasphalt beruht.

Durch Ausschmelzen aus dem Naturerzeugnis wird gewonnen:

Das schwarz glänzende reine *Bitumen*; es erstarrt bei 10° und erweicht zwischen 40 und 50° C. Aus diesem Bitumen wird erzeugt: *Goudron*, durch einen Zusatz von 25% Rückständen der Petroleumdestillation; zudem kann dieses auch durch Zusammenschmelzen gereinigten Asphalts mit Bergteer oder durch trockne Destillation von Asphaltstein gewonnen werden. Goudron ist also im allgemeinen ein ziemlich reines Asphaltbitumen. Es dient in baulicher Hinsicht in erster Linie als Flußmittel für den Asphaltstein, der ohne diesen Zusatz beim Erhitzen nur in Pulverform zerfallen würde.

Asphaltmastix wird erhalten, wenn man Asphaltgestein mit Goudron oder reinem Naturbitumen zusammenschmilzt, und zwar in der Art, daß die fertige Masse 20% Bitumen enthält. Wenn die Masse gut flüssig ist, wird sie in Formen aus Holz oder Eisen gegossen, in denen sie zu rund 25 kg schweren „Mastixbroten“ erstarrt. Durch erneuten geringen Zusatz von Goudron kann diese Masse immer wieder umgeschmolzen werden.

Die **bauliche Verwendung** des Asphalts erstreckt sich einmal auf *Stampf-*, zum anderen auf *Gußasphalt*.

Für *Stampfasphalt* finden heute in erster Linie in Deutschland die Asphaltsteine von Limmer, von Val de Travers, daneben von Seyssel und Pyrimont Anwendung. Nach Zerkleinerung wird das Gestein bis

120° C erhitzt, um alles Wasser aus ihm herauszutreiben und es zum Zerfallen in Pulverform zu bringen. Das Pulver wird dann auf einer trocknen, vollkommen wasserdichten Unterlage von Beton durch Stampfen mit glühenden Stampfern oder Walzen wieder verdichtet und schließlich durch sehr heiße Plätt- oder Glätteisen geglättet, um an der Oberfläche das Bitumen zum Schmelzen zu bringen und somit eine vollkommene Wasserdichtheit der Straßen- usw. Oberfläche zu bewirken. Hierbei beträgt die Höhe der in Pulverform aufgebrachten Schicht etwa 30—40% mehr, als die Dicke der endgültigen Stampfasphaltschicht (5—6 cm) ausmacht. Im Laufe der Zeit wird der Asphalt durch Befahren immer dichter, sein Raumgewicht steigt von i. M. 1,8 bis auf 2,3 an den stärkst befahrenen Stellen, verbunden mit einer Zusammenpressung von etwa 15—20%, namentlich in den ersten Jahren.

Aus Stampfasphalt werden auch *fertige Platten*, in gleicher Weise wie bei Straßenbefestigung, hergestellt. Die in verschiedenen Formen, meist aber rechteckig, länglich oder quadratisch hergestellten Platten zeigen in der Regel geriffelte Oberfläche und Stärken, je nach dem Verwendungszwecke, von 2—5 cm. Maschinell gepreßt zeichnen sie sich durch große Dichte, vollkommene Beständigkeit, geringere Abnutzung und vollkommene Wasserundurchlässigkeit aus. Die Platten werden sowohl im Straßenbau als auch als Fußböden in Wirtschaftsgebäuden aller Art (namentlich gut in Ställen), auf Bahnsteigen usw. verwendet und zweckmäßig auf einer Betonschicht verlegt. Infolge der rauhen Oberfläche können die Platten im Straßenbau selbst bei Steigungen 1 : 40 noch Anwendung finden, zumal Sonnenbestrahlung und starke Kälte sie nicht verändern. Ferner dienen die Platten zu elastischen Unterlagen von Straßenbahnschienen, zum seitlichen Übergang der Steinbahn an diese usw. Gegenüber der Verwendung einer zusammenhängenden Stampfasphalt-Fläche zeichnet sich eine solche aus einzelnen Platten vorteilhaft aus durch die größere Festigkeit infolge der stärkeren Zusammenpressung des Materials, durch die Möglichkeit der Doppelbenutzung der umzulegenden Platten, durch Vereinfachung der Wiederherstellungsarbeiten, durch den Fortfall jeglicher Geruchsbelästigung beim Bau der Straßenfläche u. a. m.

Gußasphalt wird aus Mastix hergestellt, der nach Zerschlagen der einzelnen Brote in faustgroße Stücke unter Zufügung von 3—4% Goudron oder gereinigtem Asphalt mit 30—40% reinem grobkörnigem Kiessande bei etwa 160° C eingeschmolzen wird. Der Flüssigkeitsgrad der Mischung muß schließlich ein solcher sein, daß ein Holzstab sich leicht in die Masse einführen und ohne daß die Masse an ihm hängen bleibt sich leicht wieder herausziehen läßt. Der fertige Asphaltbrei wird endlich auf eine feste trockne (Beton-) Unterlage in Form aneinander schließender Streifen aufgegossen und mit Streusand, der eingewalzt wird, zur Festigung der Oberfläche versehen. Im besonderen wird Gußasphalt für Bürgersteige, Estriche, Höfe u. dgl. angewendet.

Weitere Verwendungsgebiete des Gußmaterials sind: das Ausgießen von Fugen bei Stein- oder Holzpflaster (wobei meist Mastix zur Erzielung größerer Flüssigkeit mit Teer zusammen gekocht wird), die Herstellung von Gußplatten für weniger stark begangene Wege, die Abdeckung von Gewölben (bei größerer Spannweite in zwei Schichten, einer inneren nachgiebigen mit mehr Asphalt, einer äußeren härteren mit mehr Kies), die Isolierung von Mauern gegen aufsteigende Feuchtigkeit, das Imprägnieren poriger Steine zwecks Verwendung als wasserundurchlässiges Isolationsmaterial, die Herstellung von Asphaltbeton (Mastix mit etwa 50—60% Kies oder Klarschlag), namentlich wertvoll für Maschinenfundamente in, unter und über bewohnten Räumen zum Zwecke der Abdämpfung des Schalls und Verminderung der Erschütterungen, die Erzeugung von Filzplatten, getränkt mit Asphalt und Steinkohlenteer — der sog. Asphaltfilzplatten, die in Form großer Rollen geliefert werden und nach Verlegen zur Erzielung vollkommener Dichtheit zu teeren und dann zu besanden sind[1]), die Sybelschen Asphalt-Bleiplatten (vgl. S. 155) usw. Endlich werden auch noch eiserne Rohre und Gebrauchsgegenstände, namentlich im Gebiete der Wasserversorgung und Entwässerung, nach Erhitzen mit flüssigem Mastixbrei gestrichen.

Als reines Bitumenpräparat sei u. a. *Preolith* erwähnt (Pree & Co., Dresden-N.), das sowohl als Rostschutz, als Preolith-Bedachung, als Isoliermasse gegen Feuchtigkeit (selbst bei starkem Wasserandrange), als geruchloser, fester und dichter Anstrich für Wasserbehälter und auch als Klebemasse (z. B. für Linoleum) Verwendung findet.

2. Teer- und Dachpappe sowie verwandte Erzeugnisse.

Je nach den Rohstoffen, aus denen Teer hergestellt wird, unterscheidet man Holzteer und Steinkohlenteer.

Holzteer wird durch trockne Destillation des Holzes gewonnen. Ausbeute bei Nadelholz rund 10—14%, bei Laubholz 8—10%: Masse braun, ölig, entflammbar; durch Kreosotgehalt fäulnisverhindernd.

Steinkohlenteer, schwarz, bei Destillation der Steinkohle als Nebenprodukt erzeugt, enthält Karbolsäure und ist daher zu allen möglichen konservierenden Anstrichen und Imprägnierungen geeignet.

Teerpappe. Heute fast nur noch in Rollenform in den Handel gebracht. $L < 20$ m; $B = 1{,}0$ m; Gewicht einer Rolle $\sim$ 40 kg. Gute Pappe soll im Querschnitte vollkommen von Teer durchdrungen sein, kein Wasser innerhalb 24 Stunden aufnehmen, sich bei Erwärmung leicht ausrollen lassen und keinerlei Brüche zeigen. Rohmaterial: Wollpappe (Holzpappe bricht leicht und hält sich schlechter), imprägniert

1) Hierher gehört auch Tektolith und Pachytekt, mit Asphalt beiderseits imprägnierte Gewebe, in Rollen-, daneben in Plattenform geliefert.

mit heißem, vorher destilliertem Steinkohlenteer; ist letzteres nicht geschehen, so wird die Pappe hart, aber auch leichter brüchig (*Steinpappe*). Bei der Herstellung wird die Pappe langsam, meist in Windungen, durch kastenförmige Behälter hindurchgezogen, in denen sich der heiße flüssige Teer befindet. Am Ende dieser Behälter befindliche Ausdrehwalzen, zwischen denen die fertig imprägnierte Pappe hindurchgeht, streichen einmal den überflüssigen Teer ab und dichten die Pappenoberfläche. Zum Schlusse folgt das Besanden der Pappe, um ein Verkleben der Flächen beim Zusammenrollen zu verhindern und die Oberfläche zu härten sowie um ein Abfließen des Teers bei Sonnenbestrahlung möglichst zu verhüten.

Wird zu Teer Asphalt gesetzt, entsteht *Asphaltpappe*, dauerhafter aber auch teurer. Gebräuchliche Nummern der Dachpappe sind:

Nr.	70	80	90	100
Stärke	1,5	1,32	1,17	1,05 mm
Gewicht von 50 kg .	70	80	90	100 qm

Die dünneren Sorten finden zur Unterlage für Schieferdächer u. dgl., die stärkeren für Teerpappdächer Verwendung.

Zur Erneuerung des Anstrichs auf Pappdächern wird eine Mischung aus 8 Teilen Teer mit 2 Teilen Staubkalk und 1 Teil Asphalt empfohlen.

Abarten sind: *Asphaltfilzdach* von 3—4 mm Stärke, aus besonders verfilztem Material mit Asphalt getränkt, *Asphaltsteinpappe mit Drahtgeflecht* (L. Lindenberg in Stettin).

Hierher gehören auch die „*Kosmos Filztafeln*", hergestellt aus guten Rohpapptafeln, die schwalbenschwanzförmig mit ein- und ausspringenden Trapezrippen gepreßt und mit Asphalttränkung wasserdicht gemacht werden. Auf der einen Seite an den Wandputz angefügt, bilden sie auf der anderen Seite isolierende Luftkanäle und gestatten hier den Anschluß einer durch letztere trocken gehaltenen, ebenen Pappe u. dgl. zum weiteren Anschlusse innerer Mauerverkleidungen.

3. Ruberoid.

Ruberoid, ein in der Praxis bewährtes Isoliermaterial, besteht aus einer besonders guten Wollfilzpappe als Hauptbestandteil, die mit einem wasserbeständigen, wasserfesten, gegen Säuren und Laugen gleich unempfindlichen und an Elastizität wie Zähigkeit dem Rohgummi nahestehenden Mittel durchdrungen ist. Von letzterem ist nur mitgeteilt, daß es weder Teer noch Asphalt, sondern Petroleumpech enthält.

Durch Versuche ist festgestellt, daß seine Zusammendrückung sehr gering ist, namentlich im Vergleich zu Asphaltfilz.

Es ergab sich bei einer Belastung von kg/qcm:

	5	10	20	50	100	200	
bei Ruberoid eine Zusammendrückung von	7	8	9	10	12	13	Hundertteilen.

Auch zeigten die Versuche, daß sämtliche Versuchsstücke von Ruberoid ihre quadratische Form beibehielten. Sie ergaben zugleich, daß Ruberoidplatten, selbst von sehr geringer Stärke, sogar bei starker Beanspruchung in hohem Grade elastisch bleiben, und daß wegen der verhältnismäßig geringen Zusammenpressung ein Herausquellen von Imprägnierungsmasse nicht zu befürchten steht.

Trotz geringerer Stärke ist, wie Versuche erkennen lassen, Ruberoid dem Asphaltfilz in bezug auf seine Zugfestigkeit überlegen, ein Ergebnis, das insofern für die bauliche Praxis von Bedeutung ist, als durch ein ungleichmäßiges Setzen des Mauerwerkes, Arbeiten der Gewölbe bei Temperaturunterschieden usw. die Abdeckungsschicht recht erheblich auf Biegung und Zug beansprucht sein kann. Während bei Asphaltfilz nur Zugfestigkeiten von i. M. 10 kg/qcm erzielt wurden, lieferten Ruberoidproben i. M. 43 kg/qcm. Auch waren die beobachteten Dehnungen beim Ruberoid nur ein geringer Teil der bei Asphaltfilz gemessenen.

Vor allem aber sind die Vergleichsergebnisse bezüglich der *Wasserdichtheit* bemerkenswert. Während bei keiner Ruberoidprobe eine Tropfenbildung eintrat, ließen Asphaltfilzproben schon bei wenigen Zentimetern Wasserdruck Tropfen durch; bei ihnen wird also die Wasserdichtheit vorwiegend durch die nachträglichen Dichtungsanstriche zu bewirken sein.

Daß sich Ruberoid unter der Einwirkung von Säuren und Laugen gut verhält, ist aus vielen Erfahrungen der Praxis ersichtlich. Schließlich sei als ein Vorzug die große Wärmebeständigkeit des Ruberoids hervorgehoben, welche bis zu 150° besteht, und es somit gestattet, das Material auch selbst unter tropischer Sonne zur Abdeckung senkrechter Flächen zu verwenden.

Bei der Ausführung der Abdeckung wird das Material, welches für diesen Zweck in Rollen zu 20 qm, von 91,5 cm Breite und einem Gesamtgewichte von 46 kg, also für 1 qm von je rund 2,3 kg geliefert wird, einfach ausgerollt, mit einem Überschlag von 10 cm an die bereits verlegten Rollen angefügt und auf eine glatte und trockne Beton- oder Zementschicht vermittels einer heißflüssigen Klebemasse aufgeklebt; auch die Stöße werden mit letzterer verklebt. Eine gleiche Masse aber von *härterer* Beschaffenheit wird schließlich zum Überstreichen der Abdeckung verwendet, um eine Beschädigung der Oberfläche durch Kies, Sand, Steine usw. aus der Überschüttung zu verhindern. Die Farbe des Ruberoids kann sehr verschieden sein. Neben schiefergrauer Färbung kann dem Material auch eine angenähert ziegelrote, eine graugrüne Farbe usw. verliehen werden. Dies ist namentlich in Berücksichtigung des Landschaftsbildes ein weiterer erheblicher Vorzug des Ruberoids, namentlich im Vergleiche mit den wenig schönen, ästhetisch unbefriedigenden schwarzen Pappdächern.

4. Holzzement.

Der Name Holzzement ist für seine jetzige Verwendung irreführend und wenig geeignet. Er hat seinen Grund darin, daß die Masse bei ihrer Einführung zum Dichten von Holzfässern verwendet wurde. Holzzement besteht aus einer Mischung von 60 Teilen Steinkohlenteer, 15 Teilen Asphalt und 25 Teilen Schwefel, die zusammengeschmolzen eine dicke, braune, stark klebrige teerartige Masse ergeben. Holzzement findet heute fast ausschließlich zu den flach geneigten, feuerfesten, bestens isolierenden Holzzementdächern Verwendung, bei denen das Material zur Imprägnierung einer Anzahl starker Papierschichten dient, die, unter sich verklebt und auf einer Holzschalung aufgebracht, die eigentliche widerstandsfähige Dachhaut bilden und nachträglich mit einer stärkeren Kies- bzw. Sandschicht abgedeckt werden.

5. Asbest.

Asbest, durch Verwitterung von Hornblende entstanden, ist ein vorwiegend aus kieselsaurer Magnesia bestehendes, faseriges Mineralprodukt aus Kanada, Italien, der Kapkolonie kommend. Es wird benutzt als Feuerschutz, zu Isolationen aller Art, zur Herstellung von *Asbestschiefer*. Letzterer besteht aus gebleichten Asbestfasern und Talk mit Wasserglas, in neuerer Zeit vorwiegend aber Zement. Diese Masse wird in dünnen Schichten — nach Art von Papier — gewalzt. Durch Aufeinanderpressen mehrerer Schichten werden Dachplatten gewonnen, die mit hoher Wetterbeständigkeit geringes Gewicht und vollkommene Feuersicherheit verbinden. k_b bis 700 kg/qcm, in der Regel 300 kg/qcm.

Der mit Zement hergestellte Asbestschiefer wird als *Eternitschiefer* bezeichnet. Er wird geliefert in Form kleinerer, normal einzudeckender Schiefer- und größerer Bauplatten. Die fertigen großen *Platten* haben Stärken von 4—25 mm, Baubreiten von 1,20 m und Längen von 1,0, 2,0, 2,5, 3,0 und 4,0 m. Sie werden mittels einfacher Zinkstreifen oder verzinkter Eisenhaken (in etwa 0,5 cm Abstand liegend) unmittelbar an die eisernen Pfetten angeschlossen. Alsdann können sie umgelegt bzw. bei Abbruch des Daches an anderer Stelle wieder verwendet werden. Bei der Berechnung der Platten ist von einem Raumgewichte = 1,7 und einer zulässigen Biegespannung von 60 kg/qcm auszugehen.

Als *Feuerschutz* dient Asbest in Form von Geweben oder verfilzten Platten. In letzteren kann auch ein dünnes Metallgewebe Verwendung finden, wenn eine größere Biegesicherheit der Platten gefordert wird. Endlich kann auch hier Asbest nach Zermahlen und Anrühren mit Wasserglas, Leimlösung u. dgl. zu Isolationsplatten ausgewalzt werden, unter Umständen wiederum unter Heranziehung einer biegesicheren dünnen Metallnetzeinlage.

Eine besondere Art solcher Platten stellen die *Superatorplatten* dar, bei denen Sorelscher Zement (vgl. S. 57) als Bindemittel benutzt wird und denen man als Füllmittel indifferente Körper — naturgemäß feuersicherer Art — zusetzen kann, wie z. B. Ton, Lehm usf. Sollen diese Platten zugleich wasserdicht werden, so werden sie mit Chlormagnesiumlösung und darauf mit Wasserglas getränkt und durch deren Umsetzung kieselsaure Magnesia niedergeschlagen, während das sich bildende Chlornatrium ausgelaugt werden kann. Superatorplatten sind gut bewährte Isolationsplatten gegen Kälte und Wärme und — da sie zugleich feuer- und insektensicher sind — hervorragende Baustoffe für den Barackenbau, namentlich auch in den Tropen.

6. Wasserdichte Leinenstoffe, Filz, Gewebebauplatten, Rohr und Stroh.

Wasserdichte Leinenstoffe und ähnliche Gewebe werden neben der Errichtung von Zelten auch zur Bekleidung von Baracken, zur Dachumdeckung, zum Überziehen von Wänden, zur Verhinderung einer Schwitzwasserbildung unter Decken usw. benutzt. Die Stoffe — in der Regel Segeltuche — werden durch Anstriche luft- und wasserdicht, durch Imprägnierung feuersicher gemacht.[1])

Filz, aus Wollfasern hergestellt, dient im Baufache zur Stoß- und Schallabminderung und in diesem Sinne als Unterlagsmaterial für Träger, Schienen, Maschinen, wird dann weiter als Wärmeschutz unter Fußbodenbelägen und zum Umhüllen von Rohrleitungen, endlich als Dichtungsmaterial an Türen und Fenstern benutzt. Besonders wertvoll ist der *Eisenfilz*, ein imprägniertes, oberflächlich gehärtetes, hydraulisch gepreßtes Material der Filzfabrik Adlershof. Er besitzt eine Druckfestigkeit von 1460 kg/qcm, bleibt dauernd elastisch, widerstandsfähig, wasserdicht und unempfindlich. Die Anwendungsgebiete dieser besonderen Filzart sind neben Schall- und Stoßisolierung der Eisenbahnschienen, Unterbettung von Brückenlagern und Maschinen aller Art vor allem im Hochbau an allen den Stellen gegeben, an denen Erschütterungen, Schwingungen, Geräusche entstehen oder von auswärts in das Haus hineingetragen werden. Eine Abart bildet der gehärtete Linoleumfilz, der in Rollen von 5,0 m Länge, 1,50 m Breite und in Stärken von 6, 8, 10 und 15 mm geliefert wird und eine ebenso warme wie gegen Erschütterungen und Schall isolierende Unterlage für Linoleum bildet.

1) Als Sonderfabrikate sind u. a. zu nennen: die Erzeugnisse von Weber-Falkenberg (Berlin, Köln), bewährt auch im Tropenbau, 115 cm breit, in verschiedenen Farben lieferbar; die Dach- und Bekleidungsstoffe von Karstadt (Hamburg); das Pappolein-Dach der Firma Rößert (Dessau), ein verbessertes Teerpappdach, getränkt mit einer besonderen Art von Holzzement und oberflächlich durch fest eingepreßten Sand gefestigt, die Bedachungsleinwand von Scheer (Mainz), Gewebe mit Asphalttränkung, von Strohmayer & Co. (Konstanz) ein präpariertes Hanf-Segeltuch mit und ohne Metalleinlage, der Dachdeckungsstoff Antielementum von Seck (Oberursel bei Frankfurt a. M.), ein Jutegewebe, getränkt mit einer an der Luft zementartig erhärtenden Masse, u. a. m.

Den Eisenfilzplatten in ihrer Wirkung und ihren Eigenschaften stehen nahe die *Gewebebauplatten*, hergestellt aus abwechselnd angeordneten starkfädigen, festen Gewebeschichten und weichen Filzlagen, die absolut wetter- und wasserbeständig imprägniert und stark maschinell zusammengepreßt sind. Ihnen wird eine besonders dauernde und gute Elastizität nachgerühmt.

Rohr wird angewendet als Mauerrohr für Wände- und Deckenputz sowie als Deckrohr zur Herstellung von Dächern, ähnlich den Strohdächern. Mauerrohr ist geschältes, reifes, gerades Schilfrohr von 9 bis 12 mm Stärke, einfach oder in gekreuzter Lage doppelt als Träger des Putzes verwendet, um diesen unabhängig von den Bewegungen des Holzes zu machen und somit rissefrei zu erhalten. Für Dachdeckung findet ungeschältes Rohr Verwendung, und zwar in Längen von 1 bis 1,2 m und in Schichtenstärken von rund 5 cm.

Mechanische Rohrgewebe, gebildet aus mit Draht fest verbundenen, aber gegeneinander beweglichen, parallel liegenden Rohrstengeln, dienen einmal als Putzträger für ebene, dann aber auch für gewölbte Flächen (Hohlkehlen usw.). Sie werden in Längen von 15—20 m und 1—2 m Breite hergestellt. Hierher gehören auch die *Plinster*-Rohrgewebe (Scheidt in Kassel) zum Verkleiden der Holzbalken bei Fachwerk, um den Außenputz rissefrei zu halten. Diese Gewebe werden in Rollen von 25 m Länge und in Breiten von 15—20 cm geliefert.

Den gleichen Zweck wie Rohrgewebe verfolgt das aus 5—8 mm starken Holzstäbchen hergestellte Holzstabgewebe der Deutschen Bakulaindustrie (Mainz), ausgezeichnet durch Billigkeit und als besonders guter Putzträger. Nach amtlicher Prüfung hält das verputzte Gewebe das Feuer lange auf und ist sogar als Eisenummantelung vielerorten polizeilich zugelassen.

Stroh. Benutzt wird meist nur das lange Weizen- bzw. Roggenstroh, letzteres gern zu Dachdeckungen, ersteres mehr zu Stakarbeiten sowie als Zusatz zu Lehmbauten. Herstellung der Strohdächer auf Latten in 30—40 cm Entfernung, zweckmäßig unter Zuhilfenahme eines verzinkten Eisendrahtnetzes oder einer Drahtbündelung mit Rücksicht auf die Feuersicherheit und Verminderung der Flugfeuergefahr. Den gleichen Zweck verfolgt ein Tränken des Strohs mit Lehmwasser, Kalkmilch, Zementschlämpe u. dgl. Über das Strohdach, Bauart Gernentz, und Lehmschindeldächer vgl. S. 159.

7. Das Bauglas.

Glas ist — chemisch betrachtet — eine Vereinigung, gewonnen durch Zusammenschmelzen von wenigstens zwei Silikaten (kieselsaurem Kalk und kieselsaurem Kali oder Natron bzw. bei Kristallglas kieselsaurem Bleioxyd); akzessorisch treten hinzu Magnesium, Aluminium, Eisen- und Manganoxyd. Die baulich verwendeten Gläser sind heute meist kalkreiche Kalknatrongläser, da sie größere Härte, besseren Glanz als

Kaligläser besitzen und zudem infolge ihrer erhöhten Elastizität auch besser Wind-, überhaupt Biegungsbeanspruchungen auszuhalten vermögen. Nur das Spiegelglas mit gewöhnlich 1—2% Bleioxyd ist ein etwas Kali enthaltendes Kalknatronglas. Das Glas ist bei Weißglut flüssig, bei Rotglut teigartig und zähe; in ersterem Zustande kann es gegossen, im zweiten geblasen (auch geschweißt und gezogen) werden. Das Raumgewicht beträgt rund 2,6. Mit der Härte des Glases steigt auch seine Politurfähigkeit und sein Glanz. Die Härte ist abhängig von dem Gehalte an Kieselsäure und nimmt mit ihm zu.

Die *Rohstoffe* zur Glasherstellung sind: möglichst eisenfreier weißer Quarzsand, u. a. hierfür auch Quarzstein, Feuerstein (nach Zerkleinerung) und Infusorienerde, ferner Pottasche und Soda (nach vorangegangenem Glühen), statt der letzteren auch Salpeter (oder schwefelsaures Natron mit Kohlezusatz oder auch bisweilen Kochsalz) und endlich reiner kohlensaurer Kalk (am besten Kreide, Muschelschalen usw.). Als Flußmittel dienen bisweilen Flußspat und Borsäure, zudem Bruchglas. Infolge Unreinheit der Rohstoffe besitzt alles Bauglas eine, wenn auch oft geringe Verfärbung ins Grünlich-Blaue, die sich im besonderen bei Aufsicht auf den Glasquerschnitt deutlich zu erkennen gibt.

Nach der Herstellung des Glases unterscheidet man:

a) **Geblasenes Rohglas** (Hohlglas) in Walzenform durch Menschenkraft, in neuerer Zeit auch durch Einblasen von Luft und Dampf auf maschinellem Wege gewonnen. Der erblasene Walzenmantel wird nach Absprengen von der „Pfeife“ in einer Seitenlinie aufgeschnitten und alsdann im Streckofen unter ganz allmählicher Vorwärmung auf eine stark erhitzte, feuersichere Platte gelegt, auf der er sich selbsttätig durch seine eigene Schwere und Nachgiebigkeit zu einer rechteckigen Tafel ausstreckt, die dann geglättet und in Kühlöfen sehr langsam abgekühlt wird. Soll die Glasplatte an ihrer Außenseite mit Riffelung oder sonstiger Musterung versehen werden, so ist hierfür die Platte, auf der das Ausstrecken erfolgt, entsprechend oberflächlich zu formen. Der Einheitspreis richtet sich nicht nach dem Flächeninhalte, sondern nach „addierten Zentimetern“, d. h. nach der Summe von Breite und Länge der Platte in Zentimetern. Diese Größe geht bei dünnen Gläsern bis 300 cm und mehr, bei den stärksten (von 4,5 cm an) aber nur bis 164 cm. Die Güte des Glases wird nach Klassen, „Wahlen“, beurteilt. Wahl 4 dient nur untergeordneten Zwecken, für gewöhnlich werden baulich Wahl 3 und 2 bevorzugt. Für Spiegelgas kommen nur Wahl 1 und 2 in Frage.

Nach der Dicke werden bei den meist 4 kg wiegenden Walzen angefertigt:

7/8 stark	= ~ 1,5 mm stark	mit einem Gewichte von	4,0 kg/qcm
4/4 „	= ~ 2 „ „	„ „ „ „	5,0 „
1 1/2 „ = 6/4	= ~ 3 „ „	„ „ „ „	7,5 „
doppelt = 8/4	= ~ 4 „ „	„ „ „ „	10,0 „

Die stärkeren Nummern dienen als Spiegelscheiben, alsdann geschliffen.

Biegefestigkeit = 375 kg/qcm. Eine dreifache Sicherheit ist als ausreichend anzusehen. $E = 7500$ kg/qcm.

b) **Gegossenes Rohglas.** Die weißglühende Glasflüssigkeit wird auf vorher gewärmte, gehobelte und polierte Metallplatten aufgegossen, überwalzt und einem sehr langsamen Abkühlungsprozesse ausgesetzt. Die Platten werden meist abgeschliffen und poliert. Hier sind leichter große Flächenabmessungen und bedeutendere Stärke als bei a) erreichbar. Stärke 4—30 mm, meist 6—12 mm verlangt, da dünnere Platten nicht sicher sind, stärkere durch Gußspannungen beeinträchtigt werden können. 1 qm, 6 mm stark, wiegt 15,0 kg. F bis 1,5 qm als gewöhnliche Handelsware zu haben (größte Abmessungen 5 × 3 m). k_b nimmt mit zunehmenden δ ab:

$\delta =$	6	7	8	9	10	12	15	20	25 mm	Sicherheit
$k_b =$	330	300	280	260	240	214	200	200	200 kg/qcm	dreifach

$E = 7650$ kg/qcm.

Die beim Gießen sich bildende Oberfläche ist besonders widerstandsfähig gegen atmosphärische Einflüsse und demgemäß bei Oberlichtern nach außen zu verlegen. Für diese werden in der Regel Glasstärken von 6—7 mm angewendet.

c) **Preßhartglas.** Die vorher auf das richtige Maß zugeschnittenen, gegossenen Tafeln werden wieder bis zum Erweichen erhitzt und während des Erkaltens gepreßt. Hierbei nimmt ihr Widerstand gegen Druck, Biegung und Stöße erheblich zu. $k_b = 1000$ kg/qcm. Gewöhnliche Abmessungen 30, 40 bzw. 50 cm (größte Abmessung 1,3 × 0,9 m). Die Preßhartglastafeln, über deren Bewährung die Meinungen geteilt sind, sind genau zu bestellen, da sie sich mit Diamanten nicht mehr schneiden lassen. Ihre bauliche Verwendung ist eine sehr beschränkte.

d) **Drahtglas.** Um ein viereckig-maschiges Eisendrahtnetz wird das Rohglas herumgegossen. Da die Eiseneinlage die Aufgabe hat, die Biege- (Zug-) Festigkeit des Glases zu erhöhen, so liegt sie bei stärkeren Platten nahe an einer Außenfläche, bei dünneren allerdings aus Gründen der Herstellung nahezu in der Mitte. $k_b \simeq 500$ kg/qcm, beim Erhitzen erheblich zurückgehend (bei 260° $k_b = 220$ kg/qcm, bei 400° $k_b = 160$ kg/qcm). Sicherheit 3fach. Auch wenn durch starkes Erhitzen und plötzliches Abkühlen die Drahtglasplatte in viele Teile zerspringt, werden letztere noch so ausreichend durch das Drahtgitter zusammengehalten, daß ein Zutritt neuer atmosphärischer Luft (zum Feuer) durch die Verglasung in nur geringem Maße erfolgt. Auch hier ist eine genaue Bestellung der Tafeln, die sich nachträglich nicht schneiden lassen, erforderlich.

e) **Glasbausteine,** entweder durch Blasen (seltener) oder Gießen gewonnen.

α) Massive *Glasbausteine.*

1. Nach dem Ziegelnormalformat, schwer, gute Wärmeleiter, teuer, wenig lichtdurchlässig, heute kaum mehr verwendet.

2. Als Nachahmung aller Arten von Dachsteinen, Pfannen, Platten, Strang-, Falzziegeln usw., genau den entsprechenden Ziegelsteinen nachgebildet und sehr geeignet zur Einführung von Licht an beliebiger Stelle des Daches, ohne Anordnung besonderer Fenster. In der Regel genügen 4—6 Glasziegel, um eine quadratische Fläche von 10 m Seite annähernd gut zu beleuchten.

3. Fußboden- und Wandbekleidungsplatten in verschiedensten Größen mit verschiedenster Oberflächenausgestaltung (mosaikartig, gestreift, geriffelt, quadratisch geteilt, geperlt, mit zentrischen Ringen usf.). Anschluß an ein Mörtelbett am besten durch einzelne Rippen an der Unterfläche, welche — im Querschnitte trapezförmig — oben breitere Räume frei lassen und ein schwalbenschwanzförmiges Eingreifen des Mörtelbettes in die Platte sichern.

4. Prismen-Gläser (Luxfer-Prismen) zur Erhellung schlecht beleuchteter Räume mit Hilfe der Lichtbrechung.

Auch ist hier das *Elektroglas* erwähnenswert, bei dem auf, zwischen einzelnen Glasplatten eingelegten Drähten auf elektrolytischem Wege Metall (Kupfer) niedergeschlagen wird, das eine unwandelbare Fassung der Gläser bewirkt und zu durchaus feuersicheren Verglasungen führt.

β) *Hohlsteine.*

1. System Falconier, hergestellt durch Blasen (nach Art der Flaschen) und nachträglich zugeschmolzen; Normalform: Linsenform, daneben andere Formen. Für Brandmauern mit äußerem Drahtnetz versehen, verschiedenfarbig, ästhetisch nicht sehr befriedigend, aber leicht, schlechter Wärmeleiter, gut Licht durchlassend.

2. Hohlsteine in Normal-Ziegelformat und dessen Unterteilung. Hier sind u. a. zu nennen:

a) System Faust (Deubener Hütte), hohle Kästen darstellend, an einer Lagerseite offen, durch Auf- und Ansätze gut gegenseitig in Verband zu bringen und zu erhalten. In neuerer Zeit mit seitlich gewellten Flächen als „Wellen-Glasbaustein Faust" geliefert.

b) System Siemens (Dresden), ähnlich wie 2. Ein zerbrochener Stein kann ohne Störung des Verbandes von der Seite her herausgeschoben und ersetzt werden usw.

c) Vitral-Glasbausteine (von Gebr. v. Streit, Berlin SW), ähnlich den vorgenannten, u. a. m.

γ) *Bausteine aus entglastem* — überhitztem — *Material.* Hierbei erhält das Glas eine faserige Struktur, große Zähigkeit, Härte und Undurchsichtigkeit. Zu nennen: *Keramosteine* und (vorwiegend) *-platten* der Adlerhütte in Penzig, ein hervorragendes, künstlerisch wertvolles, perlmutterartig schimmerndes, weißes Material für Fußböden, Stufenverkleidungen, Wandbeläge, Fassaden usw. $\gamma = 2{,}54$; Härte $= 9$; $k_d = 2000$ kg/qcm, vollkommen säurefest.

Das *Färben* des Glases kann erfolgen:

a) Durch Färben der gesamten Glasmasse während ihrer Herstellung: *durchgefärbtes* Glas. In der Regel dienen hierzu Metalloxyde: für Rot Kupferoxyd, schöner färbt Goldpurpur; für Gelb (Silber, leuchtend) Uranoxyd (grüngelb), Antimon, Blei; für Grün Eisen, Kupfer, Chromverbindungen; für Blau Kobalt; für Violett Manganoxyd und Braunstein; für Schwarz Braunstein; für Milchglas Knochenasche; für opalisierende Färbung Kryolith und phosphorsaurer Kalk usw.

Unter *Kathedralglas* ist gegossenes, 2—3 cm starkes, farbiges, oft geflammtes Rohglas zu verstehen, das eine unregelmäßige Oberfläche aufweist, das Licht dämpft und für Kirchenzwecke und ähnliche Verwendungsstellen bevorzugt ist.

b) Durch Überfangen der Oberfläche farblosen Glases mittels einer sehr dünnen, buntgefärbten Glasschicht. Nach teilweiser Fortnahme dieser durch Ätzung oder Schleifen zeigt sich die farblose Glasschicht wieder, worauf die Herstellung nur zum Teil bunt gefärbter Gläser, Scheiben usw. beruht.

c) Durch Aufwalzen bunten Glasstaubes auf die noch heiße Glasplatte, möglich in jeder beliebigen Farbverteilung und Ornamentierung, wenn vorher der bunte Glasstaub entsprechend auf einem Papier (mit irgendeinem Klebemittel) aufgetragen worden ist und dieser so vorbereitete Papierbogen auf der heißen Glasplatte aufgewalzt wird. Bei nochmaliger Erhitzung schmilzt dann der Glasstaub in die Glasplatte hinein, während das Papier herausbrennt.

Unter der *Glasmalerei* ist ein nachträgliches Einschmelzen mittels Pinsels aufgemalter Glasflüsse zu verstehen, die aus sehr leicht schmelzbaren Glasflüssen (durch Borax oder Borsäure) und färbenden Metallverbindungen bestehen. Diese Flüsse werden mit Terpentinöl angemacht und nach dem Trocknen bei geringer Hitze eingebrannt.

Glasmosaiken, zusammengesetzt aus gefärbten Glassteinchen, die oft metallisch schimmernde Farben mit Durchsichtigkeit verbinden. Hierher gehören auch als wertvolle Kunstverglasungen die Musivverglasung und die Tillrenplatten.[1])

Das *Mattschleifen* erfolgt heute fast nur noch mit dem Sandstrahlgebläse, durch dessen Kraft Sand oder auch Schmirgelpulver gegen die Glasfläche geworfen wird. Sollen nur bestimmte Stellen mattiert werden, so werden die übrigen durch eine dünne Pappe oder ein Metallblech vor der Einwirkung des Gebläses gesichert.

Zum *Ätzen* des Glases dient Flußsäure, meist in stark wässeriger Lösung. Auch hier werden die nicht zu ätzenden Stellen vorher abgedeckt, z. B. durch einen Asphaltlack.

Fehler des Glases können eintreten:

1. durch *unrichtige Zusammensetzung:* zuviel Alkali oder Kalk be-

---

1) Vgl. des Verfassers Lehrbuch der Baumaterialienkunde. Teil VI, S. 176 (bzw. S. 750).

wirkt Erblinden; ein Entfärben des Glases durch Mangan hat oft in der Sonne eine rötlich-violette nachträgliche Verfärbung zur Folge (es genügt schon 0,1% Mangan!);

2. *durch fehlerhafte Schmelze:* ungelöste Quarzkörner, Bläschen, Schlieren, rauchige Stellen (durch Staubaufsatz bedingt) usf.;

3. *durch unvollkommene Kühlung:* Haarrisse;

4. *durch windschiefe Form.*

Prüfung des Glases: Einfache Probe: Gut gereinigtes Glas wird in Eisenvitriol gepackt und erhitzt. Schlechtes Glas erblindet. Genauere Prüfung: Gläser, gereinigt, werden Dämpfen von Salzsäure ausgesetzt, die sich in Bläschenform niederschlägt; Platten dann in abgeschlossenem Raume 24 Stunden lang aufbewahrt. Gutes Material zeigt keine Anlauffarben. Gute Kühlung durch Polarisationsapparat zu kontrollieren.

8. Wasserglas.

Wasserglas ist kieselsaures Natrium oder Kalium — verwendet wird meist ersteres, da es billiger. In Wasser lösbar, bildet es auf allen möglichen Flächen einen firnisartigen Überzug, der allerdings nicht sehr wetterbeständig ist, aber einen guten Schutz gegen Fäulnis, Feuer usw. abgibt, wenigstens auf einige Zeit. Durch Farbzusatz oder erdige Stoffe, wie Schwerspatpulver usw., wird die Neigung des Abblätterns dieser Überzugschicht hintenangehalten. Besondere weitere Anwendungen im Bauwesen sind:

Streichen des noch frischen Kalkputzes zu wiederholten Malen mit verdünntem Wasserglase, um die Oberfläche zu härten und dicht zu machen oder einen geeigneten Untergrund für alkalibeständige Mineralsorten zu bilden; Dichtung von Sandsteinflächen mit heißer Wasserglaslösung, darauf mit Chlorbarium; Verlegen der Steinholzplatten mit einem Unterstrich aus Kaliwasserglas, Schlemmkreide und Zementmörtel, endlich als Kittmittel, namentlich in Verbindung mit Kreide und Zinkstaub.

9. Anstriche.

Als *Farben* werden unterschieden: 1. *Wasserfarben*; der Farbstoff wird in Wasser gelöst; zum Festhalten wird zugesetzt: Firnis, Leimwasser, Kalk, Käsestoff (*Kalk- und Käsefarben*). 2. *Leimfarben*, in Leim angemacht; als Grundfarbe dient Schlemmkreide bzw. bei feineren Arbeiten Barytweiß. 3. *Ölfarben*, angemacht mit Leinöl, durch Zusatz von Sikkativ[1]) wird das Erhärten beschleunigt. Werden Ölfarben mit einer Wachs-Terpentinlösung vereinigt, so entstehen Wachsfarben. Setzt man den Ölfarben harzige Stoffe zu, bilden sich wetterfeste Lackfarben. 4. Wasserglasfarben (Keimsche Mineralfarben).

Wasserfarben sind nur in geschlossenen Räumen verwendbar. *Kalkfarben* sind zwar billig, färben aber ab und sind wenig haltbar. Vor-

1) Sikkativ ist ein gekochtes Leinöl + Bleiglätte.

anstrich mit Kalkmilch; Leimfarben, billig, trocknen rasch; sie dürfen nicht abfärben und müssen demgemäß auch ausreichenden Leimgehalt aufweisen; Ölfarben, abwaschbar, teuer, gut haltend; zu beseitigen durch eine 1 prozentige Sodalösung; Käsefarben (mit Quark und Kalkmilch angemacht) sind außen und innen verwendbar und abwaschbar. Das Aufbringen der Anstriche erfordert trockne, schmutzfreie Flächen.

Die Anstriche sind mehrmals, nach Trocknen des vorangehenden Anstriches, mit andersgerichtetem Pinselstrich zu wiederholen (vgl. auch die besonderen Bestimmungen über die Anstriche auf Eisenbauten S. 146).

Dem Anstrich hat vorauszugehen bei Metall ein Aufrauhen der Flächen, Beseitigen von Rost, bei Holz ein Verkitten der Risse, Abschleifen der Astknoten, Überziehen dieser mit Schellack, Grundieren mit Leinöl oder Firnis; bei frischgeputzten Kalkwänden ein Überstrich mit Seifenlauge und einem Alaun- oder Borsäurezusatz zur Beseitigung der ätzenden Wirkung des Kalkes, bei frischem Zementputz ein Vorstrich mit Keßlerschen Fluaten oder Wasserglas. Will man letzteres nicht ausführen, so muß man bei Ölfarbenanstrich zwei Jahre warten, wenn man nicht vorzieht, Käsefarben zu verwenden.

Als Farbstoffe kommen in Frage:

für *Weiß*: geschlemmte Kreide, Bleiweiß, Zinkweiß, Barytweiß;

für *Gelb*: Ocker, Bleiglätte (sehr giftig), Bleioxyd und Bleichlorid (Kasselergelb), chromsaures Blei mit seiner Abart Chromorange;

für *Grün*: gemahlener Malachit (Berggün, auch synthetisch gewonnen), Chromoxyd, grüner Zinnober;

für *Blau*: Mineralblau (Kupferverbindung), Ultramarin, Berlinerblau, Kobaltsilikat (Smalte);

für *Rot*: roter Bolus, Terra Siena, Indisch-Rot (Eisenverbindung), Mennige (Blei- oder Eisenmennige), Zinnober;

für *Braun*: Bolus, Terra Siena, Umbra (Eisen- und Manganverbindung); Kasselerbraun (aus Braunkohle), Asphaltlösungen, Kupferbraun;

für *Schwarz*: Beinschwarz, Ruß u. dgl.

Metallfarben bestehen entweder aus zu feinstem Schaum geschlagenem oder feinst gepulvertem Metall, oft auch aus Legierungen. Auch können Farbabstufungen durch Erzielung von Anlauffarben durch Erhitzen des Metallpulvers gewonnen werden.

Als *besondere Farben* seien, außer den schon auf S. 147 genannten, noch kurz erwähnt:

Krudol-Farben, hitzebeständig, z. B. für Heizkörper.

Rhissan-Farben, lichtecht, vorwiegend für Öl- und Harzfarben.

Glasurit-Farben, glasurartig, stark deckend, hitzebeständig.

Keims Mineralfarben, bestens wetterbeständig, jetzt als Silex-Farben im Handel.

Emaille-Farben, abwaschbar, auf jeden Untergrund aufzubringen.

Dr. Münchs Öl-Lack-Dauerfarben, geliefert je nach dem Verwendungszwecke.
Gerhardts Zement-Kasein-Farbe.
Herkules-Farbe für Innen- und Außenarbeiten, für jede Streicharbeit auf Putz- und Steinflächen.
Hyperolin-Farbe, versetzt mit Erd- oder Metalloxydfarben vor dem Streichen, anzumachen nur mit kaltem Wasser.
Hessels flüssige Kasein-Farben u. a. m.

10. Tapeten und Linoleum.

Nach dem Rohstoffe, aus dem die Tapeten hergestellt werden, unterscheidet man die folgenden Arten:

Papiertapeten in Rollen von 8 m Länge und 47 cm, selten 70 cm Breite, bedruckt durch Öl-, Leim-, Wasserfarben, oft nach vorhergehender gleichartiger Grundierung; glatt, stumpf, gerippt, geglättet, lackiert, gefirnißt (abwaschbar, Glanztapeten).

Wolltapeten, mit fein zerteilten Wollfasern bedruckt (Samttapeten, oft nachträglich mit Gold- oder Silberfarbe ornamental überdruckt), *Ledertapeten*, echt, aus tierischen Häuten, auf Leinwand gespannt und in einzelne Holzrahmen gefaßt, sehr gut nachgeahmt durch Linkrusta (vgl. weiter unten) und *Pegamoid* (Kontinentale P.-A.-G., St. Thönis bei Krefeld), in allen Farben erhältlich, sehr fest, zähe und dauerhaft. *Gewirkte Tapeten* (Gobelins), Seidentapeten, *Furniertapeten*, sehr dünne Holzplatten, auf Papier aufgeklebt, zur Nachahmung von Holztäfelungen — nicht bewährt. *Linkrustatapeten*, aus Holzstoff und oxydiertem Leinöl, nach Art des Linoleums hergestellt, zum Teil hervorragende Fabrikate, deren Unterlage sehr festes Papier ist. Vorzüglich als Wandbelag ist auch das letzterem Stoffe verwandte *Muralin* (Delmenhorst).

Unterlagen unter Tapeten bei glattgeputzter Mauer Zeitungspapier, bei Holzwänden Stoffüberzug; bei feuchten Wänden Unterlagen von Kosmostafeln, gefirnißter Wellpappe oder ähnlichen Isolationsstoffen.

Linoleum wird gewonnen aus feinstem Korkmehl und Leinöl, das auf natürlichem oder chemischem Wege durch Oxydation in einen harzigen Kitt umgewandelt worden ist. Letzteres geschieht dadurch, daß entweder Leinöl über lange Bahnen von Nesselgewebe hinüberläuft und während dieser Zeit sich immer mehr durch die atmosphärische Luft oxydiert (Natur- oder Walton-Verfahren), oder daß Sauerstoff zur Abkürzung des Verfahrens durch das Leinöl hindurchgepreßt wird (Taylor-Verfahren). Das oxydierte Leinöl wird alsdann mit Harzen zu einer zähen, kautschukartigen Masse zusammengekocht — Linoleum-Zement. Darauf wird dieser mit der fein zerkleinerten Korkmasse gemischt und das Mischgut mit heißen Preßwalzen auf ein vorher imprägniertes, festes Jutegewebe aufgewalzt. Das fertige Linoleum trocknet sehr lange, hierbei eine Art Abbindeprozeß durchmachend. Man unterscheidet durchgehend gemustertes (Granit, Inlaid) und oberflächlich bedrucktes

Linoleum, bei dem naturgemäß die meist in Ölfarbe ausgeführte Musterung allmählich verloren geht. Bei dem durchgemusterten Linoleum mit verschiedenfarbigen Ornamenten, Blumen usw. werden entweder die bunt gefärbten Rohlinoleummengen unter Verwendung formgebender und vor dem Pressen zu beseitigender Schablonen auf die Jute heiß aufgewalzt, oder es werden aus fertigen buntfarbenen Linoleumplatten die Ornamente herausgestanzt, dann auf die Jute aufgelegt, mit einem gleichmäßigen Rohlinoleumzwischengrund miteinander verbunden und dann durch Dampf-Heißpressen miteinander zu einer einheitlichen Fläche verbunden. Linoleum ist dauerhaft, wasserdicht, fußwarm, schalldämpfend, gut rein zu halten, feuerbeständig. Auf Holzfußboden wird es mit Terpentinkleister, auf Steinboden oder fugenlosem Magnesiazementestrich mit besonderem Linoleumkitt verlegt. Eine besonders gute und gleichmäßige Unterlage bildet Korkment (vgl. S. 60), das ebenfalls auf Jute aufruht und so mit dem Linoleum zu verlegen ist, daß die beiden harten, gegen Druck widerstandsfähigen Juteschichten sich berühren.

Handelsübliche Maße: $L = 25$ m, $B = 2{,}0$, 1,5, 1,0 m, Stärke 1,8, 2,2, 3,0, 3,6, 4,0, 4,6 und 7,0 mm (bei Inlaid usw. nur 2,2 und 3,3 mm). Besonders wichtig ist die richtige und sorgsame Verlegung. Hierbei ist zu berücksichtigen, daß das Walton-Linoleum sich hierbei dehnt, das Taylor-Linoleum sich zusammenzieht. Die Unterlage muß vollkommen trocken und glatt sein, darf auch keine hygroskopischen oder Ölsäure angreifenden Stoffe enthalten.

Deutsche Marken u. a.: Delmenhorst bei Bremen (Anker, Hansa, Schlüssel), Maximiliansau (Rheinpfalz), Neukölln bei Berlin, Bietigheim bei Stuttgart (Germania) u. a. m.

GPSR Compliance

The European Union's (EU) General Product Safety Regulation (GPSR) is a set of rules that requires consumer products to be safe and our obligations to ensure this.

If you have any concerns about our products, you can contact us on ProductSafety@springernature.com

In case Publisher is established outside the EU, the EU authorized representative is:

Springer Nature Customer Service Center GmbH
Europaplatz 3
69115 Heidelberg, Germany

Batch number: 10577915

Printed by Printforce, the Netherlands